国外之海岛研究

崔旺来　应晓丽　著

U0195397

海洋出版社

2016 年 · 北京

图书在版编目（CIP）数据

国外之海岛研究/崔旺来，应晓丽著. —北京：海洋出版社，2016.7
ISBN 978 – 7 –5027 –9555 –9

Ⅰ.①国…　Ⅱ.①崔…②应…　Ⅲ.①岛 – 资源开发 – 研究②岛 – 资源
保护 – 研究　Ⅳ.①P74

中国版本图书馆 CIP 数据核字（2016）第 186242 号

责任编辑：白　燕
责任印制：赵麟苏

海洋出版社　出版发行

http：//www. oceanpress. com. cn
北京市海淀区大慧寺路 8 号　邮编：100081
北京华正印刷有限公司印刷　　新华书店发行所经销
2016 年 7 月第 1 版　2016 年 7 月北京第 1 次印刷
开本：787mm×1092mm　1/16　印张：12. 5
字数：289 千字　定价：40. 00 元
发行部：62132549　邮购部：68038093　总编室：62114335
海洋版图书印、装错误可随时退换

前　言

　　海岛是海陆兼备的重要国土，是海洋系统的重要组成部分，是人类开发海洋的远涉基地和前进支点，在海域划界和国防安全上有着特殊重要地位。海岛及其周围海域有着丰富的自然资源，是经济可持续发展的物质基础。海岛地形、岸滩、植被以及海岛周围的海洋生态环境，是人类与自然保持和谐的产物，具有很高的生态价值。实施可持续发展战略，科学保护海岛环境，成为海洋发展战略中值得重视的关键问题。

　　21世纪是全面开发利用海洋的新世纪。海洋事业的发展对于社会经济发展的重要性是不言而喻的。海岛水产资源、港口资源、海底油气资源、海水资源、海洋能资源等资源数量、质量及组合特征均较好，具有开发潜力，成为21世纪海洋开发中的新热点。随着《联合国海洋法公约》生效，沿海国家普遍以新的目光关注海岛，开始从政治、经济和军事诸多方面更加深刻地认识海岛的战略地位及价值，海岛成为沿海各国提高综合国力和争夺长远战略优势的新领域。海岛开发管理与保护问题，不仅是资源开发与环境保护问题，而且还关系到国家海洋权益的保护。进行海岛资源开发，必须进行多视角和全方位的考虑。海岛经济发展与大陆存在明显差异，具有突出的海岛特征。海岛的开发不可避免地对海岛脆弱的资源和环境基础产生压力，甚至是破坏，而这又反过来影响到海岛的健康发展，如何协调海岛开发与海岛资源和生态保护之间的关系以实现海岛资源的可持续发展是我们必须面对的问题。而加强海岛管理，可以保证国家海岛保护与开发的顺利进展，对国家发展具有重要的意义。

　　近年来，各沿海国家和地区日益重视和加强海岛管理。世界上大约有20多万个海岛，总面积约996万平方千米，占地球陆地总面积的6.6%，其中有42个国家领土全部由岛屿组成。国际社会及各沿海国家在海岛管理方面，已有一些文件对其有所涉及，如《联合国海洋法公约》、多届联大关于小岛屿发展中国家可持续发展行动的决议和报告等。此类文件涉及的内容主要是主权与领土、社会与经济的发展，多数为原则性的宣言或纲领。如《毛里求斯宣言》重申小岛屿发展中国家仍然是可持续发展的一个特殊例子，应当特别注意加强小岛屿发展中国家的恢复能力；特别指出应该尽快在印度洋建立灾害预警系统，以防止类似印度洋地震和海啸给人类带来巨大灾害的重演。各沿海国家和地区主要通过海岛立法、建立海岛规划制度、确立海岛许可制度、保护海岛资源环境、建立相对完善的海岛管理体制等途径加强海岛管理。相较而言，国外一些海岛众多且开发较早的国家已经建立了相对成熟的海岛管理体制，如印度尼西亚实行的海岛管理规划制度以及美国、日本实行的海岛监督检查、海岛灾害管理、海岛征用和海岛开放与涉外管理等制度。我们必须承认，日本、英国、美国和澳大利亚等海洋强国对海岛很早就进行了大量的科学研究、合理的开发利用和保护措施。加之国际社会小岛屿国家对其自身可持续发展的研究也十分重视，他们的成果值得我们借鉴。

　　无居民海岛作为海岛管理的重要内容，其保护与利用已成为研究的热点和难点，且兼具理论与实践意义。我国是一个海洋大国，境内海岛众多，全国面积大于500平方米的岛屿有6 000多个（不包括台湾、香港、澳门诸岛），其中，约94%为无居民岛屿，这些无居民海岛是我国领土的重要组成部分，具有显著的政治、军事、社会和经济价值。2003年7月1日，国家颁布实施《无居民海岛保护与利用管理规定》，首次明确了无居民海岛的国家所有权，决定实行无居民海岛功能区划、保护与利用规划等制度，无居民海岛的开发利用保护进入国家统筹阶段。2011年4月12日我国公布了首批176个可以开发利用的无居民海岛名录，允许对这部分海岛进行开发。鉴于此，科学合理地制定无居民海岛保护与利用规划，对进一步加强无居民海岛的战略地位，维护国家海洋权益、保障国防安全，保护好无居民海岛较为脆弱的生态环境和丰富的自然、人文资源，妥善协调无居民海岛与周边区域的关系，具有很高的政治、经济和生态价值。

　　本书在充分挖掘、借鉴国外有关海岛管理的研究成果和最新的研究手段的基础上，致力于研究国外海岛空间布局管控、海岛保护规划、海岛资源开发、海岛生态环境治理以及海岛保护等方面的政策和措施，阐述沿海各国海岛规划或管理的异同，梳理国外海岛开发利用与保护治理过程中存在的主要问题、原因和管控对策，分析各项海岛管理政策或制度在实施中的实际效果，为我国政府保护海岛资源和生态环境、加强海岛开发与利用管理、促进海洋经济发展、维护海洋权益等方面提供参考和借鉴。

　　作者力图全面地呈现国外海岛管理的研究成果，并尽可能以准确、清晰、易懂的方式将它们表述出来，为进一步提高海岛管理学科体系的系统性、综合性和科学性而积极进行理论尝试和学科建设。在此，我们对所有原文献作者和参考文献作者表示衷心的感谢，正是他们的前期研究成果并与我们共同分享其观点和建议，促成本书得以出版。但由于作者学识浅陋、能力有限，疏漏和错误在所难免，凡能阅读本书者皆为良师益友，心有相通之处也，但请勿惜笔墨，不吝赐教，以进一步推进我国海岛开发与利用的研究，不亦乐乎！

崔旺来
2016年3月6日

目　次

第1章 岛屿生成

玄武岩质的特诺，是特内里费岛（加那利群岛）最古老的部分，距今约 800 万年。约 150 万年前，拉斯加拿大斯的酸性火山岩旋回使得古老的玄武岩质特诺、阿德耶和阿那加岛重组形成今天人们所说的特内里费岛。

岛屿是生态治理研究的典型天然实验室。散布世界各处、内部可量化、实体各异的众多岛屿，形成了一系列天然实验室，敏锐的自然科学家可以从中选择、简化自然界的复杂性，从而检验、发展一般意义的理论。在这一背景下，一批各具特色的传统领域迅速发展，每一个都是岛屿生物地理学的一种形式，但只有其中一部分真正与岛屿生物地理学相关。这是生态学和生物地理学的广泛交织，但最终并没有明显的共同之处。本文将着重探讨这些不同领域及其相互之间的联系。

本文从四个层面进行分析研究：一是"岛屿——天然实验室"，主要着手详述岛屿的特性，没有这一部分内容，我们获取的生物地理学数据毫无意义；二是岛屿生态，关注时间尺度上的生态格局与生态过程，专注于岛屿的物种组成、物种数量等特性，以及它们如何随着岛屿和时间的改变发生变化；三是岛屿演化，主要从各个层面关注岛屿演化格局与过程，从岛屿殖民活动引起异质性迅速缺失，到更深层次时间结构上岛屿区系在边远海洋岛屿如夏威夷的显著辐射效应；四是岛屿保护，结合相关文献进行对比分析，分别就有关陆地生境岛屿化以及边远岛屿消失对生物多样性带来的威胁进行探索。

1.1 岛屿特性

在开始调查岛屿生态、演化和保护等问题前，我们必须先探索岛屿的起源、环境和地质史，主题探索岛屿环境。各种文献中"岛"的形式很多，包括长着零星蓟草的废弃区：这类岛分类依据主要为节肢动物种类（图1–1），以及边远火山群岛如加拉帕戈斯群岛和夏威夷群岛。前者是生态环境中短暂出现的岛，事实上，从演化时间量级判断，单个火山岛的生命也相当短暂。这些边远火山岛所处的奇特动态环境决定，其所需关注度远高于岛屿演化文献对其进行的关注。参考下文这一例子，胡安·费尔南德斯群岛主要由两个岛屿组成。马萨蒂埃拉岛，面积约 48 平方千米，海拔为 950 米，距智利本土约 670 千米；马斯阿富埃拉岛，面积约 50 平方千米，海拔为 1 300 米，坐落在距太平洋 180 千米之远的地区。我们感兴趣的可能是这些岛屿的生物学特性，如物种丰度和特有种分布，这往往与岛屿面积、海拔高度和隔离度等特性相互联系。然而，400 万年前马萨蒂埃拉岛在纳斯卡板块形成时，可能宽度达到 1 000 千米，海拔达到 3 000 米（Stuessy et al.，1998）。但后期的陆上侵蚀、波浪作用以及沉降等因素，导致其逐渐磨损、面积消减，栖息地和物种均有所减少。若脱离岛屿环境史而构建岛屿模型，得到的关于岛屿生物多样化因素的结论将极具误导性（Stuessy et al.，1998）。

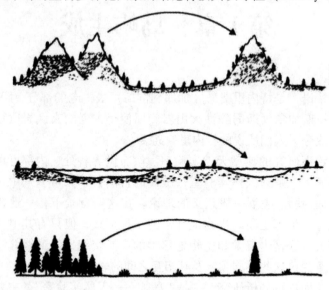

图 1 - 1　除海洋岛屿之外，还有许多不同类型的岛屿

注：本图列举的只是其中一部分

1.2　岛屿生态

岛屿生物地理学，主要集中研究岛屿生物群的生物地理亲缘关系和特点——这是研究岛屿演化的必要步骤。本文从追溯最大的时空尺度出发（图 1 - 2），以研究特定群体与区系如何形成目前的分布状态，分析生物地理历史格局。生物地理学对立学派之间围绕扩散和隔离的历史生物地理格局争论始终存在。岛屿研究也成为这场争论的一部分。因为岛屿似乎为物种远距离扩散提供了强有力的证据，而否定这一说法，需要解释另一种（隔离）假设中岛屿物种的亲缘关系，意味着必须引用板块运动和/或消失的陆桥来解释原先作为整体的地区为何解体。一些陆桥连接的假设现在看来极不可能；随时间变化的岛屿隔离程度仍然是理解特定岛屿生物地理学的关键。如下所述，隔离和扩散假设对立被设想得太过尖锐；两种假设各有其合理之处（Stace，1989；Keast and Miller，1996）。

边远岛屿的生物群在许多方面与大陆不同，物种稀缺且种类不相一致（尤其是生物分类学中特有物种），至今没有发现特有物种丰富的岛屿。尽管这些特点借助广泛岛群如加拉帕戈斯群岛等例证广为人知，但岛屿生物多样性仍然没有受到全球层面的足够重视。部分类群的调查数据表明，岛屿对于全球生物多样性的贡献完全不成比例，尤其是大型边远岛屿，它们是生物多样性"热点"。近几十年来，岛屿生物地理学家不断发现岛屿"新"物种的存在，有些来自现存（即活着的）种群，其他则为化石或半

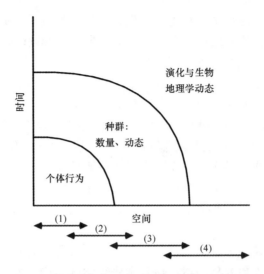

图 1 - 2　不同时空尺度体系中的对应孤立程度的生态过程和尺度

注：(1) 个体尺度；(2) 种群尺度 1：动态；(3) 种群尺度 2：分化；(4) 演化尺度

化石。这些新发现反映出对岛屿生物地理学概念和模式进行重新评价的必要性。这些新发现还强调，人类行为导致岛屿生物群流失加速，这使得很多岛屿有权成为今天的"威胁点"以及特有物种分布研究中心。

表 1 - 1　一些主要的岛屿生物地理学理论及其最适用的岛屿地理特征

群岛类型	主要理论
大型、遥远岛屿	适应性辐射
大型、边远岛屿	类群分化循环
中型、中远岛屿	聚集理论
小型、近陆岛屿	岛屿平衡模型
	生物地理学
小型、极近岛屿	集合种群动力学

1.3　岛屿演化

探究天然实验室的特性之后，本文从精细的空间和时间参照体系，到演化得以发生的宏观（更大）时空尺度，研究岛屿视角下的生态和演化过程（图 1 - 2）。表 1 - 1 挑选了部分主要岛屿理论、主题以及典型海岛结构来契合这部分内容的主题，具体内容则会在后面部分更加清晰的展开（Haila，1990）。前面两个主题——适应性辐射和类群分化循环，都属于演化的形式。通常情况下，岛屿演化的最佳例子为极其孤立、高海拔的岛屿。最后三个主题包括"何为岛屿生态"，广泛应用于大陆"岛屿栖息地"

以及真正岛屿环境中的海岛生态理论，是生物地理学的重要组成部分，对科学保护海岛问题研究做出了保护生物地理学意义上的重要贡献（Whittaker et al.，2001）。

完全区分生态学与演化是相当武断的行为：没有生态学的驱动，演化无法进行；生态群落存在于演化限制下。但研究发现适度区分生态学与演化有助于阐明"岛屿生态"是基本分析单位的理论。首先，海岛宏观生态学的内容以物种数量为主题。毫无疑问，对本文最具影响力的文献是罗伯特·麦克阿瑟和爱德华 . O. 威尔逊 1967 年所著的《岛屿生物地理学理论》。麦克阿瑟和威尔逊不是第一个认识到种—面积关系并创建相应理论——"岛屿中物种数目与面积之间的关系具有独有的特征，且大陆和岛屿生物群之间存在差异"的人，但正是他们提出一个完全成熟的理论来解释这一现象：基于岛屿迁入物种（边远岛屿则为形成新物种）与灭亡物种之间动态平衡的岛屿生物地理平衡理论。

无论是对于岛屿还是大陆，生物的种—面积关系具有重要的生物地理学意义。在过去的半个世纪里，无数的岛屿生物地理学研究尝试描述、解读生物种—面积曲线的意义，以及其他物种丰富度变量产生的影响。这些研究的成果是什么？我们是否在了解地块和岛屿物种丰度的控制因素，以及它们在地理意义上如何分化的研究上更近一步？本文也予以揭示，麦克阿瑟和威尔逊的平衡理论已被充分验证且启示作用依然强劲，但其预测价值有限。在很大程度上，这可能是因为平衡理论对研究系统的尺度关注不够。

19 世纪中期以后，自然科学家开始研究岛屿生物群落组合及群落动态，这也解释了为什么 1883 年喀拉喀托火山喷发、生物完全灭绝后仅仅 3 年，植物学家便能够监测到喀拉喀托岛群的生物回迁情况（Whittaker et al.，1989）。这说明岛屿生物群并不仅仅是大陆基因库中的"随机"抽样产物。数据往往体现一定程度的结构性。对岛屿生态内在结构的认识最先来源于戴蒙德（Diamond，1975a）关于新几内亚附近岛屿鸟类的研究。戴蒙德制定了一套主要基于物种分布数据"组合规则"。在这项研究中，戴蒙德发现构建生态组合在种间竞争中起到重要作用，但他也认可长期的生态（以及进化生态）过程具有重要意义。我们也发现，这一做法引起激烈的争论，主要是关于人类对自然界模式进行探索、对探索到模式的成因进行解读的能力。在这之后，陆续产生许多其他方法来进一步探索和解读岛屿生态组合的内在结构。首先，结构的一种重要形式是嵌套，往往指根据物种丰富度对岛屿物种系列进行排序时，发现每一个物种系列代表着更大物种系列的子集；其次，嵌套结构的探索和成因解读不那么直接明了，但趋势表明，嵌套结构显然广泛存在于群岛（和生境岛）内。

大多数关于岛屿群落组合的研究都是基于"快照"数据，即在特定时间点捕捉分布情况。然而，岛屿生物群动态也成为研究和争论的焦点。例如，戴蒙德根据他在新几内亚的研究提出一个理念，有些物种是"超级游民"，擅长迁入某一区域却不擅长物种竞争，而另一些则是不擅长迁入却擅长竞争。迁入与灭绝是一种演替机制。演替机制还可以通过其他方法确认，例如分析喀拉喀托岛植物随着时间扩散的特性，或者分析出现或消失在同一岛屿的鸟类与蝴蝶的栖息地需求。喀拉喀托火山各类群的物种灭绝时间数据很罕见，在某种程度上它们代表各自的故事，但现在系统演替的特性与不同分类在层次上的联系将不同故事联系在一起。

　　本文中反复出现的一个主题为尺度的重要性，进行理论构建时需注意尺度和岛屿生态理论的关联度，如麦克阿瑟－威尔逊模型。人们越来越深刻地认识到，生态现象具有独特又相互联系的时间和空间特征（Delcourt and Delcourt，1991；Willis and Whittaker，2002）。在尺度体系下研究海岛生态，有助于验证表面矛盾、实则在不同时空域互相联系的假设（图 1－2，Haila，1990）。我们认为，除符合麦克阿瑟和威尔逊动态平衡模型的岛屿之外，一些岛屿可能出现动态、非平衡状态，还有一些岛屿则保持生物群长期不变，构成既可视为平衡也可视为不平衡的"静态"生态系统。海岛生态理论应该能够调节生态系统内部的层次联系（如捕食关系、授粉、扩散等方面）——这是到目前为止所有文献面临的最大挑战，即主要关注单一营养层次或主要类群（哺乳类、鸟类、猛蚁等）内的模式。

　　关于岛屿演化，我们主要从最初迁入物种的微观进化着手，纵览完整的宏观进化，研究岛屿演化内容。其中诞生和变化，应该从岛屿的发现入手，逐步研究生态与进化对于新物种迁入引起的、新的岛屿生物和非生物条件的响应。一系列特点、表现、属性形成了岛屿特征，包括物种扩散能力减弱、花卉吸引力降低、树木茂盛、脊椎动物体型变化、泛化种的授粉互利。通过这些变化可以观察到各种类群不同程度的秘密，偶尔也能了解部分岛屿特有种的特性。

　　新物种形成以及同一祖先的独立物种形成，具有重要的生物学意义，所以需要研究物种形成和岛屿条件，简单阐述物种单元与物种形成解释体系的性质。因此，首先，我们研究物种形成的地理背景，这为研究岛屿地区物种与源物种之间地理分离度提供了很大方便，但群岛内部和岛屿范围内的隔离度往往难以辨别。其次，我们研究了各种机械体系，了解物种的形成过程，最终我们决定利用系统发育分类体系描述进化结果。体系构建完成后，我们继续研究岛屿演化模式，该部分内容主要描述、解释一些岛屿演化最壮观的结果，包括典型的类群分化循环和适应性辐射。然而，随着越来越多关于岛屿、群岛，甚至整个洋盆分布区系内系统发育分类关系的研究逐渐展开，开始出现更多研究岛屿演化的新方式。越来越明显的是，海洋群岛千变万化的地理结构和环境活力，是理解岛屿演化模式和速度变化的关键。

1.4　岛屿保护

　　人类对全球生物多样性的影响是显而易见的，我们如果关心人类社会未来发展，或许得吸取重要经验教训，重视岛屿生物发展（Diamond 2005）。本文认为"岛屿理论和保护"主题也是海岛管理的主要内容，主要探讨岛屿生态思想对于保护科学的贡献。我们把大陆视为生境碎片，针对最新岛屿化种群构建系统。大陆生境破碎化、碎片面积减小将产生何种影响？不仅包括短期变化，还包括长期变化。

　　20 世纪七八十年代，人们对这一问题的关注与日俱增，岛屿理论主要源于岛屿生态文献，尤其是麦克阿瑟和威尔逊提出的动态平衡模型。通过回顾这一文献可以发现，尽管学者们经常构建模型统计特定物种种群行为以及生境碎片内物种数量随隔离度的变化，但仍然无法掌握区域范围内生态过程中生境碎片的多样性。尽管如此，显而易见的一点是生境丧失和破碎化会对许多本区域物种构成威胁，最终导致全球性灭绝。同样显然的是，生态系统对这些变化的响应可能需要相当长的时间（通常是数十年）才能发挥作用，这意味着目前生境碎片内的大量物种将在未来数十年内灭绝。但从更积极的视角看待这一问题，滞后响应意味着人类尚有机会采取缓解措施，引起足够的社会关注，减少所谓的"灭绝债务"。避免岛屿效应造成的物种损失，关键在于防止原来连续、广泛的生态系统过于孤立：有必要在适宜野生动物生存的景观建立生态储备系统。

如果制定公元 1600 年以来已知灭绝物种名录，可以看出动物类群相对广为人知（如哺乳动物、鸟类和蜗牛），消失的物种大部分为岛屿物种（图 1 - 3）。从目前来看，一部分岛屿演化性质危险，许多物种正濒临灭绝。为什么会这样？本文从人为干扰与威胁、岛屿补救措施的视角，探讨这些问题成因以及相应保护措施。越来越多的证据表明，人类是毁灭岛屿特有种方面的"惯犯"。无论是在太平洋、加勒比海、大西洋、印度洋还是地中海，任何岛屿的人类殖民均对当地生物群产生不利影响，甚至破坏其自身所依赖的岛屿生态系统服务功能（Diamond，2005）。我们不妨思考一个问题：是岛屿自身固有脆弱性，还是岛上人类具有威胁当地物种以致消亡的特定趋势？在某种意义上，岛屿生物群确实是脆弱的，但特有类群灭绝往往可以追溯到一系列的"灾难"和一些与外界力量之间所谓的协同作用，以至最终特有种灭绝的本质看似与人类逾越物种安全距离无关。可以说，历史上至少出现过两次大规模灭绝：一次与土著或史前人类殖民有关；另一次出现在欧洲进入现代社会之后。

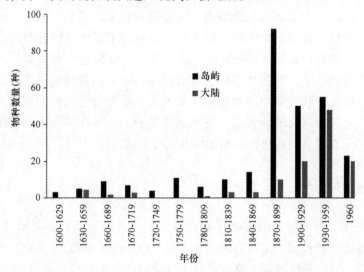

图 1 - 3　公元 1600 年以来，岛屿及大陆软体动物类、鸟类、哺乳动物类物种灭绝时间序列

然而，大陆上引发关注的主要问题是日益严重的生境岛屿化，海洋岛屿生物群面临的主要问题则是其岛屿生境逐渐消减。破坏因素主要包括外来物种（尤其是哺乳动物和肉食动物）引进、生境丧失、人类捕食和疾病传播。相关的外界因素已经全部确

定，生物管理也牢牢建立在经验基础上，但要实现保护行为管理、可持续发展的双重
目标，还需要关注本文研究范围之外的诸多领域，包括岛屿和岛屿国家的政治、经济、
社会学以及文化层面。大陆适用的解决方案很难直接转移到岛屿之上。

参考文献

Delcourt, H. R., Delcourt, P. A., 1991, Quaternary ecology: A paleoecological Perspective, Chapman & Hall, London.

Diamond, J. M., 1975a, Assembly of species communities, In Ecology and evolution of communities (ed. M. L. Cody and J. M. Diamond), pp. 342 – 444. Harvard University Press, Cambridge, MA.

Diamond, J. M., 2005, Collapse: how societies choose to fail or survive, Allen Lane/Penguin, London.

Haila, Y., 1990, Towards an ecological definition of an island: a northwest European Perspective, Journal of Biogeography, 17: 561 – 568.

Keast, A., Miller, S. E., 1996, The origin and evolution of Pacific Island biotas, New Guinea to Eastern Polynesia: patterns and processes, SPB Academic Publishing, Amsterdam.

Robert J. Whittaker, José Maria Fernandez – Palacios, 2006, Island Biogeography: Ecology, Evolution, and Conservation.

Stace, C. A., 1989, Dispersal versus vicariance – no contest, Journal of Biogeography, 16: 201 – 202.

Stanley, S. M., 1999, Earth system history, W. H. Freeman, New York.

Stuessy, T. F., Crawford, D. J., Marticorena, C., Rodriguez, R., 1998, Island biogeography of angiosperms of the Juan Fernandez archipelago, In Evolution and speciation of island plants. (ed. T. F. Stuessy and M. Ono), pp. 121 – 138. Cambridge University Press, Cambridge.

Whittaker, R. J., Bush, M. B., Richards, K., 1989, Plant recolonization and vegetation succession on the Krakatau Islands, Indonesia, Ecological Monographs, 59: 59 – 123.

Whittaker, R. J., Willis, K. J., Field, R., 2001, Scale and species richness: towards a general, hierarchical theory of species diversity, Journal of Biogeography, 28: 453 – 470.

Willis, K. J., Whittaker, R. J., 2002, Species diversityscale matters, Science, 295: 1245 – 1248.

Williamson, M. H., 1981, Island populations, Oxford University Press, Oxford.

Wilson, E. O., Bossert, W. H., 1971, A primer of population biology, Sinauer Associates, Stamford, CT.

第 2 章　岛屿生息

海岛是海洋生态系统的重要组成部分，处于海陆相互作用的动力敏感地带，自然灾害频繁、种类多，表现为不同时空尺度，包括风暴潮、洪涝灾害、海水入侵、台风和海岸侵蚀等。另外，全球气候变化引起的相对海平面变化也加剧了对海岛海岸的破坏。地理学和生态学家们把脆弱性与不同的研究对象结合后，产生了许多不同的分支。海岛面积微小且大部分岩石裸露，土壤、植被多不发育，地貌类型和地域结构相对简单，生态系统的生物多样性指数小，稳定性差；再加上海、陆、气的相互耦合作用，全球变化以及人类活动的扰动等，导致海岛生态环境的脆弱化，使之成为一个灾害频发的敏感地带，成为生态脆弱带（冷悦山等，2008）。在当前人类活动和频繁的自然灾害等各种动力耦合的作用下，其生态环境的脆弱性表现出复杂性和多样性的特征。

海岛地区经济的可持续发展，离不开对海岛的投资开发，更离不开对海岛环境的保护。20 世纪 60 年代以来，海岛人口剧增、经济发展与其有限的资源、脆弱的生态环境之间的矛盾一直是海岛国家与地区，乃至国际社会所面临的严重问题（陈金华，2008）。近年来，随着海岛开发热的兴起，海岛开发活动不断加剧，不少沿海地区开展了海岛资源开采、海岛放牧、海岛旅游等一系列活动，但由于海岛立法滞后，政府管理缺位，加之缺乏系统科学的海岛开发利用和保护规划，海岛开发特别是无居民海岛的开发自主性、随意性较大，海岛自然资源环境破坏的问题也日渐突出，严重的陆源污染，灭绝性捕捞，过度养殖，掠夺性资源开采，以及外来物种入侵等问题，都对海岛生态环境构成了严峻威胁。

尽管海岛的环境保护问题已经引起了各方面的广泛关注，但海岛环境管理起点低、难度大却是管理部门无法回避的现实。从现状来看，海岛环境管理面临的是比大陆地区更为复杂、艰巨的形势。例如，海岛的生态环境脆弱，保护难度大，且难于恢复；大多数海岛远离大陆，监督成本高；数量众多的无居民海岛在"属于国家所有"的空泛概念下缺乏明确的责、权、利，从而造成保护意识的缺失；对海岛的环境保护意识匮乏，开发方式粗放。这些问题基本上都是海岛地区所特有的（高俊国，2007）。要实施海岛环境管理，就必须认清上述问题的特殊性，只有搞清差别所在，才能有效运用各种环境管理手段，实现保护海岛环境，促进海岛地区经济可持续发展的目标。多年的实践表明，海岛开发对脆弱的海岛生态损害的程度、速度极为惊人，如不加强对海岛脆弱性的研究，很容易导致难以估量的损失。

2.1　岛屿的类型

世界上岛屿数量极为庞大，岛屿的形状、规模、空间位置、地质、环境和生物特征各不相同。这使其成为生态学家和生物地理学家绝妙的实验室，同样这也意味着归纳概括岛屿很有可能（几乎可以肯定）是错误的！

本文对"岛屿"进行定义并不简单。从牛粪堆到南美洲，很难界定什么不能或某些时候不能称为岛屿。事实上，许多生物地理学研究将隔离的生境碎片视为岛屿，如果我们采取最简单的字典定义，岛屿即"四面环水的陆地"。这看似简单，但有些学者认为，主要由沙滩和沙洲构成、面积太小无法满足充足淡水供应的陆地，不能称为严格意义上的岛屿——临界规模应保持在 10 公顷左右（Huggett，1995）。除此之外，大陆与岛屿之间的区别也很模糊，较大规模的岛屿具备许多大陆特征。事实上，澳大利亚本质被认定为大陆岛屿，却很少被作为岛屿进行生物地理分析（例外情况除外，Wright，1983）。

应该如何界定岛屿？如果武断地将新几内亚看作最大岛屿，很多人会将格陵兰也定义为岛屿（事实上它是由 3 个冰盖组成的岛屿）——那么意味着海洋岛屿占地球陆地面积的 7%。岛屿生物地理学以及本文研究的岛屿规模大都明显小于新几内亚，仅仅把新几内亚和澳大利亚这类实质性的群岛作为"大陆"源库。这在一定程度上反映出岛屿演化生物地理学与岛屿生态生物地理学之间的区别，前者主要关注大型岛屿（以及典型的海洋岛屿），后者主要关注其他类型的岛屿。

出于研究目的，我们把岛屿分为两个大类：一类是真正的岛屿——被水完全包围的陆地；另一类是生境岛——其他形式的岛屿生境，即被高对比度生境包围的离散生境碎片（表 2－1）。真正的岛屿可以分为大陆岛屿（澳大利亚）、海洋岛屿、大陆碎片、大陆架岛屿、湖泊或河流中的岛屿。

● 海洋岛屿指那些形成于大洋板块、从未与大陆板块相连的陆地。

● 大陆碎片形成的岛屿往往因所处位置被错认为海洋岛屿，实际上它们起源于板块构造过程中搁浅在海洋中的古大陆岩石碎片。

● 大陆架岛屿是位于大陆架上的岛屿。这些岛屿大多在第四纪冰川期（严格来说是在最后的 180 万年中，尽管降温早在这之前便已开始）与大陆相连，因为这一时期海平面明显较低。这些所谓的"陆桥"岛屿最后一次与大陆相连结束，是在更新世到全新世的过渡期。全新世于 11 500 年前开始，但海洋上升到现在的海平面高度，仅在数千年前。

最后，淡水水体，包括湖泊和大型河流中的岛屿，比生境岛更接近海洋岛屿，因此也可以被认为是"真正"的岛屿。

生境岛在本质上是所有不符合"真正岛屿"的岛屿系统的统称。这意味着，在陆地生态系统中，特定类型的非连续生境碎片周围往往是形成强烈对比的陆地生境。对于水生生态系统，我们也可以将被形成强烈对比的水生环境（如被深水分隔的浅层底栖环境）分隔的类似离散生境称为生境岛。当然，真正的岛屿中也可能存在生境岛和湖泊岛屿。此外，对岛屿进行更细致的划分需要认识大陆架岛屿的不同形态和年龄，以及海洋岛与大陆岛的不同特性。

表 2 – 1　岛屿类型简单分类

岛屿类型		实例
四面环水的岛屿	岛陆	澳大利亚
	海洋岛屿	夏威夷、加那利
	大陆碎片	马达加斯加、新喀里多尼亚
	陆架岛屿	不列颠群岛、纽芬兰
	淡水水体岛屿	罗亚尔岛（苏必利尔湖）、巴罗科罗拉多（加通湖）、古鲁帕岛（亚马孙河）
生境岛	陆地生境碎片	
	受截然不同的生境包围	山顶被沙漠环绕的美国西部大盆地
		被农地包围的零散林地
		大陆湖（贝加尔湖、的的喀喀湖）
	海洋生境岛	孤立海洋岛屿周边岸礁
		与其余珊瑚礁海域分隔的珊瑚礁
		海丘（沉降于海面以下或尚未露出海平面）

注：生境岛与周边生境对比鲜明，但仍存在种群迁移现象的。

　　岛屿生物地理学的文献和理论建立在考虑所有形式岛屿的基础之上，从蓟花草生境岛到夏威夷。真正的岛屿具有明确的范围和特性，如面积、周长、海拔高度、隔离度、年龄和物种数量等可以客观量化的变量，为研究提供了相互独立的对象，尽管这些特性在岛屿生命过程会发生剧烈变化。相比之下，生境岛通常出现在复杂的景观环境之中，这些景观往往在短短数年之中发生迅速、急剧的变化。环境景观可能与生境岛中的部分（但不是全部）物种相冲突，因此生境岛的隔离度性质与海洋岛屿有所不同。真正的岛屿所具备的性质不一定也为生境岛所有，反之亦然。

　　本文的大部分内容基本只关注海洋岛屿，其地理特点和存在的问题，对于研究海岛起源模式、环境特点与历史具有重要意义。本文的主要内容将围绕这些主题展开。

2.2　起源模式

　　与地球上大部分地表相比，岛屿地质更为独特吗？我们把这个问题分为两部分，大陆架岛屿是一个高度混合体，由其不同模式的起源反映出；而海洋岛屿的地质结构相当独特，通常分为火山岩、礁灰岩或两者皆有（Darwin，1842；Williamson，1981）。以下内容是对这一复杂主体进行简化后的分析。

　　大陆漂移理论以及近期的板块构造理论的发展，已经彻底改变了我们对地球表面，以及岛屿分布与起源的理解。根据后一种理论，地球表面被细分为七大板块，以及一些小板块，七大板块都比大陆范围更大（图 2 - 1）。除太平洋板块及其相关板块以外（纳斯卡板块、可可斯板块、胡安·德富卡板块和菲律宾海板块），板块通常由两部分组成：海洋和陆地。硅铝含量丰富的板块花岗岩密度相对较低，且这些组分使得（表面地质千差万别的）大陆自然延伸到海平面以下约 200 米处（图 2 - 2）。海平面以下 0～200 米处为大陆架，不列颠群岛和弗里西亚群岛（分属德国、荷兰、丹麦）即位于其上。大陆架中岩石类型、结构丰富多样，沉积岩、变质岩、火成岩都有可能出现。正如威廉姆森（Williamson, 1981）所指出的，我们唯一能够归纳的，是大陆架岛屿的地质构造往往与邻近的大陆相似。

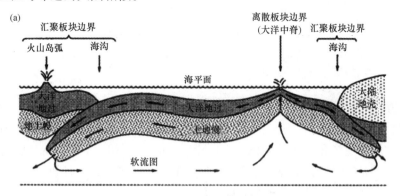

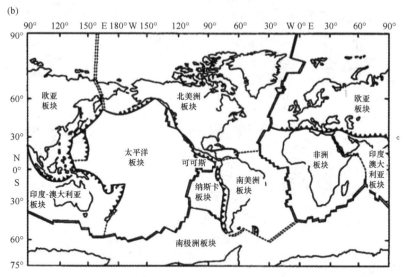

图 2 - 1　地壳板块模型及分布

注：（a）南太平洋的板块构造基本模型。新的洋壳和上地幔沿着板块边界向东向西分散。向东移动的板块（纳斯卡板块）向南美洲大陆岩石圈下方俯冲。太平洋板块的西移终结于向印度 - 澳大利亚板块大洋岩石圈的俯冲。海沟中的俯冲板块在靠近软流圈时开始熔化。（b）世界主要板块。板块相互分离的离散型板块的边界（洋中脊），由平行线表示。汇聚型板块的边界（主要为海沟），由线条及单边锯齿形表示：锯齿由俯冲板块指向覆盖或仰冲板块。横向板块的边界由实体线表示。虚线代表性质不确定的边界

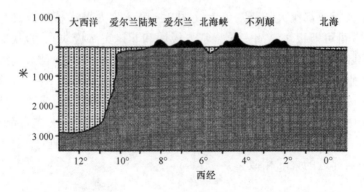

图 2 - 2　不列颠群岛位于北纬 55°的部分

注：不列颠群岛位于北纬 55°的部分包括：北爱尔兰的伦敦德里、苏格兰舰队基地和
英格兰泰恩河畔的纽卡斯尔

在某些地方，大陆板块可能出现在远低于海平面以下 200 米的海洋深处，可以称为沉
没大陆架。位于大陆架这一位置的岛屿（古大陆岛屿，华勒斯：专栏 1）往往由陆壳
岩石构成；例如斐济和新西兰（图 2 - 3；Williamson，1981）。然而，大陆架外缘通常
存在向海底过渡的斜坡，水深达到 2 000 米甚至以上，然后玄武岩和真正的海洋岛屿开

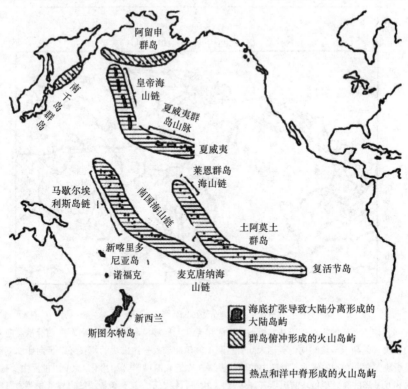

图 2 - 3　太平洋主要岛屿起源模式

注：新几内亚和塔斯马尼亚以及澳大利亚属于更新世萨胡尔陆块的大陆岛。晚白垩世至晚古新世的海底扩张，
使新西兰在 6 000 万年中已远离澳大利亚和南极洲达 2 000 千米（Pole，1994）

始出现。海洋岛屿在起源上属于火山，尽管某些情况下，它们可能由以石灰岩为主的

沉积物组成，且火山中心低于海平面。位于大洋板块的海洋岛屿从未与大陆相连。它

始出现。海洋岛屿在起源上属于火山，尽管某些情况下，它们可能由以石灰岩为主的
沉积物组成，且火山中心低于海平面。位于大洋板块的海洋岛屿从未与大陆相连。它
们可能会在进一步的火山活动作用下，生长、消减、侵蚀，然后消失。在地质学的意
义上，它们往往是短暂的：有些只持续几天，有些几千年；极少数则存在几千万年。
因此，除维持现代陆地生物群的岛屿以外，过去和未来也会有大量的岛屿或海山，在
海平面以下不同深度的地方被发现。石灰石顶的火山下沉形成的平顶海山，被称为海
底平顶山，因瑞士地质学家阿诺德盖奥特而得名（Jenkyns and Wilson, 1999）。

专栏1　海洋岛屿：对阿尔弗莱德·拉塞尔·华莱士分类的评价

阿尔弗莱德·拉塞尔·华莱士在其极具开创性的著作——《岛屿生活》
（1902年第三版，首次出版于1880年）中，根据其地质成因及生物学特性，
首次提供了对于"真正"岛屿的分类。尽管这一著作出版远早于板块构造理
论发展，且当时科学家们才刚刚开始了解冰川活动的重要性，阿尔弗莱德·
拉塞尔·华莱士的分类仍然具有根本性指导意义，见表2-2。

*大陆岛（或近陆岛屿）为大陆架自然产生的碎片，由一片狭窄的浅海与
大陆隔开。这种分离通常是近代、后冰期海平面上升的产物（距今1 300万年
前），同时导致岛屿物种与大陆同种个体相隔离。更新世反复的冰川作用导致
海平面发生显著变化，所有大陆架岛屿的隔离度减弱，还有很多岛屿与邻近
大陆相连。这种情况下，它们被称为陆桥岛屿，其形成岛屿的有效期为1万
年或者更短。直至下一次冰川期或者1万年之后，它们才会再次形成岛屿。
由于起源于大陆，大陆岛的地质和生物特征与大陆极为相似。

*大陆碎片或微陆块（古大陆岛屿）在数千万年前，曾是大陆的一部分，
随着板块漂移，这些陆块以及陆块中的物种与大陆相隔成岛。现在，这些陆
块由广阔的深海与大陆隔开，长期的地理隔离既实现了古老生物区系的存活，
也满足了大陆上新物种的发展。这些陆块在经历数千万年的大陆漂移后，最
终与其他大陆相碰撞，形成新的半岛，其状态才会有所改变。印度次大陆正
是这样形成的，它在早白垩世（1.3亿年前）从冈瓦纳古陆分裂，在经历漫
长的向北漂移后，最终在5000万年前与欧亚大陆碰撞，并在这一过程中形成
了喜马拉雅山脉（Tarbuck and Lutgens, 2000）。

*海洋岛屿起源于海底火山活动，大多为玄武岩质。海洋岛屿从未与大陆
相连，因此海洋岛屿上的物种起初来源于其他地区物种的扩散，随后因物种
形成得以丰富。它们的形成与板块边界相关，甚至在板块构造过程中，导致
形成不同类型的火山岛。现在大概有100万座海底火山，其中只有数千个能
够露出海面形成火山岛。

表2-2　华莱士对世界大洋中不同起源岛屿的例证说明

海洋	大陆岛屿	大陆碎片	海洋岛屿
北冰洋	斯瓦巴特群岛		冰岛
	新地岛		扬马延岛
	巴芬岛		
	埃尔斯米尔岛		
北大西洋	大不列颠岛		亚速尔群岛
	爱尔兰		马德拉群岛
	纽芬兰岛		加那利群岛
			佛得角群岛
地中海	厄尔巴岛	巴利阿里群岛	圣托里尼岛
	罗德岛	科西嘉撒丁岛	伊利岛
	杰尔巴岛	西西里岛	
		克里特岛	
		塞浦路斯岛	
加勒比海	特立尼达岛	古巴岛	马提尼克岛
	多巴哥岛	牙买加岛	瓜德罗普岛
		伊斯帕尼奥拉岛	蒙特塞拉特岛
		波多黎各岛	安提瓜岛
南大西洋	福克兰岛	南乔治亚岛	阿森松岛
	火地岛		圣赫勒拿岛
			特里斯坦-达库尼亚群岛
			南桑威奇群岛
印度洋	桑给巴尔岛	马达加斯加岛	留尼汪岛
	斯里兰卡岛	塞席尔群岛	毛里求斯岛
	苏门答腊岛	凯尔盖朗群岛	圣保罗岛
	爪哇岛	索科特拉岛	迪戈加西亚岛
北太平洋	温哥华岛		阿留申群岛
	夏洛特皇后群岛		千岛群岛
	圣劳伦斯岛		夏威夷岛
	萨哈林岛		马里亚纳群岛
太平洋中南部	婆罗洲岛	新西兰岛	加拉帕戈斯群岛
	新几内亚岛	新喀里多尼亚岛	社会群岛
	塔斯马尼亚岛		马克萨斯群岛
	奇洛埃岛		皮特凯恩群岛

注：日本和菲律宾为大陆-海洋混合起源岛屿的绝佳案例。

岛屿也可能为原先与大陆相连的陆地，后因侵蚀或各种原因导致的海面上升，与大陆分离形成岛屿。还有许多岛屿起源于火山活动以及板块运动。火山活动成因以及岛屿起源模式，关键取决于板块之间接触带的性质，即板块与板块之间相互离散，或相互汇聚，或相互平移。极少数岛屿具有古生物地理学意义；有些岛屿则经历了复杂的相互平移、叠覆以及下沉，由此产生的生物地理学意义深远，不仅是对于本文所说的岛屿，还包括更广泛的地区。

板块构造运动形成岛屿的方式主要分为三种。第一种，海底扩张导致大陆破碎，形成了新西兰、马达加斯加和其他一些古老封闭的岛屿（专栏2）。第二种，板块边界相互连接，火山岛由此形成群岛，如印度尼西亚地区由众多岛屿组成的大、小巽他群岛。第三种，火山岛可能形成于热点（如夏威夷群岛）和洋中脊的某些位置，夏威夷位于热点地区，冰岛被认为由洋中脊和热点的共同作用形成。

专栏2　冈瓦纳古陆的分裂以及岛屿生物地理学中隔离与扩散学说争议

这一时期的大陆碎片岛屿起源与冈瓦纳古陆解体直接相关，1.6亿年前，从罗迪尼亚泛大陆漂离出来并散布在南半球的陆块又陆续聚合成另一个大陆，即冈瓦纳古陆。白垩纪初期（始于1.4亿年前），冈瓦纳古陆仍完好无损。然而在白垩纪晚期（8 000万年前），冈瓦纳古陆已经分裂形成南美洲、非洲、印度半岛等离散大陆。也是在白垩纪，马达加斯加、塞舌尔和凯尔盖朗微碎片，分别向西南、西北以及南印度洋方向漂移，直到它们现在的地理位置。大约1亿年前，澳大利亚与新西兰在南极洲产生裂缝，8 000万年前，新西兰先从澳大利亚随后从南极洲分离。冈瓦纳古陆的其他陆块则飘向低纬度，南极洲慢慢向极地移动，2 400万年前，它到达南极并逐渐形成巨厚的冰盖。

尽管凯尔盖朗岛地理位置太过靠南（纬度50°），生物群多样化不足，其他古大陆碎片岛屿诸如马达加斯加、新西兰、新喀里多尼亚，都拥有显著的特有性和有趣的古老区系，生物地理学家认为这一现象源于物种的古老起源。但这些古大陆碎片岛的生物群并不一定如岛屿岩石年份一般古老。例如，一些马达加斯加哺乳动物类群，如狐猴、马岛猬科和灵猫科，尽管较为原始，但其从祖先系列分化大约处于第三纪（约2 600万~4 500万年前）：远远晚于马达加斯加从非洲大陆分离。麦考尔（McCall, 1997）指出，地质证据表明莫桑比克海峡所处地区在第三纪是陆地，随后的沉降形成今天我们所知的海峡。麦考尔这一解释广受争议，如罗杰斯等（Rogers et al., 2000）认为，莫桑比克海峡所处地区在第三纪仅存在零星的小块陆地。

相比利用消失的洲际陆桥和跨越海洋盆地的岛弧来解释物种间断分布，人们更倾向于板块构造学说，这一学说受遥远海洋岛屿远距离扩散过程的支撑。然而，莫桑比克海峡陆上海山的出现表明，马达加斯加的哺乳动物很可能利用了一系列已经消失的"垫脚石"（甚至是完整陆桥），才得以在大陆碎片漫长的远洋漂移后迁徙进入岛屿。同样，海平面变化，特别是冰期主要阶段引起的海平面下降，使岛屿扩大为大陆（如第四纪冰期，塔斯马尼亚、澳大利亚和新几内亚形成一片陆地，称为萨胡尔），同时提供了其他"垫脚石"岛屿，促进偏远岛屿的物种迁入。

关于岛屿生物群的地理分隔（原来相连的陆地后来分裂）与远距离扩散的假说，仍具有相当大的争议，短期内无法解决。最著名的例子或许为新西兰。新西兰的生物群作为冈瓦纳古陆的"时间容器"，基于众多近代迁入物种区系的长期隔离物种组合（隔离分化模型）引起巨大争议。麦格隆（2005）写道，"……对于新西兰，没能将其保护为'南太平洋生物多样性的时间胶囊'，而使之成为了'太平洋生物多样性的粘蝇纸'着实是个错误。但这注定会发生……"的确，新西兰的许多生物地理学特征足以与真正的海洋岛群岛如夏威夷相媲美，充分表明其大部分生物群是在冈瓦纳古陆解体后经远距离扩散迁入（Pole 1994；Cook and Crisp，2005）。

火山岛寿命通常很短，有些甚至只存在几百万年便遭受沉降和侵蚀，并再次回归海洋。若海水温度适宜，火山岛也可能经受住沉降和侵蚀，在珊瑚虫的作用下以环状珊瑚或环礁形式遗留下来。

撇开起源于大陆的岛屿不提，纳恩（Nunn，1994）针对海洋岛屿提出了一个两级分类。第一个层次是板块边界和板内岛类型，根据其地理特征以及板块边界，每一种还可细分为若干大类（表2-3）。对于岛屿独特特征的标志是一个良好的开端。然而，纳恩强调不能过分简单化地进行分类。他指出许多拥有共同起源的岛屿可能相互接近，但地理特征独特的岛群起源未必相同（地中海岛屿就是最佳案例），这一分类概述（大部分引自 Nunn，1994）如表2-3所示。

表2-3　海洋岛屿起源分类及例证（Nunn，1994）

第一级别	第二级别	实例
板块边界岛屿	离散型板块边界岛屿	冰岛、圣保罗（印度洋）
	汇聚型板块边界岛屿	安的列斯群岛、南桑德韦奇岛（大西洋）
	转换板块边界岛屿	斐济岛和克利珀顿岛（太平洋）
板块内部岛屿	线形排列岛屿	夏威夷、马克萨斯群岛、土阿莫土群岛
	岛屿群	加那利群岛、加拉帕戈斯、佛得角群岛
	孤立岛屿	圣赫勒拿岛、圣诞岛（印度洋）、复活节岛

2.2.1　板块边界岛屿

2.2.1.1　离散型板块边界岛屿

离散型板块边界会在两种非常不同的情况下产生岛屿，沿着洋中脊、弧后轴线或沿着弧后边缘盆地，与汇聚型板块边界相联系。尽管离散型板块边界作为建设型区域，岩浆喷出相对较多，然而连接这些边界的多为海山，而非岛屿。这一观点主要源于海山的相对年轻，海山漂移板块边界时岩浆供应量可能减少，离散型板块边界附近海底深度增加。在某些情况下，洋中脊岛屿也与地幔热点有关，热点为其实现从海山到大型岛屿的转变提供了得天独厚的条件。冰岛（103 106 平方千米）就是最好的例证，它是大西洋中脊和已经活跃了约 5 500 万年的热点共同作用的产物。洋中脊岛屿产生的另一个背景，是板块系统的三联点，一个显著的例子是亚速尔群岛，位于北美洲、欧亚大陆和非洲板块交界处。第二种形式的离散型板块边界岛屿，有时形成于弧后盆地，以纽阿福欧板块的汤加群岛为典型案例，既是板块汇聚的产物，也是海底扩张高发区（Nunn，1994）。

2.2.1.2　汇聚型板块边界岛屿

　　当两个板块汇聚时，其中一个会沿汇聚板块边界向相邻板块下方俯冲。伴随着板块汇聚往往形成海沟，而在上层板块的表面，位于海沟一侧并与海沟轴线相平行的地方会产生一系列的火山岛（图 2 - 4）。正是这一作用在太平洋和加勒比海形成了一些典型的岛弧。最常见的是，两个板块汇聚时，通常在发生俯冲作用的洋壳边缘部位形成岛屿。塑造火山岛弧的岩浆来自俯冲洋壳及其沉积物的熔融。其成分主要取决于俯冲地壳的性质。有说法认为，俯冲玄武岩地壳与含水沉积物结合会形成易爆炸的安山岩火山。其他岛弧，包括印尼群岛，主要都为这一类型。在岛弧中，玄武岩火山比较少见，可能是因为俯冲地壳沉积物相对较少。南大西洋的岛弧既包括玄武岩火山，也包括安山岩火山。

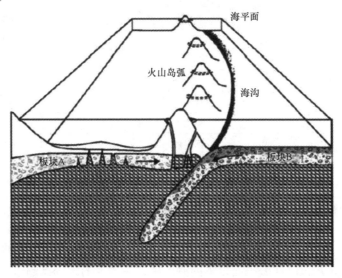

图 2 - 4　一个板块俯冲至另一板块之下形成岛弧的简化示意图

2.2.1.3　转换板块边界岛屿

　　从定义来看，这是一种相当罕见的岛屿形成背景，沿此种边界既无板块增生，又无板块的消减。然而，两个相邻的板块之间可能出现走滑、挤压或两者并存。通过这些运动形成的岛屿包括位于太平洋西南部的斐济岛。

2.2.2　板块内部岛屿

这类岛屿包含生物地理条件最适宜的岛屿，典型的为夏威夷群岛。它的地质条件也极为优越。

2.2.2.1　线形排列岛屿

夏威夷岛链作为典型例子，一系列岛屿按地质年代先后顺序，沿着板块呈线形排列（表2-4，图2-3）。在较大的岛屿中，考艾岛是最古老的，已存在至少500万年，而夏威夷本身不足100万年。比考艾岛更古老的岛屿不断向西北方向延伸，但随着侵蚀、沉降和珊瑚礁的形成，它们现在消减形成珊瑚环礁或海山。

表2-4　部分岛屿年龄情况

岛　群		年龄（百万年）
夏威夷–皇帝海山链	莫纳克亚山岛	0.38
	夏威夷（大岛）	0.38
	考艾岛	5.1
	莱桑岛	19.9
	中途岛	27.7
	明治海山	74.0
留尼旺–库克岛群	艾图塔基岛	0.7
	拉罗汤加岛	1.1~2.3
	米蒂亚罗岛	12.3
	里马塔拉岛	4.8~28.6
	鲁鲁土岛	0.6~12.3
板内孤立岛屿	阿森松岛	1.5
	圣赫勒拿岛	14.6
	圣诞岛（印度洋）	37.5

注：夏威夷–皇帝海山链年龄序列向西北方向延伸，留尼旺–库克岛群年龄序列向南延伸。

岛链从夏威夷–皇帝海山链中最靠近热点中心的罗希海山开始延伸，罗希海山距热点约6 130千米。沉降在海平面以下的海山中，最古老的距今已超过7 000万年，因此在太平洋一定存在一些岛屿比现在的夏威夷群岛更为年代久远。这意味着岛上现有物种可能属于极为久远、已沉降岛屿上的种群。然而，最近的地质调查结果表明，夏威夷岛链的形成存在一个休止期，分子生物学分析认为，一些区系存在已超过1 000万年，但当前生境中考艾岛的相关物种已极为有限（Wagner and Funk，1995）。

威尔逊（Wilson，1963）提出的热点假说很好地解释了线形排列岛群如夏威夷岛链的形成机制，该假说认为，地球上地幔之下存在"静止"的热点，地幔物质不断喷出地表形成岛链中的活火山。热点上方不断形成火山，然后随着板块运动离开岩浆源，受到海浪与陆上侵蚀，最后因其自身重量发生沉降。据计算，在过去的 475 000 年中夏威夷群岛约以每年 2.6 ~ 2.7 毫米的速率下沉（引自 Whelan and Kelletat, 2003）。随着每个岛屿漂移，热点上方不断形成新的岛屿。以夏威夷热点为例，火山岛屿形成过程已持续了 7 500 万 ~ 8 000 万年。

　　夏威夷岛链的走向变化（图 2 - 3）被归因于 4 300 万年前板块运动方向发生改变，尽管近期有质疑提出热点是否真为固定参考点，这一质疑提高了用板块运动和热点迁移共同作用解释热点岛链分布的可能性。太平洋的社会群岛和马克萨斯群岛，是进一步证明热点岛链的例子，纳恩（Nunn, 1994）还对其他几种假设情况进行了批判。

2.2.2.2　岛屿群

　　许多一度被视为热点岛屿链的岛屿集群，呈现出与热点模型截然不同的发展形势，岛群内不同岛屿的发展模式各不相同。杰克逊等（Jackson et al., 1972）提出构造控制模型，认为岛屿并非沿着单一直线，而是沿相互平行、短促的薄弱地壳线（又称为雁行线）分布。这种推理可以解释岛屿链和集群中，沿着岛链并不存在清晰的年龄 - 距离关系，如位于太平洋中部的莱恩群岛（Nunn, 1994）。

　　最大的板块内岛群为位于大西洋中部、由系列活火山组成的加那利和佛得角群岛。直到最近，有学者提出加那利群岛为混合起源，与东部兰萨罗特岛和富埃特文图拉一致，属陆桥岛屿，曾是非洲板块的一部分。然而，经研究确认，加那利群岛起源为海洋岛屿，东部岛屿和非洲大陆之间宽 100 千米、深达 1 500 多米的水域从未相互连通。尽管其在严格意义上为海洋岛屿（专栏 2），加那利群岛并不符合热点构造模型①岛屿非明确线形分布；②没有显著的年龄序列；③除拉戈梅拉火山在过去几千年一直处于活跃状态，其他岛屿如兰萨罗特岛、特内里费和拉帕尔马岛，仅在过去两个世纪处于活跃状态。

　　另一种关于岛屿起源的解释是传播断裂模型，认为加那利群岛起源于该地区洋壳断裂，由 7 000 万 ~ 8 000 万年前非洲板块和欧亚板块相互碰撞形成阿特拉斯岛链所致。然而，仍有一些学者继续关注热点理论，并认为热点是位于最年轻岛屿（拉帕尔马和耶罗）之间的位点（Carracedo et al., 1998）。这意味着不能简单根据个人判断确定群岛起源，必须同时考虑残余热点和阿特拉斯构造发挥的作用。

　　佛得角群岛的起源同样无法确定，但纳恩（Nunn, 1994）倾向于构造控制模型。值得一提的是加拉帕戈斯群岛具有促进岛屿演化模型发展的重要意义。加拉帕戈斯群岛地处西太平洋、位于纳斯卡与可可斯板块的离散型板块边界南部。纳恩将其看作板内岛屿集群而非洋中脊岛屿。

2.2.2.3　孤立岛屿

　　随着人类对海底地形的认识的不断提高，一些岛屿被证明是孤立的，而非海山岛链或岛屿集群的一部分。一般来说，真正的板内孤立岛屿只形成于洋中脊或其附近，且往往由洋中脊附近的独立火山与地底岩浆共同组成。纳恩（Nunn，1994）将其确认为岛屿脱离洋中脊后继续生长的必要条件，如大西洋的阿森松、戈夫岛、圣赫勒拿、印度洋的圣诞岛，以及太平洋的瓜达卢佩岛。在某些情况下，板内孤立岛屿或岛群可能是从主大陆分离的小型陆块碎片。花岗岩质的塞舌尔提供了最好的证明，该岛屿大陆基底与冈瓦纳大陆的马达加斯加－印度板块相近（参见专栏2）。

2.3　长时间尺度下的环境变化

这些岛屿不断进行横向、纵向移动，严重改变了其自身及周围环境。而岛屿物种的生命形式也必须随着生存环境的变化而进化、迁移或灭绝（Menard，1986）。通过这些岛屿，我们明确发现考虑过去的海洋、土地以及气候变化，对于解读岛屿动物和植物群特有或特定物种之间的关系具有十分重要的意义。

将环境变化与岛屿起源相区分是人为行为。岛屿可能经数百万年的火山活动得以成形；在这种情况下，活跃的火山活动是岛屿生物群发展和进化所需环境的重要组成部分。前面部分可能会提供一种错误认识，即所有的岛屿都由火山作用形成，或者至少受板块构造活动直接影响。然而，岛屿的形成可能是由于随着海面上升，大片相连的陆地正在消失；或陆地露出海面；或通过沉积或其他作用。其中，构造形式形成一个大类，但并不是唯一分类。事实上，纳恩（Nunn，1994）观察到，海平面变化或许是岛屿出现与消失的重要原因。因此本节主要研究岛屿环境的长期变化，尤其是海平面的变化，同时也对区位变化以及气候变化进行探讨。

2.3.1　相对海平面的变化——珊瑚礁、环礁与海山

正如上文所述，岛屿的出现和消失可能是海平面变化的结果。有些海平面变化是由海面升降引起（即海洋中水量变化所致），另外一些则由地表高度相对调整（均冲作用）引起。包括消除隆升，如冰盖融化或板块构造。岩石圈的沉降可能由质量增加（如冰、水或岩石附着物增加）引起，或由于岛屿及支撑质量异常的地区远离洋中脊。在适宜环境中，沉降火山周围的珊瑚礁最终形成环状珊瑚岛，成为热带岛屿的一个重要组成部分。

达尔文（Darwin，1842）对三种珊瑚礁主要类型进行了区分：岸礁、堡礁和环礁。他认为火山岛沉降引起环礁从一种类型发育为另一种类型：岸礁为岛屿海岸环绕的珊瑚礁，堡礁则在珊瑚礁与岛屿之间的广阔水域构成了天然屏障，最后阶段是形成环礁，即原始岛屿消失，只留下浅水潟湖周围的环状珊瑚礁（图2-5）。正如里德利（Ridley，1994）指出，早在观察到真正的珊瑚礁以前，达尔文便已在南美洲西海岸构思出其理论雏形！尽管这一理论不适用于全球范围，还需进行修改调整，如对于海平面变化的解读，但其基本模型对于解读大多数海洋环礁和巨大珊瑚礁的起源成因仍是可行的（Steers and Stoddart，1977）。

珊瑚礁是由小腔肠动物（珊瑚虫）分泌的钙质骨骼构成。在这些组织和钙质骨骼中，寄宿着很多藻类和小植物。藻类是珊瑚礁形成过程中重要的共生体，为珊瑚生长

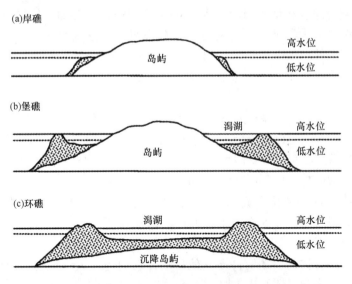

图 2-5 达尔文（1842）所提出的沉降珊瑚礁发育序列

提供食物、氧气等必需能量，同时也提供生长场所与营养。造礁珊瑚一般生长在水深不足 100 米处（偶尔也出现在深达 300 米处）；水温要求在 23 摄氏度和 29 摄氏度之间，因此珊瑚礁主要出现在热带和亚热带地区，特别是在印度洋－太平洋和加勒比海（图 2-6）。

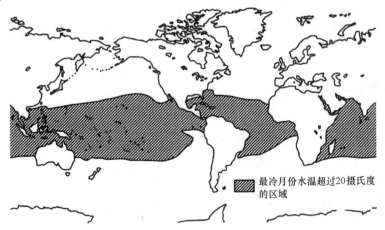

图 2-6 在最冷月份水温超过 20 摄氏度的区域，与世界海洋的主要礁区大致对应

珊瑚生长速率为 0.5～2.8 厘米/年，且最优生长率出现在水深小于 45 米处的海域。从历史上看，这样的增长率足以维持浅水珊瑚生长，即便海底沉降或海平面上升（或两者同时发生）。堡礁岛屿同样能够证明珊瑚生长能力，与达尔文（Darwin，1842）理论所预测相一致。例如，相对年轻的莫雷阿岛（150～160 万年）、亚提亚（240～260 万年）和库赛埃（400 万年）的珊瑚礁累计厚度在 160～340 米之间，而较为古老的曼格雷哇岛群岛（520～720 万年）、波纳佩（800 万年）和特鲁克（1 200 万～1 400 万

年）的珊瑚礁累计厚度在 600～1 100 米（Menard，1986）。然而，值得一提的是，西大西洋未经长期沉降的大陆架上同样存在巨大的珊瑚礁。这为另一种理论提供了支撑：生长在海蚀平台上的珊瑚礁在经历冰川期与海平面下降后，间冰期生物礁发育始终与海平面上升同步。这意味着必须考虑沉降、海平面变化、温度变化和波浪作用等过程对珊瑚礁生长的影响。

由于板块构造和海平面变化的变幻莫测，珊瑚覆盖的岛屿会长高。印度洋的圣诞岛便经历了这一过程。圣诞岛上的高原海拔超出海平面以上 150～250 米，但部分地区高达 360 米。其沿海石灰岩峭壁高 5～50 米，意味着允许物种漂流繁殖的陆地面积明显小于岛屿外缘，这也是火山起源岛屿常面临的现象。

很显然，特定岛屿的相对海拔上升可能是受周边岛屿影响。火山喷发带来的海底附着物引起岩石圈弯曲，导致岩层出现大洋深沟和补偿性上拱；因此南太平洋年轻火山（年龄大于 200 万年）岛群重复模式主要为上升生物礁或麦卡梯岛的叠加，例如皮特凯恩群岛和亨德森群岛。还有许多其他岛屿，它们包含大量地壳隆起产物——石灰石，其中包括下文将介绍到的牙买加。

随着时间推移，海平面发生显著变化，尤其在冰河期第四纪。海平面波动结合岛屿沉降、波浪作用和陆上侵蚀的共同作用，导致许多岛屿面积消减、沉降于海平面之下。在航海术语中，将距海平面 200 米以内的岛屿称为堤岸（Menard，1986）。一旦岛屿沉降至距海平面 200 米以上，它们实际上低于海平面范围，且这种情况下很难重新形成岛屿。沉没的平顶岛屿称为海山，曾经学者们认为海山主要由侵蚀形成，但事实上大多数海山都由碳酸盐沉积物堆积于其平顶形成（Jenkyns and Wilson，1999）。研究分析海山尤其是堤岸的分布，对于解读现代岛屿的历史生物地理学具有重要意义（Rogers et al.，2000）。

2.3.2　海平面变化

从生物地理学角度来看，无论是地壳均衡作用还是海平面升降引起群岛形状变化，并没有太大区别。然而，认识这些复杂作用对于了解过去的海陆分布具有重要意义。直到 20 世纪 70 年代，学者们才认识到第四纪冰期引起的地壳均衡作用不只局限于高纬度大陆及其边缘，还延伸到低纬度大陆及洋盆，这意味着构建区域海平面曲线时必须仔细谨慎（Nunn，1994）。在海平面曲线分析过程中，孤立海洋岛屿的地层数据具有独特参考意义（图 2－7）。

尽管本文一直强调第四纪冰川活动的重要性，值得注意的是，受 2 900 万年、1 500 万年以及 420 万年前海洋高水位影响，第三纪海平面的升降幅度更大（Nunn，1994）——而其广泛的生物地理学影响仍有待进一步研究。第四纪期间，冰川事件导致北纬度地区海平面降低，而间冰期海平面不同于现在，呈现叠加沉降趋势。然而，即便在今天更加详细、精确的分析水平下，仍然无法构建全球甚至区域范围内的第四纪海平面变化模型。过去和目前间冰期的数据表明地表海平面最大值在程度和时间上存在明显差异（Nunn，2000）。广受争议的一种有趣方式是用海洋水准面（即海面本身）来解释海平面的不规则变化——地球作为并不完美的椭球体，水准面实际上并不

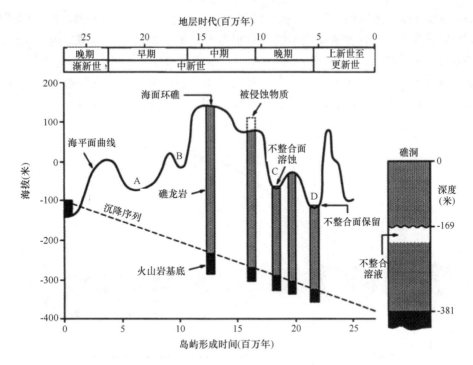

图 2 - 7 过去 2 500 万年过渡岛的海平面变化序列

注：A ~ C 阶段形成的海面不一致性受 D 阶段（低海平面）环礁表面降低作用消除。因后续时期
环礁表面仍在降低，海面不一致性仍会持续存在

规则，相对地球中心垂直方向呈约 180 米的振幅。潜在的板块构造活动引起海洋水准面的细微变化，足以构成冰川期海面升降图内的大量图像噪声（Nunn, 1994）。然而，一个共同的认知是，34 万年前的海平面仅比今天的海平面高出几米。被广泛接受的说法是更新世海平面极小值为 - 130 米，虽然事实上有可能比这更低。根据对目前岩石圈结构的分析，这一程度的海面凹陷足以使许多今天的岛屿（如英国大陆）与大陆相连，满足（现代已分离）大陆之间的生物交换。同时，许多现在已沉降于海平面之下的岛屿在更新世期间得以露出海面。但必须明确知道的一点是，在现在地图上对 - 130 米水深地区的简单勾勒，并不能作为还原过去岛陆分布情况的依据。

　　海平面从末次冰期最低水平上升到今天的水平并非一蹴而就，也并非稳定或统一模式。概括来说，距今 14 500 年前（此处"今"指定为公元 1950 年）海平面高度约为 - 100 米，在下一个千年内上升约 40 米（Bell and Walker, 1992）。冰川融化的第二个主要阶段发生于距今 11 000 年前，随之而来的是全新世初期海平面上升至 - 40 米左右，该时期冰量已减少50% 以上。在过去 9 000 年中，不列颠群岛的发展模式如图2 - 8所示。海平面和均衡要素共同作用的结果是形成凸起的海岸线和淹没的山谷。北海多格尔沙洲于距今 8 700 年前被侵入，而多佛海峡于距今 8 000 年前被侵入。北海南部海岸线目前分布形态或多或少受距今 7 800 ~ 7 500 年前的冰川作用影响，大不列颠的海岸线则主要取决于距今 6 000 年前，尽管至今仍在发生缓慢调整。英国与爱尔兰分裂 2 000 ~ 3 000 年后，英国再次自欧洲大陆漂离。总而言之，从冰川期到间冰期，经过

2 000～3 000 年的冰川作用后，英国大陆再次成为一个岛屿，不列颠群岛的不同部分于不同时间发生分离。这些活动遗留的宝贵财产是岛屿独特的生物组成，至今仍为岛屿生物地理学家津津乐道（Williamson, 1981）。尽管过去几千年里海平面变化幅度较小，但足以对岛屿地区如太平洋群岛的人类社会产生显著影响，因此在预测到全球变暖会对岛屿居民产生严重影响后，越来越多的目光开始聚焦海平面上升问题。

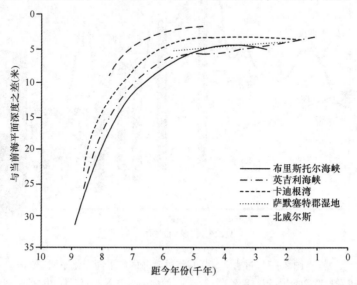

图 2-8　全新世英国南部海平面上升情况

2.3.3　岛屿气候变化

威廉姆森（Williamson, 1981）的一个重要观点是气候短期变化幅度小于长期变化，即数十年内气候统计数据的方差小于百年内，而百年内方差又小于千年内方差。这可以概括为一句话：气候变化具有红谱。大型陆地上物种响应高变幅气候的一种重要方式是大范围迁移。但这种响应模式在孤立海洋岛屿的可行性极为受限，其中可以得出的结论是岛屿特有生物必须在岛屿有限的范围内寻找自己能够适应的环境。如果边远岛屿在过去二三百万年中历经剧烈的气候变化，是否会加剧岛屿生物灭绝速度？或保留下生境更广泛、适应性更强的基因型？目前，我们尚未获得充足数据来回答这些问题。

过去几百万年中，全球气候系统经历了持续的变化，其中最具颠覆性的为更新世的冰期-间冰期旋回（Bell and Walker, 1992）。例如，在末次冰期的大部分时间中，不列颠群岛的大面积区域类似于北极冻原，而北部和西部地区仍存在广袤冰川。亚极地岛屿如阿留申群岛（北太平洋）和马里恩群岛（西南印度洋）在末次冰期也出现广袤冰盖，此外，有证据表明，更新世寒冷阶段导致偏远高纬度岛屿如亚南极凯尔盖朗岛的植物物种相继灭绝（Moore, 1979）。由于过去 200 万年中冰期和间冰期多次旋回，四大更新世冰期的经典模式持续重复（Bell and Walker, 1992）。尽管高纬度岛屿始终最受气候变化影响，但低纬度海洋岛屿气候得到有效缓冲、基本趋于稳定仍将是没有根据的假设。

加拉帕戈斯群岛在较低地区类似荒漠，高地拥有潮湿森林；但湖泊沉积物的古环境数据表明，高地在末次冰期尚属干燥地区。距今 1 万年前，高地逐渐具备潮湿条件，而埃尔圣克里斯岛埃尔洪科湖岛的花粉数据表明，一些与现在类似植物在之后的 500～1 000 年内逐渐占据潮湿高地（Colinvaux，1972）。这种延迟现象或许反映出潮湿山谷中孑遗种群在有限庇护所内扩张后进一步发生原生演替的进程极为缓慢，或者许多植物分散在广袤海洋（厄瓜多尔大陆以西约 1 000 千米）中从而漂移至群岛定居的必要性。

副热带复活节岛花粉芯的数据分析结果同样反映出全球气候变化的局部影响。数据体现了距今 38 000～26 000 年期间气候波动明显，且相比距今 26 000～12 000 年间，寒冷和干燥等气候更为极端，而全新世的气候通常温暖而潮湿，伴随偶尔的气候干燥阶段。来自复活节岛和加拉帕戈斯群岛的证据则正好相反，对热带夏威夷岛雪线变化的研究结果表明，末次冰期期间当地气候更冷更为潮湿（Vitousek et al.，1995）。考虑到海洋和大气环流系统对（下文）海洋岛屿气候的重要影响，直接假设第四纪大陆和岛屿气候变化之间关系并不合理。

2.3.4　加那利群岛、夏威夷岛和牙买加发展史

2.3.4.1　加那利群岛

加那利群岛拥有海洋群岛中较古老的海洋群岛系统。越来越具体的地质历史为解读岛屿生物地理学和地区、群岛或单岛特有种的分布提供了重要背景。富埃特文图拉岛最古老的玄武岩质锥形火山峰（北部的伯坦库拉和汉迪亚）露出海面约为 2 000 万年前（图 2-9a），尽管其构造作用早在白垩纪后期、距今 7 000～8 000 万年前便已开始（Anguita et al.，2002）。第一座岛的殖民和定居人口极可能来自距离该岛 100 千米的邻近非洲大陆。约 400 万年后（即距今 1 600 万年前），玄武岩质岛体（卡萨洛斯艾贾希）应运而生，成为兰萨罗特岛第一个锥形火山峰，这一火山峰的出现同时满足了来自大陆和古老岛屿物种的群集定居。

200 万年后，该岛群开始向大西洋扩张，大加那利岛随之出现（图 2-9b），且外观与（距今 1 200 万年前）拉戈梅拉岛和（距今 1 000 万年前）塔玛拉岛趋于统一（图 2-9c）。这些岛屿曾远比今天所呈现的更为高耸壮大，但在其地质历史上经历了多次灾难性滑坡。大约距今 800 万年前，拉戈梅拉岛和大加那利岛形成的中间时期，该岛群增加了特诺、阿德耶和阿那加等玄武地块，构成了后来特内里费岛的一角（图 2-9d）。很大一种可能性为特诺和阿德耶岛上的定居物种来自拉戈梅拉岛，而阿那加的物种则主要来自大加那利岛。有趣的是，加那利群岛特有植物中，大约 10% 的特有种仅限于在特内里费的一个或多个古老岛屿生存，从而形成早期趋异与近期趋异谱系混合生存。

3 500 万年前，灾难性的罗克卢波火山灰流被认为是对大加那利岛的一次完全灭活，或许只有两处局部避难所除外。在这种情况下，生物灾后重新扩散过程将从生物

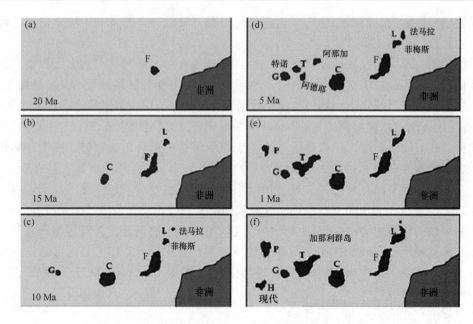

图 2 - 9　加那利群岛岛屿出现序列

注 1：L = 兰萨罗特岛，F = 富埃特文图拉岛，C = 大加那利岛，T = 特内里费岛，P = 拉帕尔马岛，G = 拉戈梅拉岛，H = 厄尔耶罗岛。2. 图片修改自 Marrero and Francisco - Ortega 2001，图 14.1

避难所，尤其是山岭和山顶生态系统或分别从位于 60 千米和 90 千米开外的阿那加和加迪亚岛屿开始。

过去 200 万年是加那利群岛环境发生剧烈动态变化的时期。火山造山作用构造了两个最西端的岛屿——拉帕尔马岛（150 万年前）和厄尔耶罗岛（110 万年前）（图 2 - 9e）。这两个岛屿极易遭受灾难性山体滑坡，主要原因在于高耸火山峰的不稳定性。最近一次滑坡（海湾和厄尔耶罗岛）大约出现于 15 000 年前，这次灾难性滑坡切掉岛屿西北部的半座岛体，破碎岩石覆盖的海床面积达 1 500 平方千米（Canals et al.，2000）。

在过去短短 150 万年中，拉斯加拿大斯酸性火山旋回作用将特诺、阿德耶和阿那加等古老玄武岩质地块再造形成今天的特内里费岛。新的地表构造促进了古老地块之间生物交换。但地质再造过程引发的数次灾难性山体滑坡（分别发生于拉斯加拿大斯、欧拉塔瓦和基马尔），对特内里费岛及其附近岛屿带来了灾难性的影响。泰德火山构造活动发生于近代，其最高峰（3 718 米）形成于史前时期，大约 800 年前。这类地质活动在生物谱系的遗传结构中留下不可磨灭的印记，体现在连续种群的持续细分。

距今约 5 万年前，兰萨罗特岛北部小岛屿（拉西奥沙、蒙大纳克拉拉和大雷格勒）和富埃特文图拉岛（罗伯斯）形成，加那利群岛慢慢形成其目前分布形态（图 2 - 9f）。拉戈梅拉岛是个例外，尽管它已休眠了 200 万 ~ 300 万年，但火山活动依然活跃，在过去 500 年中，兰萨罗特、特内里费和拉帕尔马岛共发生 15 次火山喷发（Anguita et al.，2002）。

除岛屿构造、崩塌和侵蚀作用外，更新世海平面变化使得群岛陆域面积增减交替

出现，如间冰期岛屿面积约 7 500 平方千米，而冰期达到约 14 000 平方千米（Garcia -
Talavera，1999）。在低海平面时期，例如距今 13 000 年前的冰河时期，岛屿海拔达到峰
值，高出约 130 米。该时期兰萨罗特岛和富埃特文图拉岛相互连通，与邻近小岛共同
构成一个独立大型岛屿（马汉岛，面积达 5 000 平方千米）。加那利群岛到非洲大陆的
最短距离从 100 千米缩减至 60 千米，加迪亚北部阿马内——今天的"海底银行"，形
成面积达 100 平方千米的岛屿（图 2 - 10），岛屿间的"跳板"廊道加强了加那利群
岛、马德拉群岛和伊比利亚半岛之间的连通度（图 2 - 11）。

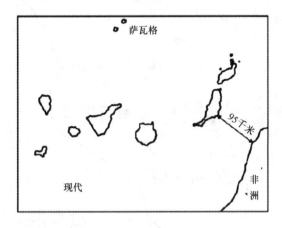

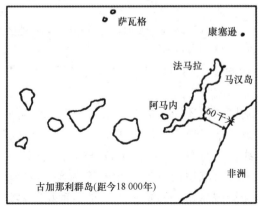

图 2 - 10　末次冰期和当前加那利群岛分布形态对比

2.3.4.2　夏威夷岛

　　夏威夷岛链的特点是盾形火山发育的生命周期，可分为以下 4 个明确阶段（Price
and Clague，2002）。

　　① 火山在热点上方形成，并随着太平洋板块运动远离热点，形成不断向西北方向
延伸且年龄渐增的火山岛链。

　　② 在其形成约 50 万年，达到最高海拔后，由于远离热点火山迅速沉降。

　　③ 长达几百万年的侵蚀过程使得火山峰不断消减，直至接近海平面。

图 2 - 11　末次冰期海平面最低时期古马卡罗尼西亚地区的重建

④ 若珊瑚生长状况良好，火山将以小环礁形式留存，或经扩张和沉降板块不断作用，最终沉入海平面之下形成海山。

近年来对海床的声呐探测使还原过去岛屿分布情况成为可能。随着夏威夷火山的生长，沉积于海平面以下的熔岩形成的坡度更甚于陆上。对已沉没坡折带的位置探测能够帮助判断最长海岸线，从而测算岛屿甚至整个群岛的面积（图 2 - 12）。此外，岛屿最高海拔可通过与陆上熔岩沉积物成 7° 夹角测算得到。知道年龄、岩石原始高度和沉降速率后，便可以估计特定岛屿侵蚀速率。这是一种相对科学的方式，因为随着气候波动、巨型滑坡事件以及高海拔地区地形云造成降水量增加，岛屿侵蚀时间会产生显著差异。

利用上述信息，博莱斯等（Price et al.，2002）重建了夏威夷岛链发展史，从 3 200 万年前第一座夏威夷火山岛形成开始（这一时期皇帝海山链的早期岛屿不是已沉没便是已成为环礁）。500 万年间夏威夷岛链分布情况如图 2 - 13a 所示，图 2 - 13b 统计了岛屿海拔范围。夏威夷岛链发展史中期（距今 3 200 万 ~ 1 800 万年间），数个火山岛屿（库尔岛、中途岛、里斯安斯基岛和雷森岛）发展迅速，海拔超过 1 000 米，尽管大多数岛屿面积很小。夏威夷大岛形成之前，最重要岛屿为加德纳，形成于约 1 600 万年前，其规模（10 000 平方千米）和海拔（大于 4 000 米）与今天的大岛（也被称为夏威夷）相当。此后，一系列中型火山陆续形成（法国护卫舰浅滩和拉彼鲁兹顶峰），最

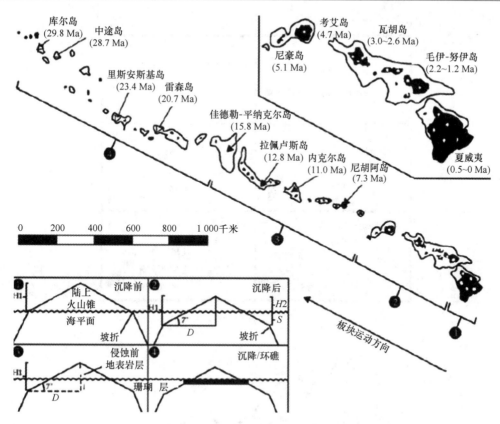

图 2-12　夏威夷洋脊特征、火山生命周期、岛屿海拔计算示意图

注：选定的火山峰纪标注于圆括号中。方框序号代表岛屿生命周期阶段，特定的形状用于评估其发育史。① 坡折，标志着火山形成的最大海岸线，在地图上标记为黑色。② 坡折的深度（S）意味着屏障形成后的总沉降量；未受侵蚀的火山海拔（$H2$）加上总沉降量可估算出火山原始高度（$H1$）。原始高度还可以通过火山峰离岸距离（D）乘以 7°夹角计算得出。主要岛屿的火山峰在地图上标记为黑色区域中的白点。③ 缓慢的沉降和侵蚀作用使火山峰越来越接近海平面。根据侵蚀量判断，4 个基岩小岛（地图上标记为填充三角形）为这一年龄阶段的最新岛屿。④ 这一岛链最末处，并无露出海平面的岛屿，只剩下海山（黑点）和小珊瑚群岛（开口三角形）

终发展成为 1 100 万年前的内克尔岛。博莱斯等（Price et al.，2002）将距今 1 800 万~800 万年的一段时期称为"第一个高峰时期"，因为该时期许多火山岛的海拔超过 1 000 米，更有甚者超过 2 000 米，构成真正意义上的群岛，且从海岸到山顶形成多种生态系统。

内克尔岛形成后一段时期，只有一些小岛屿陆续形成，构成的群岛在海拔和面积上均有所减少，生境类型随之减少。考艾岛的崛起（500 万年前）标志着"第二高峰时期"开始（且一直持续至今），多座火山岛海拔超过 1 000 米和 2 000 米（考艾岛、瓦胡岛、莫洛凯岛、拉奈岛、毛伊岛、卡霍奥拉维岛和夏威夷），且呈现的陆地面积更胜以往。仅在 120 万年前，毛伊岛、拉奈岛、莫洛凯岛、卡霍奥拉维岛以及"企鹅银行"海山共同构成了毛伊－努伊岛（波利尼西亚的"大毛伊岛"），其面积比今天的夏威夷岛更大，但约 60 万年前，由于沉降作用这座岛屿被划分为今天的多个小岛屿。随

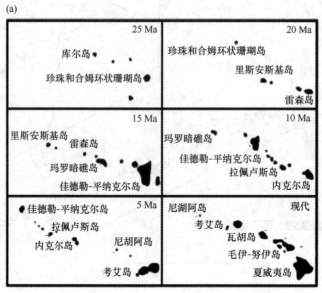

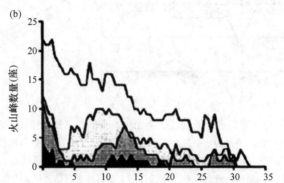

图 2 – 13　夏威夷群岛分布及海拔变化

注：（a）500 万年中夏威夷群岛分布变化。（b）岛屿最高海拔分布
（黑色区域大于 2 000 米，深灰色区域：1 000 ~ 2 000 米，浅灰色区域：
500 ~ 1 000 米，白色区域：小于 500 m）

着第四纪冰期海平面的下降，毛伊 – 努伊岛曾多次复原。特定的环境史对解读夏威夷生物地理学具有极其重要的意义。

2.3.4.3　牙买加

　　本文部分主题出自鲁思巴斯柯克（Ruth Buskirk，1985）一书，即结合加勒比海的其他地区，对牙买加起源史进行分析。安的列斯群岛的陆地在新生代期间的分布变化，如图 2 – 14 所示。始新世，加勒比板块沿北部边缘逐渐发生左旋走滑，使得牙买加不断相对北美板块向西移动，在这一过程中，牙买加的规模不断发生变化，且逐渐远离北美大陆。更为关键的是，从生物地理学角度来看，牙买加岛在晚始新世被完全淹没，广泛沉积作用使得牙买加沉降至海平面以下约 2 800 米处，直至早中新世才再次出露海面形成岛屿。隆起开始于北部和东北部地区，中新世中期开始普遍隆起。最大隆起和断裂发生在上新世（第三纪最后一阶段），蓝色山脉地区自上新世中期以来，隆起高达1 000米。在岛屿出露海面的主要阶段中，仍持续漂移中美洲，且过去的500万年中，移动距离共计达200千米。

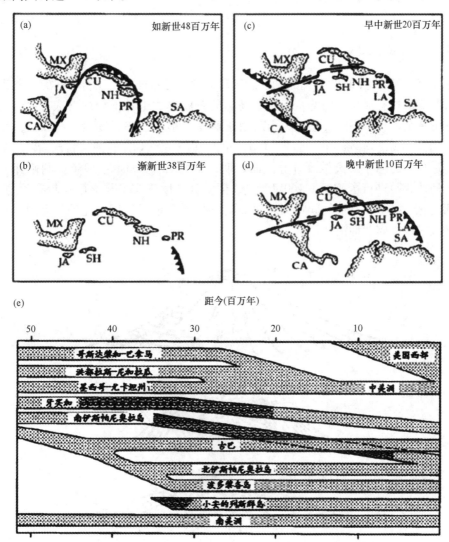

图 2 - 14　过去5 000万年中，加勒比海地区分布假设

注1：（A~D）位置变化图。为便于识别，利用现用标记描绘陆地轮廓，并非各时期的海岸线。CA = 中美洲，MX = 墨西哥，JA = 牙买加，CU = 古巴，NH = 伊斯帕尼奥拉岛北部，SH = 伊斯帕尼奥拉岛南部，PR = 波多黎各，LA = 小安的列斯群岛，SA = 南美洲。（e）简化体系用于表示陆地的相对位置，分散距离增加意味着扩散阻碍增多。大部分被淹没的地区标记为水波符号

　　本文反复强调的是岛屿海拔、面积、地质、地理位置、隔离度和气候等基本环境特征，都会在长期过程中发生重大变化。在进化的时间尺度上，火山岛是呈现显著动

态的进化平台。要解读这些岛屿系统的生物地理学意义，显然需要将历史和当前生态要素进行整合研究（Price and Elliott – Fisk，2004）。

2.4 岛屿的自然环境

2.4.1 地形特征

米尔克（Mielke，1989）对新西兰地区岛屿的地形特征进行了分析研究，并提出虽然最大的岛屿拥有最高的山峰，但小型岛屿的发展模式也各不相同（表 2 – 5）。事实上，地形特征取决于岛屿类型。火山岛由于面积狭小往往相对陡峭、高耸，且受长期侵蚀作用往往高度离散分布（图 2 – 15）。早在 1927 年，切斯特凯文特沃斯便对夏威夷火山岛进行了岛屿年龄离散度计算。而近期，莫纳德（Menard，1986）利用钾 – 氩法同样对岛屿年龄进行了测算（160 万年），证实分散度确实是与火山年龄有关的函数。海平面变化、降水及其他气候特征均对岛屿海拔具有重要作用。此外，大型、高耸的火山岛极易发生周期性滑坡，从而对大量岛屿地区进行完全重塑。

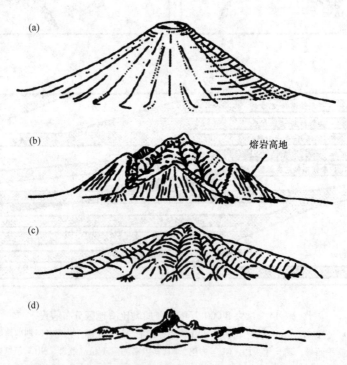

图 2 – 15　火山岛侵蚀阶段（参见 Nunn，1994 与 Ollier，1988）

注：（a）垂直沟槽的原始火山（如特里斯坦库尼亚）；（b）熔岩阶段，沟槽后壁经河流侵蚀，仅剩三角形遗迹相对完整（如圣赫勒拿）；（c）残余火山，熔岩被侵蚀，但火山的原始形态仍较为明显（例如加那利群岛和佛得角群岛）；（d）火山骨架，突出特点为残余火山锥和堤坝（例如波拉波拉岛，法属波利尼西亚）

　　珊瑚岛、石灰岩岛屿和环礁往往海拔较低，较为平坦。这对未来的海平面变化产生显著影响。被抬升至高出海平面数米的岛屿称为抬升礁，包括抬升礁本身（土阿莫土群岛）、阿蒂乌岛（库克群岛）和汤加的大多数有居民岛。这是岛屿的一种重要分类。这些岛屿主要以石珊瑚基板为主，也有部分为火山岛。许多岛屿商业化开采海鸟粪便形成的磷酸盐（如瑙鲁）。对于火山岩岛、石灰岩岛及抬升礁（复合）复杂性的讨论，参见纳恩（Nunn，1994）。

表 2-5　新西兰及其邻近岛屿简介（改编自 Mielke，1989，表 9.1）

岛屿	面积（平方千米）	简介
南岛	148 700	50 多座山峰海拔超过 2 750 米
北岛	113 400	3 座山峰海拔超过 2 000 米
斯图尔特岛	1 720	花岗岩；3 座山峰高达 987 米
查塔姆群岛	950	悬崖高达 286 米
奥克兰群岛	600	火山岛；山峰高达 615 米
麦夸里岛	118	火山岛；海拔 436 米，有冰川湖
坎贝尔岛	113	海拔 574 米，有冰川发育
安蒂波德斯群岛	60	火山岛；最高峰海拔 406 米
克马德克群岛	30	火山岛；最高峰海拔 542 米
三王群岛	8	火山岛
斯奈尔斯群岛	2.6	花岗岩；悬崖高达 197 米

2.4.2　气候特征

　　岛屿气候显然受海洋的强烈影响，且往往因其纬度产生反常气候，这与其在海洋或大气环流系统中所处位置有关。低纬度岛屿的气候相对较为干燥。高纬度岛屿较易形成强降雨，但岛上也存在大面积干旱地区，这使得岛屿较小空间内出现相当多样化的环境。即使是只有中等海拔的岛屿，就如圣诞岛（位于印度洋），岛屿最高峰仅 360 米，高原海拔多在 150～250 米，借助于岛屿地形雨量，也能在极为干旱的季节保持雨林的正常生长。岛屿同样能接受与大陆地区不同、含更多化学成分的降水。

　　正如 1866 年植物学家约瑟夫·道尔顿·胡克在英国协会演讲中指出的，同纬度岛屿的气候和生物群往往比同纬度大陆更为两极分化明显，原因在于岛屿年际温度波动更小。赤道附近的岛屿年平均气温波动范围通常小于 1 摄氏度，即便是温带地区，年平均温度波动也小于 10 摄氏度：例如，瓦伦西亚岛（爱尔兰）和锡利群岛的年平均温度波动均在 8 摄氏度左右。然而，有些岛屿却由于其他天气特征，年际气候波动极大。例如，厄尔尼诺现象引发的降水变化，具有极为重要的生态意义。岛屿也可能经历周期性的极端天气，如飓风。

海拔的收缩或"伸缩"是岛屿地区的另一明显特征。例如，位于印度尼西亚附近的喀拉喀托火山，受海洋冷空气和大气湿度影响，山顶上方常年云雾笼罩，导致温度进一步降低，并在海拔约 600 米处形成了山地苔藓林，这一高度远远低于大陆平均高度。泰勒（Taylor, 1957）曾提出，巴布亚新几内亚内陆地区的植被过渡带大约出现在2 000 米的高度，惠特莫尔等（Whitmore et al., 1984）则观察到，热带山峰的云雾通常形成于海拔 1 200 米以上，但这一高度限制在沿海岛屿则有所降低。刘施纳（Leuschner, 1996）在回顾热带和温带海洋岛屿森林海拔的基础上，提出岛屿的森林海拔线与大陆地区相比，降低 1 000 ~ 2 000 米。这些现象产生的原因，包括递减率更为陡峭（与大气湿度变化趋势有关）；温度变化导致起贸易风岛屿山峰的干旱；部分岛屿缺乏能良好适应高海拔的树种；以及火山土壤的不成熟等。不管准确的原因为何，伸缩是热带岛屿的一个共同特征，能够通过压缩生境与物种栖息地，使较低海拔的岛屿容纳更多的陆地物种，从而（潜在的）促进岛屿可维持物种的数量增加（图 2 - 16）。

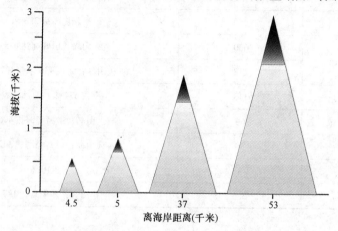

图 2 - 16　在印度尼西亚，长满苔藓的森林过渡带在沿海小山脉出现海拔低于内陆山区
注：从左到右：汀格（巴韦安岛），拉奈（塔纳岛），萨拉克（西爪哇岛），帕格拉格（西爪哇岛）

　　岛屿的气候条件由最高山峰的海拔高度决定。因此，回归分析证明，海拔高度是解释岛屿物种数量的一个重要变量，在某些情况下，排名仅次于、甚至领先于岛屿面积。加那利群岛的特内里费岛，就是典型的拥有陡峭中洋脊系统和明显雨影的火山岛。加那利群岛位于半永久性亚速尔反气旋的沉降东侧，地处北纬 28°，距离非洲 100 千米处。沉降产生一股温暖、干燥的气流，在 1 500 ~ 1 800 米处从低层潮湿、向南流动的空气中分离，产生所谓的贸易风反演。特内里费的气候为夏季温暖干燥，冬季温和潮湿：在本质上，尽管该岛屿纬度与撒哈拉相近，却属于地中海气候。东北方向的贸易风从海洋带来水分，而这股气流在山脊的作用下被迫上升。气流冷却，形成山岳形态的云，当地称为马德尼波河，其往往形成于岛屿的迎风坡，高度为 600 ~ 1 500 米，厚度为 300 ~ 500 米，这一现象几乎每天都会出现（图 2 -17），因此当地的常绿阔叶林要在（通过雾滴和减少蒸发蒸腾作用）水分过剩的海拔地带生长，必须克服加那利群岛干燥的夏季（图 1）。位于雨影中的南部地区，降水量要少得多。由于降水和温度的差异，南部地区的森林生长

的上下限都较高。事实上，南部地区中海拔的森林较为稀疏，同时多为旱生性树种。受贸易风反演的进一步影响，迎风坡上存在界限分明的植被带，而背风坡因超出地形云层影响影响范围，植被景观似乎更接近于一个环境，即植被连续体。

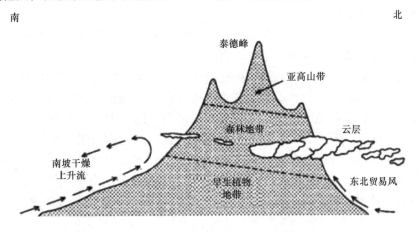

图 2 - 17　特内里费岛气候/植被带

2.4.3　水资源

可用水是岛屿生态存在和人类利用岛屿的前提（Menard，1986）。大多数的海洋岛屿，无论是高耸的火山或环礁，都含有蓄积的大量淡水。新鲜的熔岩流具有很强的渗透性，但随着时间的推移，岩石的渗透率和孔隙度随风化和地下沉积过程的影响而降低。大型火山岛的裂隙含水层中（图 2 - 18）蓄积的地下水停留时间可能长达数十年到数百年。我们可以将这些系统分为两个区：渗流区和饱和（或基底水）区。包气带中往往存在地下水隔层，相互连接形成链状，间或穿插着干旱带。基底区的特点是许多

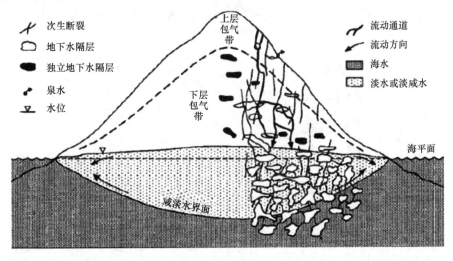

图 2 - 18　火山岛地下水流动及垂直分布

注：包气带中的地下水隔层相互连接形成链状，间或穿插着干旱带。Ghyben - Herzberg 咸淡水界面能够使火山岛地底淡水停留在密集的盐/或渗透岛基的盐水上

紧邻的地下水隔层,以及和大量的饱和二次断裂。本区同时包含淡水和海水,受潮汐
影响距海岸 4~5 千米处水位上升。若没有降水,岛屿内的海水与海平面等高;然而,
渗透岛屿岛体的雨水漂浮于密集盐分或渗透岛基的咸水之上,形成 Ghyben – Herzberg 咸
淡水界面(Menard,1986)。

　　如上文所说,特内里费岛的年平均降水量变化很大,阿那加半岛海拔最高地区超
过 800 毫米(算上雾滴,降水总量可能再翻一番),而岛屿最南端则不足 100 毫米。因
此,雨影对于生态和人类对岛屿的潜在利用都具有深远的影响。岛屿北侧的陡峭地区,
受益于大量的降水,是集中种植地区,而东部和西部沿海地区大多地形平坦,不利于
灌溉种植。因此,即使是在这个巨大、高耸的海岛,地下水(在越来越多的火山深层
含水层中被发现)仍是当地居民最重要的水源,而淡水也成为限制当地资源开发的关
键因素。即使是低洼环礁也存在咸淡水界面,但正如本文简介中所说,很小的小型岛
屿(面积小于 10 公顷)缺乏永久的咸淡水界面。相比其他的海岸线栖息地,这样的栖
息地更不利于植物生长,从而限制能在这种环境中存活的植物物种多样性。

2.4.4　海洋径流

　　岛屿生物地理学文献中一个有趣的特征是,在一般情况下,隔离主要体现在与大
陆相隔的距离。这忽略了海洋的地理位置。图 2 – 19 所示的 1 月海洋表层漂流与洋流分
布图,显然是基础的年际和年内变量。但某些地区的洋流和风流具有强烈的方向性和

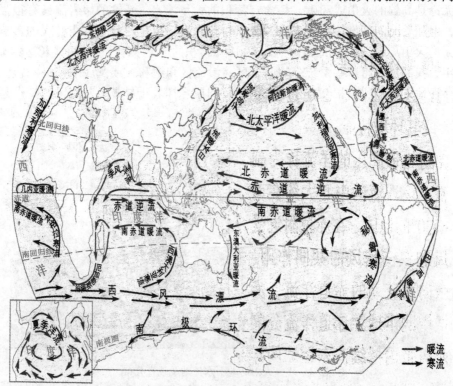

图 2 – 19　世界洋流分布

持久性。在某些情况下，洋流系统相关知识为生物地理学模式提供了简洁的解释（Cook and Crisp，2005），例如安的列斯群岛中莫纳岛的蝴蝶分布。该岛地处伊斯帕尼奥拉岛和波多黎各之间，面积为 62 平方千米。岛上 46 种蝴蝶中，9 个亚种与波多黎各相同，但与伊斯帕尼奥拉岛无共有物种，而源岛与伊斯帕尼奥拉岛的面积比为 9∶1。原因似乎在于从波多黎各吹向伊斯帕尼奥拉岛的风向存在恒定偏差（SpencerSmith et al.，1988）。然而，应当指出的是，从夏威夷和加拉帕戈斯群岛等获取的古环境数据表明，随着时间的推移，海洋和大气环流会发生显著变化。

2.5　岛屿的自然干扰

本文的其中一个主题是，岛屿生物地理学理论发展的过程中，并没有重视自然干扰的重要意义。正如我们所看到的，每一个古老的岛屿都是在成千上万年中发生了重大的环境变化。本文重点关注岛屿环境的短期变化，如个别火山爆发可能会周期性地扩大岛屿主体，至少会暂时减少岛上动植物种群。

生态学家将干扰定义为"一定情况下使岛屿生物减少，并开辟空间使得同一或不同种群个体迁入的所有相对离散事件"（Begon et al.，1990）。这样的定义相当宽泛，在岛屿生物地理学背景下显而易见的是，不同情况下不同尺度的扰动相互联系（图 2 - 20）。越来越多的生态学家认识到，自然系统的结构主要取决于干扰（Huggett，1995）。通常情况下，诸如飓风（台风）等单一事件，对大陆和岛屿系统均产生影响；然而，由于小型岛屿的地理、地质特性以及地处海洋的特殊位置，岛屿所经受的干扰并非典型的陆地干扰。

为了将干扰条件具体到岛屿生物地理学，必须构建一些分类体系（Whittaker，1995）。图 2 - 20 呈现的是其中一个分类体系。设计用于加勒比群岛的另一项计划，如表 2 - 6 所示，指向干扰现象的主要类型、易受影响地区、影响的基本性质、持续时间和重复间隔。在生态学家奥德姆的研究基础上，卢戈（Lugo，1988）提出的另一种方法，将干扰事件分为 5 种类型，每一种根据其对能量传输的影响进行区分。

- 第一类事件在能量得以被岛屿"利用"前，改变岛屿能量性质或强度；例如，ENSO 事件对天气系统产生影响，导致干旱或暴雨。
- 第二类事件发生于岛屿主要生物地球化学途径，例如地震引起的变化所致。
- 第三类事件改变岛屿的生态系统结构，但不改变基本能量特征，因此事件发生后岛屿能够迅速复原。飓风便属于第三类事件。一个很好的研究例子是 1989 年波多黎各的雨果飓风，导致卢奎约森林的大部分树木叶子完全脱落，尽管事后森林被迅速"绿化"，但仍可能有人注意到这一干扰事件对进一步认识数十年的植被镶嵌作用的显著意义。
- 第四类事件改变岛屿和海洋或大气之间物质交换的"正常"速率。例如，若贸易风受大气压力变化影响而被抑制，物质交换可能会有所减少。
- 第五类事件往往破坏消费系统，本文指人类系统，同时可能对岛屿生态产生进一步的影响；包括飓风和地震等。1995—1998 年蒙特塞拉特火山喷发为这类事件的广

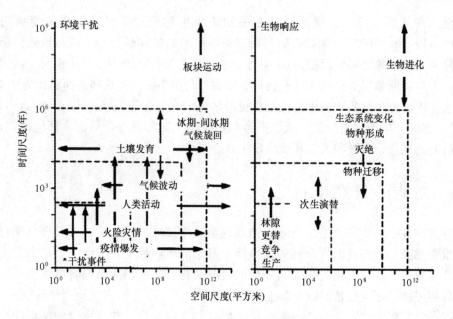

图 2 - 20　干扰事件分类体系

注 1：干扰事件包括野火、风害、水灾、地震等。2. 四种时空域背景下微、中观、宏观和
大型尺度（图中以虚线表示界限）中环境干扰的物理条件及生物响应

泛交叉影响提供了经典例证，岛内火山活动能够改变岛屿地貌、生态和人类对岛屿的利用。

表 2 - 6　加勒比群岛（自 Lugo，1988 年后）所受自然干扰（5 种干扰类型）

干扰事件	主要类型	受影响范围	主要影响	持续时间	复发时间
飓风	3、5	广	机械	小时 ~ 天	20 ~ 30 年
强风	3、4、5	广	机械	小时	每年
强雨	4	广	生理	小时	10 年
高压系统	1	广	生理	天 ~ 周	数十年
地震	2、5	窄	机械	分钟	100 年
火山喷发	1 ~ 5	窄	机械	月 ~ 年	1 000 年
海啸	3、4、5	窄	机械	天	100 年
最低潮位	1	窄	生理	小时 ~ 天	数十年
最高潮位	3、4、5	窄	机械	天 ~ 周	1 ~ 10 年
外来基因干扰	2、3	广	生物	100 年	数十年
人为能量干扰	1	窄	生物	年	1 ~ 10 年
人为战争干扰	5	窄	机械	月 ~ 年	？

2.5.1 强度和频率

1871 年到 1964 年期间，加勒比海飓风记录为平均每年 4.6 次，导致波多黎各社会经济条件倒退约 21 年（Walker et al.，1991a；图 2 - 21）。以最低风速 120 千米/小时、路径宽数千米计，飓风产生的影响极其深远，这对于了解该地区自然生态系统的结构极为重要。此外，这绝不意味加勒比海能够避免这一影响。飓风形成于所有表层温度高于 27 ~ 28 摄氏度的热带海洋地区，尽管受持续高压影响，飓风通常消失于赤道两侧纬度低于 5°的地区（Nunn，1994）。对于集中于赤道南北部 10 ~ 20°飓风带内的森林热带岛屿而言，树叶脱落和树木倾倒都是严重且频繁干扰的后果。高海拔岛屿受到的破坏性影响尤为严重，例如乌波卢和萨摩亚群岛上大面积的森林于 1990 年、1991 年和 1993 年分别受热带气旋 Ofa，Val 和 Lyn 的严重毁坏（Elmqvist et al.，1994）。尽管低海拔岛屿同样会受到严重的风暴伤害，但风暴带来的瓦砾能够促进岛屿的扩大。因此，一些很小的岛屿，如所谓的沙岛，可能是极端气候与正常气候动态平衡的产物（Nunn，1994）。

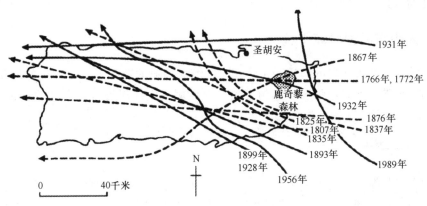

图 2 - 21　1700 年以来穿越波多黎各飓风的路径

对干扰物理条件进行全面分析，需要将事件的强度和频率进行量化。卢戈（Lugo，1988）尝试列出加勒比海干扰现象的子集，结果如表 2 - 6 所示。他得出结论说，尽管飓风在其罗列的主要"干扰源"中重复频率最高，但加勒比海岛屿对飓风的敏感程度属于中等，部分原因可能在于飓风并不会在长期过程中改变岛屿基础特征。同时，在规模较大的加勒比海岛屿中，飓风并不会对整个岛区造成毁灭性破坏。鉴于飓风的重复间隔，这些岛屿的生态系统在此类风暴事件的影响下，进行了一定程度的演化。

并不是所有极端的天气现象都以风暴的形式呈现。ENSO 现象属于大规模年际事件，是印度尼西亚与南太平洋之间地区气压变化与降雨模式相结合的产物，往往伴随着洋流和温度变化。在亚太地区，ENSO 事件与年际气候的大幅度变化，即严重干旱或降水周期相互联系。例如，1937 年 12 月埃图塔基岛（库克群岛）降雨量为 3 258 毫米，超过每年平均降水总量（Nunn，1994）。与 ENSO 现象同强度的事件都会产生可量化的生态影响，甚至还会对岛屿生物种群进化产生影响。例如，1982—1983 年异常充沛的降水使食物供应有所增加，作为结果，4 种特有的加拉帕戈斯鸟类物种（3 种雀和知更鸟）数量显著增加（Gibbs and Grant，1987）。

飓风历史数据分析结果表明，诸如飓风和 ENSO 事件等气候现象的频率在年代际时间尺度变化较大，需要进行进一步复杂的分析。这就说明，除对气候变化进行红谱分析以外，生态学家和生物地理学家还应该关注其短期的波动。

有一个前提是，基于许多海洋岛屿的地质和气候较为简单，其景观应达到动态平衡的条件。纳恩（Nunn，1994）认为，这一概念不能定性概括：

……由于某些不规则的气候现象对海洋岛屿景观的破坏性影响显而易见，在没有发生根本变化的情况下，特定环境对罕见或极端事件影响的适应程度往往较低。对于处于动态平衡状态的海洋岛屿景观，这类事件的影响可能会导致景观开发阈值发生交叉……不规则气候现象的影响极其多变，针对性极强，因此进行定性概括并无太大意义。

这些结果或许提示我们思考以下问题：首先，在气候变化幅度谱的哪一部分，海洋岛屿生物群最可能被认为处于动态平衡；其次，生态或进化阈值交叉是否如上述景观以同样的方式，由极端气候事件导致？

2.5.2　火山与巨型滑坡干扰

与大陆碎片或大陆岛的地质稳定性相反，海洋岛屿的特征是重复发生的地质灾害，其中最为常见的包括火山喷发、重力导致侧翼倒塌或山体滑坡（以及引发的海啸往往对附近岛屿产生影响）。

2.5.3　火山爆发

火山爆发是海洋岛屿的主要建设力量：火山爆发使岛屿出现、扩大且海拔高度增加，而侵蚀（雨、风和海）、沉降过程则起相反作用，使岛屿降低至海平面甚至海平面以下（如图 2 - 11 和图 2 - 15）。然而，火山作用在扩大岛屿的同时对岛屿生态系统起到破坏或毁坏作用。这一影响是扩散性的，即火山灰在极大区域内形成薄薄的一层沉积，是具有严重，甚至完全破坏性的。在某些情况下，破坏性火山灰流会在整个岛屿范围内沉积，或多或少地减少现有的生物群。这就是所谓的岛屿绝育，意味着必须从头开始迁入物种。当然，完全绝育很难实现，即便如历史上的 1883 年喀拉喀托火山事件（Whittaker et al.，1989；Thornton，1996）。更为严峻的考验还包括 350 万年前的大加那利事件（Marrero and FranciscoOrtega，2001a，b），虽然在这种情况下，生物钟重置等进化证据能够表明，岛上物种主要来源于其他岛屿物种的重新迁入。公元前 1628 年，爱琴海地区火山爆发摧毁了巅峰时期的圣托里尼文明，或者，近些年来加勒比海的马提尼克和蒙特塞拉特岛火山进一步为海岛火山的巨大破坏性提供了强有力的证据。

参考文献

冷悦山，等. 海岛生态环境的脆弱性分析与调控对策［J］. 海岸工程，2008，27（2）58 - 64.
陈金华. 居民对海岛环境与发展感知的实证研究［J］. 经济地理，2008，28（1）：131 - 135.

高俊国，刘大海. 海岛环境管理的特殊性及其对策［J］. 海洋环境科学，2007，26（4）：397 - 400.

Anguita, E. , Hernan E. , 1975, A propagating fracture model versus a hot - spot origin for the Canary Islands, Earth and Planetary Science Letters, 24: 363 - 368.

Anguita, F. , Hernan, F. , 2000, The Canary Islands origin: a unifying model, Journal of Volcanology and Geothermal Research, 103: 1 - 26.

Anguita, E, Marquez, A. , Castineiras, P. , Hernan, E. , 2002, Los volcanes de Canarias, Guia geologica e itinerar - ios, Editor Rueda, Madrid.

Begon, M. , Harper, J. L. , Townsend, C. R. , 1990, Ecology (2nd edn), Blackwell, Oxford.

Bell, M. , Walker, M. J. C. , 1992, Late Quaternary environmental change: physical and human perspectives, Longman, Harlow.

Bramwell, D. , Bramwell, Z. I. , 1974, Wildflowers of the Canary Islands, Stanley Thorns, Cheltenham.

Bruijnzeel, L. A. , Waterloo, M. J. , Proctor, J. , Kuiters, A. T. , Kotterink, B. , 1993, Hydrological observations in montane rain forests on Gunung Silam, Sabah, Malaysia, with special reference to the 'Massenerhebung' effect, Journal of Ecology, 81: 145 - 167.

Buskirk, R. E. , 1985, Zoogeographic patterns and tectonic history of Jamaica and the northern Caribbean, Journal of Biogeography, 12: 445 - 461.

Canals, M. , Urgeles, R. , Masson, D. G. , Casamor, J. L. , 2000, Los deslizamientos submarines de las Islas Canarias, Makaronesia, 2: 57 - 69.

Carracedo, J. C. , Day, S. , Guillou, H. , Badiola, E. R. , Canas, J. A. , Torrado, F. J. P. , 1998, Hotspot volcanism close to a passive continental margin: the Canary islands, Geological Magazine, 135: 591 - 604.

Carracedo, J. C. , 2003, El volcanismo de las Islas Canarias. In Geologia y volcanologia de islas volcdnicas ocednicas, Canarias - Hawai (ed. J. C. Carracedo and R. I. Tilling), pp. 17 - 38. CajaCanarias - Gobierno de Canarias.

Christensen, U. , 1999, Fixed hotspots gone with the wind, Nature, 391: 739 - 740.

Colinvaux, P. A. , 1972, Climate and the Galapagos Islands, Nature, 219: 590 - 594.

Cook, L. G. , Crisp, M. D. , 2005, Directional asymmetry of long - distance dispersal and colonization could mislead reconstructions of biogeography, Journal of Biogeography, 32: 741 - 754.

Darwin, C. , 1845, Voyage of the Beagle, (First published 1839. Abridged version edited by J. Browne and M. Neve (1989) . Penguin Books, London.)

Darwin, C. , 1842, The structure and distribution of coral reefs, Being the first part of the geology of the voyage of the Beagle, under the command of Capt. Fitzroy, R. N. , during the years 1832 - 36. Smith, Elder, & Company, London.

Decker, R. W. , Decker, B. B. , 1991, Mountains of fire: The nature of volcanoes, Cambridge University Press, Cambridge.

Delcourt, H. R. , Delcourt, P. A. , 1991, Quaternary ecology: A paleoecological Perspective, Chapman & Hall, London.

Diamond, J. M. , 1975a, Assembly of species communities, In Ecology and evolution of communities (ed. M. L. Cody and J. M. Diamond), pp. 342 - 444. Harvard University Press, Cambridge, MA.

Diamond, J. M. , 2005, Collapse: how societies choose to fail or survive, Allen Lane/Penguin, London.

Diamond, J. M. , Gilpin, M. E. , 1983, Biogeographical umbilici and the origin of the Philippine avifauna, Oikos, 41: 307 - 321.

Elmqvist, T. , Rainey, W. E. , Pierson, E. D. , Cox, P. A. , 1994, Effects of tropical cyclones Ofa and Val on the structure of a Samoan lowland rain forest, Biotropica, 26: 384 – 391.

Fernandez – Palacios, J. M. , Andersson, C. , 2000, Geographical determinants of the biological richness in the Macaronesian region, Acta Phytogeographica Suecica, 85: 41 – 49.

Fernandez – Palacios, J. M. , de Nicolas, J. P. , 1995, Altitudinal pattern of vegetation variation on Tenerife, Journal of Vegetation Science, 6: 183 – 190.

Fernandez – Palacios, J. M. , 1992, Climatic responses of plant species on Tenerife, the Canary Islands, Journal of Vegetation Science, 3: 595 – 602.

Fernandez – Palacios, J. M. , Arevalo J. R. , Delgado, J. D. , Otto, R. , 2004a, Canarias: Ecologia, medio ambiente y desarrollo, Centro de la Cultura Popular de Canarias, La Laguna.

Flenley, J. R. , King, S. M. , Jackson, J. , Chew, C. , Teller, J. T. , Prentice, M. E. , 1991, The Late Quaternary vegetational and climatic history of Easter Island, Journal of Quaternary Science, 6: 85 – 115.

Galapagos Newsletter, 1996, No. 3, Autumn, Galapagos Conservation Trust, 18 Curzon Street, London.

Garcia – Talavera, F. , 1999, La Macaronesia. Consider – aciones geologicas, biogeograficas y Paleoecologi-cas, In Ecologia y cultura en Canarias. (ed. J. M. FernandezPalacios, J. J. Bacallado, and J. A. Belmonte), pp. 39 – 63. Ed. Organismo Autonomo de Museos y Centros, Cabildo Insular de Tenerife, Santa Cruz de Tenerife, Tenerife.

Gibbs, H. L. , Grant, P. R. , 1987, Ecological consequences of an exceptionally strong El Nino event on Darwin's finches, Ecology, 68: 1735 – 1746.

Haila, Y. , 1990, Towards an ecological definition of an island: a northwest European Perspective, Journal of Biogeography, 17: 561 – 568.

Huggett, R. J. , 1995, Geoecology: an evolutionary approach, Routledge, London.

Jackson, E. D. , Silver, E. A. , and Dalrymple, G. B. , 1972, Hawaiian – Emperor chain and its relation to Cenozoic circumpacific tectonics, Geological Society of America, Bulletin, 83: 601 – 618.

Le Friant, A. , Harford, C. L. , Deplus, C. , Boudon, G. , Sparks, R. S. J. , Herd, R. A. , Komorowski, J. C. , 2004, Geomorphological evolution of Montserrat (West Indies): importance of flank collapse and erosional processes, Journal of the Geological Society, 161: 147 – 160.

Leuschner, C. , 1996, Timberline and alpine vegetation on the tropical and warm – temperate oceanic islands of the world: elevation, structure, and floristics, Vegetatio, 123: 193 – 206.

Lomolino, M. V. , 2005, Body size evolution in insular vertebrates: generality of the island Rule, Journal of Biogeography, 32: 1683 – 1699.

Lugo, A. E. , 1988, Ecological aspects of catastrophes in Caribbean Islands, Acta Cientifica, 2: 24 – 31.

Mabberley, D. J. , 1979, Pachycaul plants and islands, In Plants and islands (ed. D. Bramwell), pp. 259 – 277. Academic Press, London.

MacArthur, R. H. , Wilson, E. O. , 1967, The theory of island biogeography, Princeton University Press, Princeton, New Jersey.

Marrero, A. , Francisco – Ortega, J. , 2001a, Evolucion en islas: la metafora espaciotiempo Forma, In Naturaleza de las Islas Canarias. Ecologia y Conservacion (ed. J. M. Fernandez – Palacios and J. L. Martin Esquivel), pp. 133 – 140. Turquesa Ediciones, Santa Cruz de Tenerife.

Marrero, A. , Francisco – Ortega, J. , 2001b, Evolucion en islas. La forma en el tiempo. In Naturaleza de las Islas Canarias, Ecologia y conservacion. (ed. J. M. FernandezPalacios and J. L. Martin Esquivel) pp. 141 – 150. Turquesa Ediciones, Santa Cruz de Tenerife.

McCall, R. A. , 1997, Implications of recent geological investigations of the Mozambique Channel for the mammalian colonization of Madagascar, Proceedings of the Royal Society of London, B 264: 663 – 665.

McGlone, M. S. , 2005, Goodbye Gondwana, Journal of Biogeography, 32: 739 – 740.

Menard, H. W. , 1986, Islands, Scientific American Library, New York.

Moore, D. M. , 1979, The origins of temperate island floras, In Plants and islands (ed. D. Bramwell), pp. 69 – 86. Academic Press, London.

Moya, O. , Contreras – Diaz, H. G. , Oromi, P. , Juan, C. , 2004, Genetic structure, phylogeography and demography of two ground – beetle species endemic to the Tenerife laurel forest (Canary Islands), Molecular Ecology, 13: 3153 – 3167.

Nunn, P. D. , 1994, Oceanic islands, Blackwell, Oxford.

Nunn, P. D. , 1997, Late Quaternary environmental changes on Pacific islands: controversy, certainty and conjecture, Journal of Quaternary Science, 12: 443 – 450.

Nunn, P. D. , 2000, Illuminating sea – level fall around AD 1220 – 1510 (730 – 440 cal yr BP) in the Pacific Islands: implications for environmental change and cultural transformation, New Zealand Geographer, 56: 46 – 54.

Ollier, C. D. , 1988, Volcanoes, Basil Blackwell, Oxford. Olson, S. L. and James, H. F.

Pole, M. , 1994, The New Zealand flora – entirely longdistance dispersal, Journal of Biogeography, 21: 625 – 635.

Price, J. P. , Clague, D. A. , 2002, How old is the Hawaiian biota? Geology and phylogeny suggest recent divergence, Proceedings of the Royal Society of London, B 269: 2429 – 2435.

Price, J. P. , Elliott – Fisk, D. , 2004, Topographic history of the Maui Nui complex, Hawaii, and its implications for biogeography, Pacific Science, 58: 27115.

Price, J. P. , Wagner, W. L. , 2004, Speciation in Hawaiian angiosperm lineages: cause, consequence, and mode, Evolution, 58: 2185 – 2200.

Ridley, M. (ed.), 1994, A Darwin selection, Fontana Press, London.

Robert J. Whittaker, José Maria Fernandez – Palacios, 2006, Island Biogeography: Ecology, Evolution, and Conservation.

Rogers, R. R. , Hartman, J. H. , Krause, D. W. , 2000, Stratigraphic analysis of Upper Cretaceous rocks in the Mahajanga Basin, northwestern Madagascar: implications for ancient and modern faunas, Journal of Geology, 108: 275 – 301.

Scatena, E N. , Larsen, M. C. , 1991, Physical aspects of Hurricane Hugo in Puerto Rico, Biotropica, 23: 317 – 323.

Schiile, W. , 1993, Mammals, vegetation and the initial human settlement of the Mediterranean islands: a palaeoecological approach, Journal of Biogeography, 20: 399 – 411.

Sherman, I. , 1983, Flandrian and late Devensian sea – level changes and crustal movements in England and Wales, In Shorelines and isostacy (ed. D. E. Smith and A. G. Dawson), pp. 255 – 284. Academic Press, London.

Spencer – Smith, D. , Ramos, S. J. , McKenzie, F. , Munroe, E. , Miller, L. D. , 1988, Biogeographical affinities of the butterflies of a 'forgotten' island: Mona (Puerto Rico), Bulletin of the Allyn Museum, No. 121: 1 – 35.

Stace, C. A. , 1989, Dispersal versus vicariance – no contest, Journal of Biogeography, 16: 201 – 202.

Stanley, S. M. , 1999, Earth system history, W. H. Freeman, New York.

Steers, J. A., Stoddart, D. R., 1977, The origin of fringing reefs, barrier reefs and atolls, In Biology and geology of coral reefs (ed. O. A. Jones and R. Endean), pp. 21 – 57. Academic Press, New York.

Stuessy, T. F., Crawford, D. J., Marticorena, C., Rodriguez, R., 1998, Island biogeography of angiosperms of the Juan Fernandez archipelago, In Evolution and speciation of island plants. (ed. T. F. Stuessy and M. Ono), pp. 121 – 138. Cambridge University Press, Cambridge.

Sunding, P., 1979, Origins of the Macaronesian Flora, In Plants and islands (ed. D. Bramwell), pp. 13 – 40. Academic Press, London.

Tarbuck, E. J., Lutgens, F. K., 1999, Earth: introduction to physical geology, 6thedn, Prentice – Hall, Englewood Cliffs, NJ.

Taylor, B. W., 1957, Plant succession on recent volcanoes in Papua, Journal of Ecology, 45: 233 – 243.

Thornton, I. W. B., 1996, Krakatau – the destruction and reassembly of an island ecosystem, Harvard University Press, Cambridge, MA.

Trusty, J. L., Olmstead, R. G., Santos – Guerra, A., S6 – Fontinha, S., Francisco – Ortega, J., 2005, Molecular phylogenetics of the Macaronesian – endemic genus Bystropogon (Lamiaceae): palaeo – islands, ecological shifts and interisland colonizations, Molecular Ecology, 14: 1177 – 1189.

van Steenis, C. G. G. J., 1972, The mountain flora of Java, E. J. Brill, Leiden.

Vitousek, P. M., Loope, L. L., Adersen, H., 1995, Islands: biological diversity and ecosystem function, Ecological Studies 115, Springer – Verlag, Berlin.

Walker, L. R., Lodge, D. J., Brokaw, N. V. L., Waide, R. B., 1991a, An introduction to hurricanes in the Caribbean, Biotropica, 23: 313 – 316.

Whitehead, D. R., Jones, C. E., 1969, Small islands and the equilibrium theory of insular Biogeography, Evolution, 23: 171 – 179.

Whelan, F., Kelletat, D., 2003, Submarine slides on volcanic islands – a source for megatsunamis in the Quaternary, Progress in Physical Geography, 27: 198 – 216.

Whitmore, T. C., 1984, Tropical rain forests of the Far East (2nd edn), Clarendon Press, Oxford.

Whittaker, R. J., Bush, M. B., Richards, K., 1989, Plant recolonization and vegetation succession on the Krakatau Islands, Indonesia, Ecological Monographs, 59: 59 – 123.

Whittaker, R. J., Willis, K. J., Field, R., 2001, Scale and species richness: towards a general, hierarchical theory of species diversity, Journal of Biogeography, 28: 453 – 470.

Williamson, M. H., 1981, Island populations, Oxford University Press, Oxford.

Wilson, E. O., Bossert, W. H., 1971, A primer of population biology, Sinauer Associates, Stamford, CT.

Willis, K. J., Whittaker, R. J., 2002, Species diversityscale matters, Science, 295: 1245 – 1248.

Williamson, M. H., 1981, Island populations, Oxford University Press, Oxford.

Williamson, M. H., 1984, Sir Joseph Hooker's lecture on insular floras, Biological Journal of the Linnean Society, 22: 55 – 77.

第 3 章　岛屿生存

　　长期以来，由于对岛屿概念的内涵和外延缺乏深入的探讨，直接导致对与岛屿环境相关的一系列问题都缺乏清晰的认识，对岛屿环境实施有效管理也就无从谈起（高俊国，2007）。生态发展的观点是针对传统经济发展以持续增长为唯一目标及其严重后果而提出来的，它认为经济发展与生态环境不应当相互分离，而是相互统一并密切地交织在一起，经济发展不应当损害基本生态过程，要在经济发展的同时注意建设环境和保护环境。海岛作为"蓝色国土"的重要组成部分，是连接陆域与海域的"岛桥"，也是开发海洋的重要基地（朱嘉，2013），在海洋经济发展中的地位日益突出。海岛以其特有的区位资源和环境优势，使其成为了海洋开发的基地和海洋经济发展的桥头堡（王德刚，2010），海岛的战略地位更加突出。岛屿土地资源、森林资源有限，淡水资源严重短缺，生态系统十分脆弱；岛屿自然灾害频繁，生产和生活条件不利，岛屿环境资源的承载能力有限。如何实现岛屿地区的生态经济系统协调发展，是实现岛屿可持续发展亟须解决的重大问题，也是岛屿规划与管理中亟待解决的问题。1989 年在罗德召开的"岛屿生态系统社会技术设计国际研讨会"，主要任务是对岛屿生态发展的概念进行界定。本文以岛屿生态发展作为研究对象，探讨本次研讨会提出的关于岛屿生态发展问题的主要指标，分析构成可生存系统模型的 5 个功能要素（系统 1 ~ 5）之间的相互联系，建立岛屿生态发展模型，分析经济子系统、生态子系统、信息子系统、人口子系统 VSM 建模各自关注或管理的问题，寻找阻碍岛屿生态良性发展的制约因素并提出相应对策，为岛屿与环境管理、经济发展、政府决策提供智力支持和决策依据。该项研究对岛屿资源的开发利用乃至全国的经济与社会发展都具有重要意义。

　　1989 年在罗德召开的专题研讨会——"岛屿生态系统社会技术设计国际研讨会"，围绕"岛屿生态发展内涵界定"而开展。在为期 3 天的会议中，与会者运用名义群体法（Nominal Group Technique, NGT. Delbecq et al. , 1975）和解释结构模型法（Interpretative Structural Modeling Method, ISM. Warfield, 1974, 1976），对他们关于爱琴海生态发展的思想进行了阐明和整理。最终形成 83 个关于岛屿生态发展的"描述指标"（见表 3 – 1）。这些描述指标初步分为 7 大类型（见表 3 – 2）。

　　到会议第三天，与会者困惑于描述指标的进一步整合应用。在 M. C. Jackson 的建议下，一部分与会者决定运用斯坦福比尔的可生存系统模型（Viable System Model, VSM），从两个方面出发对 83 个描述指标进行进一步的深入研究。通过思考如何对诸多备受关注的岛屿生态发展问题进行科学管理，整理思路以将指标体系理论构建推向实际系统应用。使用 VSM——一种在我们看来相当原始的方法，引发了以下几点思考：

　　指标所指向的问题应该由哪个部门负责解决？现实中是否真实存在能够解决这些

问题的管理部门？

　　运用名义群体法（NGT）和解释结构建模法（ISM）对爱琴海地区进行研究的相关成果，也在本文中首次呈现。我们在进入本文最重要部分——对比尔的 VSM 模型加以实际应用之前，先对其进行简要描述。

3.1　岛屿生态发展的描述指标

　　关于岛屿生态发展问题的 83 个描述指标均由与会者创建（见表 3 - 1）。与此同时，与会者将上述 83 个描述指标分成 7 大类（见表 3 - 2）。

表 3 - 1　83 个描述指标

孤立/隔绝（信息、交通、通信）（1）	对岛屿独特性的关注（2）
所有生产要素的均衡（3）	当地岛民的积极参与（4）
沿海水质（5）	概念的 4 个方面： (a) 问题；(b) 设计；(c) 过程；(d) 结果（6）
小规模人类活动的高度多样化（7）	自然、文化、社会和经济环境的平衡（8）
文化、自然遗产的蓄积（9）	有限的资源（10）
土地开发管理（11）	开发适当的技术（12）
经济可持续发展（13）	沿海与海洋资源的管理（14）
问题的双重视角：岛民视角和"整体"视角（15）	高度暴露于气候环境下的离散环境交通网（16）
限制发展的因素标识和控制（17）	矛盾性和复杂性（18）
季节性人口波动（19）	植物群、动物群、海洋生物知识的增长（20）
自然资源管理（21）	被忽视岛屿的现代乌托邦（22）
水质标准（23）	附属于人的岛屿还是寄居于岛屿的人（24）
海底：经济、环境、法律问题（25）	当地不可再生、有限资源的保护（26）
岛民在空间、时间和社会关系方面的特定行为（27）	陆地和海洋的相互作用（28）
城市、城镇和村庄的清洁（29）	文化认同（30）
多学科行为领域（31）	废水管理（32）
规模适当具有重要意义（33）	人口荒漠化与文化荒漠化（34）
州政府和海岛地方政府的关系（35）	主要部门与旅游业（36）
生态发展教育（37）	旅游业与主要部门（38）
大众旅游的替代品（39）	海岸带的竞争性用途冲突（40）

续表

网络化/分散化而非"压缩化"(41)	农业与旅游业土地利用管理冲突 (42)
分布管理 (43)	增强岛民自豪感 (44)
证实社会生态与社会经济相互作用 (45)	海洋娱乐运动 (46)
谁承担成本，谁享受成果 (47)	重要的历史科学 (48)
平衡各岛屿就业部门比例 (49)	全球一体化法而非局部研究 (50)
小规模渔业/个体渔业和渔业产业 (51)	向日葵、玉米与橄榄 (52)
游客与当地居民的历史 (53)	所有废弃物的管理 (54)
做出新决策 (55)	采用的水产养殖技术 (56)
当地中观社会的结构与质量 (57)	岛民与海洋关系的动态性和复杂性 (58)
景观保护 (59)	能源资源问题 (60)
火山活动与旅游业 (61)	农牧系统管理 (62)
建筑标准和城市扩张 (63)	建成环境的科学管理 (64)
设置目标 (65)	高附加值的优质产品和服务性生产 (66)
岛民教育 (67)	环境发展教育 (68)
孤岛和群岛系统 (69)	生态旅游与大众旅游 (70)
新科技与传统活动 (71)	噪声和垃圾 (72)
协助型生产与竞争型生产 (73)	环境保护认识 (74)
将地理位置偏远作为地域资源 (75)	岛屿与大陆关系的动态性和复杂性 (76)
岛民业务管理 (77)	交通政策 (78)
在岛屿推广高等教育系统 (79)	河流水质 (80)
地下水质 (81)	长期可持续发展 (82)
扩张和/或开发和/或演化 (83)	

表3-2　83个指标的分类情况

类别	指标
A. 岛屿定义	孤立/隔绝（信息、交通、通信）（1）
	对独特性的关注（2）
	小规模人类活动的高度多样化（7）
	文化、自然遗产的蓄积（9）
	有限的资源（10）
	季节性人口波动（19）
	岛民在空间、时间和社会关系方面的特定行为（27）
	陆地与海洋的相互作用（28）
	当地中观社会的结构与质量（57）
	岛民与海洋关系的动态性和复杂性（58）
	孤岛和群岛系统（69）
B. 决策	当地岛民的积极参与（4）
	问题的双重视角：岛民视角和"整体"视角（15）
	附属于人的岛屿还是寄居于岛屿的人（24）
	做出新决策（55）
	岛屿与大陆关系的动态性和复杂性（76）
	岛民业务管理（77）
C. 海岸带管理	沿海水质（5）
	沿海与海洋资源的管理（14）
	水质标准（23）
	海岸带的竞争性用途冲突（40）
	海洋娱乐运动（46）
D. 方法论	概念的4个方面：(a) 问题；(b) 设计；(c) 过程；(d) 结果（6）
	矛盾性和复杂性（18）
	被忽视岛屿的现代乌托邦（22）
	多学科行为领域（31）
	网络化/分散化而非"压缩化"（41）
	证实社会生态与社会经济相互作用（45）
	谁承担成本，谁享受成果（47）
	全球一体化法而非局部研究（50）
	设置目标（65）
	环境保护认识（74）
	长期可持续发展（82）

类别	指标
E. 全球性、综合性目标和约束	所有生产要素的均衡（3）
	自然、文化、社会和经济环境的平衡（8）
	开发适当的技术（12）
	经济可持续发展（13）
	限制发展的因素标识和控制（17）
	文化认同（30）
	规模适当具有重要意义（33）
	增强岛民自豪感（44）
	平衡各岛屿就业部门比例（49）
	景观保护（59）
	能源资源问题（60）
	高附加值的优质产品和服务性生产（66）
	新科技与传统活动（71）
	协助型生产与竞争型生产（73）
	扩张和/或开发和/或演化（83）
F. 地方性目标和约束	土地开发管理（11）
	高度暴露于气候环境下的离散环境交通网（16）
	当地不可再生、有限资源的保护（26）
	城市、城镇和村庄的清洁（29）
	废水管理（32）
	主要部门与旅游业（36）
	大众旅游的替代品（39）
	分布管理（43）
	小规模渔业/个体渔业和渔业产业（51）
	向日葵、玉米与橄榄（52）
	所有废弃物的管理（54）
	采用的水产养殖技术（56）
	火山活动与旅游业（61）
	农牧系统管理（62）
	建成环境的科学管理（64）
	生态旅游与大众旅游（70）
	噪声和垃圾（72）
	将地理位置偏远作为地域资源（75）
	交通政策（78）
	在岛屿推广高等教育系统（79）
	河流水质（80）
	地下水质（81）

续表

类别	指标
G. 教育	植物群、动物群、海洋生物知识的增长（20）
	人口荒漠化与文化荒漠化（34）
	生态发展教育（37）
	重要的历史科学（48）
	游客与当地居民的历史（53）
	环境发展教育（68）

　　根据与会者的分类，我们发现，若将 E 和 F 类描述指标根据其管理级别，对应到比尔的 VSM 中，岛屿生态发展分析将获得进一步发展。这也有利于促进地区可生存系统从理论转向实际应用。简要介绍 VSM 之后，我们开始讲述指标导入模型的过程。

3.2　比尔的 VSM

　　"作业研究"为同组不能更改。理论家和控制论专家斯塔福·比尔的可生存系统模型，顾名思义，是对任意可生存系统必需的组织特征进行描述的模型。比尔认为，如果一个系统具有高度适应性，能够应对环境变化，即使是系统设计时没有预见到的变化，它就是可生存系统。他在《企业灵魂》（1981）一书中，以人体神经系统为例，将其作为一个可生存系统，构建了 VSM。在企业的核心《企业核心》（1979）中，该模型衍生于控制论第一原则。

　　VSM 是 5 个功能要素（系统 1~5）的组合，这 5 个要素通过一个复杂的信息和控制回路（见图 3-1）相互联系。该模型为递归模型，整体结构在子系统部分重现，因此可以通过同一基本模型来展现一个公司、它的部门及其广泛的功能性机构。如果需要进一步观察图 3-1 中 A 的功能，我们可以依据 VSM 的整体规则对它进行建模。VSM 模型也可以分解，并且认为它各个部分（如图 3-1 分支 A~D）具有充分的独立性，符合系统整体结构与目标。因此，一些大规模的环境"变量"可以由系统组织低层直接处理，不必依赖高层管理。

表 3-3　每个功能要素的目标/使命

功能要素	目标/使命
系统 1	负责系统中执行功能
系统 2	负责协调整合系统 1 各组成部分
系统 3	负责监控协调，对决策进行解读并确保其有效实施；最终负责系统内部稳定
系统 4	负责发展，其职责之一是捕捉系统总环境的相关信息，以适应存活
系统 5	负责决策；尤其在系统 3 和系统 4 代表的内部和外部需求互相冲突时进行仲裁平衡

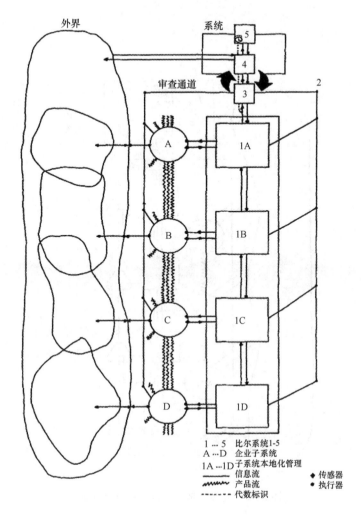

图 3 - 1　可生存系统模型（斯塔福·比尔）

3.3　模型的使用

应用模型分析的两类描述指标为：

（E）全球性、综合性/全球一体化目标和约束；

（F）地方性目标和约束。

首先，我们将爱琴海地区作为整体构建可生存系统。它应该包括 4 个子系统——经济、生态、人口、信息（如图 3 - 2 所示）。

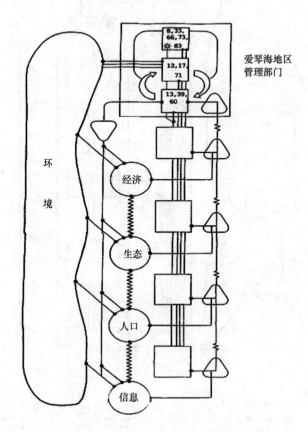

图 3 - 2　爱琴海地区可生存系统示意图

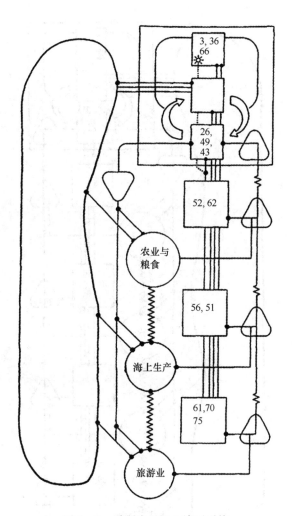

图 3 - 3 爱琴海地区经济子系统

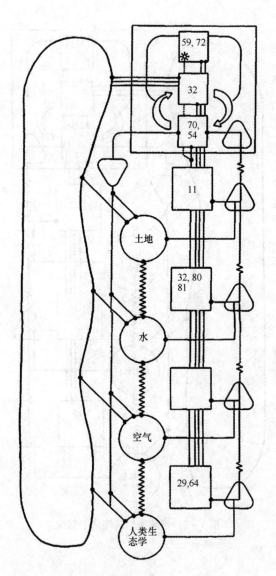

图 3-4　爱琴海地区生态子系统

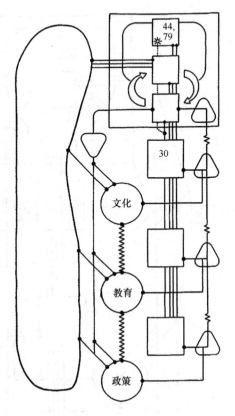

图 3 - 5　爱琴海地区人口子系统

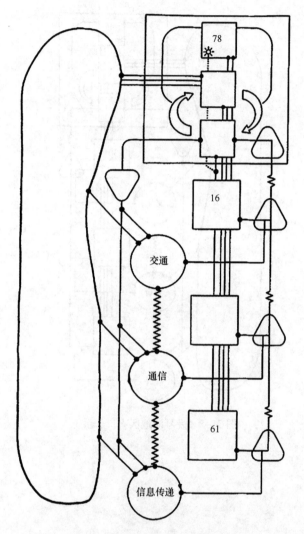

图 3 - 6　爱琴海地区信息子系统

　　第二步是往下一级别递推，对每个子系统进行 VSM 建模。经济子系统本身包括 3
个部分：农业与粮食、海上生产和旅游业。生态子系统分 4 个部分——土地、水、空
气、人类生态学。人口子系统包括文化、教育和政策。信息子系统分为交通、通讯和
信息传递。子系统 VSM 分别如图 3 - 3 ～图 3 - 6 所示。如果时间足够充裕，通过 VSM
观察子系统中运输或其他部分更详细的细节（第三递归级别）也并非没有可能。

　　可生存系统模型一经构建完成，我们尝试将 E 和 F 类中每个描述指标归置在正确
管理级别中。设想一下：如果给出的描述指标确为岛屿生态发展中存在的问题，它应
如何得到科学管理？例如，如果第 72 个描述指标：噪声和垃圾，作为生态发展中面临

的问题，应该由哪个管理部门负责解决？该模型明确指出，顺利决策和完成任务对各管理层的要求。然后才是思考现实中是否"存在管理部门能够履行 VSM 所强调的角色"。图 3 - 2 标志着各描述指标导入模型的位置。描述指标的序号标在适当的管理"部门"旁。这一设想概括如下。

3.3.1　爱琴海地区可生存系统各子系统简介（见图 3 - 2）

表 3 - 4　爱琴海地区 VSM 各子系统应该关注或管理的问题

系统	实施功能	关注或管理指标
系统 5	最终决策	自然、文化、社会和经济环境的平衡（8）
		规模适当具有重要意义（33）
		高附加值的优质商品和服务性生产（66）
		协助型生产与竞争型生产（73）
		扩张和/或开发和/或演化（83）
系统 4	信息管理	开发适当的技术（12）
		限制发展的因素的标识和控制（17）
		新科技与传统活动（71）
系统 3 和系统 2	监控和协调	经济可持续发展（13）
		大众旅游的替代品（39）
		能源资源问题（60）

系统 1：系统执行功能，在下一级别递归后分析（如图 3 - 3 ~ 图 3 - 6）

3.3.2　经济子系统（见图 3 - 3）

表 3 - 5　爱琴海地区经济子系统 VSM 建模应该关注或管理的问题

系统	实施功能	关注或管理指标
系统 5	最终决策	所有生产要素的均衡（3）
		主要部门与旅游业（36）
		高附加值的优质商品和服务性生产（66）
系统 3 和系统 2	监控和协调	当地不可再生、有限资源的保护（26）
		分布管理（43）
		平衡各岛屿就业部门比例（49）

系统	实施功能	关注或管理指标
系统1	"农业与粮食"管理	向日葵、玉米与橄榄（52）
		农牧系统管理（62）
	"海上生产"管理	小规模渔业和渔业产业（51）
		采用水产养殖技术（56）
	"旅游业"的管理	火山活动与旅游业（61）
		生态旅游与大众旅游（70）
		将地理位置偏远作为地域资源（75）

3.3.3　生态子系统（见图3-4）

表3-6　爱琴海地区生态子系统 VSM 建模应该关注或管理的问题

系统	实施功能	关注或管理指标
系统5	最终决策	景观保护（59）
		噪声和垃圾（72）
系统4	信息管理	废水管理（32）
系统3 和系统2	监控和协调	全部废弃物的管理保护（54）
		生态旅游和大众旅游（70）
系统1	"土地"管理	土地开发管理（11）
	"水"管理	废水管理（32）
		河流水质（80）
		地下水质（81）
	人类生态学管理	城市、城镇和村庄的清洁（29）
		建成环境的科学管理（64）

3.3.4　人口子系统（图3-5）

表3-7　爱琴海地区人口子系统 VSM 建模应该关注或管理的问题

系统	实施功能	关注或管理指标
系统5	最终决策	增强岛民自豪感（44）
		在岛屿推广高等教育系统（79）
系统1	"文化"管理	文化认同（30）

3.3.5　信息子系统（图 3 – 6）

表 3 – 8　爱琴海地区生态子系统 VSM 建模应该关注或管理的问题

系统	实施功能	关注或管理指标
系统 5	最终决策	交通政策（78）
系统 1	"交通"管理	高度暴露于气候环境下的离散环境交通网（16）
	"信息传递"管理	火山活动与旅游业（61）

3.4　结论

　　研究期间，组里所有成员认同比尔的 VSM 工作方法，研究结果也代表所有成员的共识。当然，也有个别成员对结论的某些方面表示质疑。

　　我们希望这项工作有助于确定是否存在恰当管理可以解决爱琴海地区的岛屿生态发展问题。当然，这只是初步成果。例如，现在回想一下，经济子系统模型中显然还缺少一个关于工业发展的子系统。但目前研究成果仍指明了爱琴海地区生态发展下一步的研究方向。事实上，自 1989 年以来，这项工作一直没有得到进一步发展。但其拥有着推进爱琴海地区生态发展问题从理论研究向管理规划推进的巨大潜力，这一点毋庸置疑。

参考文献

王德刚. 论海岛生态经济发展模式［R］. 2010 年海岛可持续发展论坛论文集，119 – 119.

朱嘉，等. 海岛生态保护可持续发展模式与管理对策研究［J］. 海洋开发与管理，2013，（12）：52 – 58.

高俊国，刘大海. 海岛环境管理的特殊性及其对策［J］. 海洋环境科学，2007，26（4）：397 – 400.

Delbecq A. L., VandeVen A. H., Gustafson D. H., 1975, "Group techniques for program planning: a guide to nominal group and Delphi processes", Glenview, Illinois: Scott Foresman and Company.

Jackson, M. C. 1993, Island Ecodevelopment: Planning and Management Issues. Systems Practice.

Warfield, N., 1974, "Developing Interconnection Matrices Structural Modeling". IEEE Transactions System Man Cybernetics, pp. 81 – 87.

Warfield, N., 1976, "ImplicationStructures SystemInterconnection Matrices". IEEE Transactions System Man Cybernetics, pp. 18 – 24.

第4章　小岛屿现代化治理之道

——以韦桑岛为例

海洋经济时代，随着社会治理范围的扩大与公共管理的强化，以及发展空间的拓展，社会对政府海洋管理提出了更高的要求，即政府应在这一领域重新确立自己的角色。政府要在海洋经济发展与资源可持续利用、生态环境平衡之间，既体现发展的一面，又重视互补性，实现海洋经济、合理利用资源与生态环境的共生联动，构建一个全新的公共治理体系（崔旺来，2009a）。"新公共服务"理论强调的是一种以公民为中心，以尊重公民权、实现公众利益为目标，重视广泛的对话和公民参与，以实现公务员、公民、法律和社会协调运行的综合治理模式。这种模式的典型特征，是在公共行政中将公共服务、民主治理和公众参与置于治理系统的中心地位，以为公民服务为核心，以民主参与为手段，以是否实现公众利益为评价标准（崔旺来，2009b）。海岛是人类开发海洋的基地和人类以大陆为依托向海洋进军的支撑点，也是我国对外交流的窗口、通商要道和海防的屏障。在依托沿海发达经济区发展的基础上，海岛以其特有的区位、资源和环境优势，在国家现代化建设过程中占有重要的地位。海岛是海洋经济开发的重要基地，海岛及其周围海域是个巨大的能源宝库，拥有丰富的渔业资源、旅游资源、岛陆生物资源、矿产资源和海盐资源，以及再生能源等，为发展海洋经济提供了得天独厚的优势。同时，良好的建港条件和区位优势，可带动海岛外向型经济和高技术产业发展，成为海洋开发的海中基地。受地理位置和自然环境条件限制，大多数海岛土地资源和淡水资源有限。随着经济的发展，工业化和城市化水平的提高，海岛不可避免的面对经济发展与土地资源利用方面的矛盾。海岛的土地资源区别于陆域的土地资源。海岛土地资源由潮上带的岛屿土地资源、潮间带的滩涂资源和潮下带的浅海资源三部分组成（王泽宇，2007）。另外，海岛经济作为海洋经济重要的组成部分，其发展对于海洋经济的进一步增长具有不可替代的作用，并且海岛可以作为海洋经济向远海发展的踏板，对海洋经济的"远"发展具有重要意义。因而开发海岛、发展海岛经济，既有利于海岛功能的发挥，也有利于海岛的生态建设、植被保护、改善海岛自然环，并且也是海岛自身经济发展的需要，将为沿海地区的经济发展提供新的增长点，从而带动整个地区经济的腾飞（齐丽丽，2003）。

海岛是特殊的海洋资源和环境的复合体。随着《联合国海洋法公约》的生效，以及世界范围内人口、资源、环境问题的日渐凸显，沿海各国对海洋权益、资源、空间的争夺日趋激烈，各沿海国纷纷从抢占21世纪本国、本民族生存和发展制高点的战略高度来重新认识海洋，纷纷从国家发展战略、海洋立法、海洋管理和海上力量等方面加紧了对海洋的控制，而海岛正是由于特殊的价值地位成为各国争夺的焦点。开发利用海岛是 21 世纪海洋时代发展潜力巨大的领域，是沿海地区经济发展的重要增长点，要在进一步提高认识的同时，合理规划，因岛制宜，按照开发保护并重、兼顾当前和长远、保护可持续利用的方针，完善政策、加强扶持和引导，加快对海岛资源的综合开发利用的步伐，使海岛资源综合开发成为促进沿海地区经济发展的新的增长点。近年来各沿海国和地区日益重视和加强海岛管理，促进海岛资源的开发，保护海岛资源和生态环境以实现海岛资源在保护中开发，在开发中保护的目的。

海岛是一种特定的地理空间概念，具有多样化的类型和属性特征，包括海陆双重性、资源独特性、系统完整性和环境脆弱性等。海岛的生态经济价值主要体现在无人岛中，独立的，没有或很少有人类活动干扰的无人岛，生态系统相对独立且独特，同时也比较脆弱。其生态经济价值既包括可度量的市场价值，还包括非市场价值。一些无人岛上有良好的植被，是一些鸟类、蛇类及其他珍稀动物的栖息地；一些无人岛蕴藏着特有的、稀有矿物资源。海岛作为海洋的一部分，其生态经济价值在区域经济中具有不容置疑的重要地位（王小波，2010）。海岛面积狭小、与大陆隔离等属性特点，使海岛抵御各种灾害的能力较弱，且自然灾害发生频率较高，严重影响海岛的生态环境稳定，这使其容易遭受损坏甚至产生严重的生态环境后果。若存在过度的人类开发活动，则可能使脆弱的海岛生态环境加剧恶化。本文我们以韦桑岛景观与环境变化为研究实例，考究 50 多年来，人类传统社会活动造成的废弃区域，导致韦桑的景观与环境发生重大演变情况。其实，不同时代的各地学者已经对这种演变行为展开了科学研究。我们以地块为单位，对韦桑岛部分地区景观形态进行科学调查和测绘，从而对韦桑岛 1850 年与 1985 年的景观形态进行科学对比。同时还对 1950 年和 1985 年韦桑岛整体空间结构与土地利用的演变情况进行比较，主要针对生态环境、农业衰退引起的植被演替以及未来演变态势 3 个方面进行探讨，并针对海岛环境管理现状和海岛环境政策制定提出了一些注意事项。

4.1　韦桑岛概况

布列塔尼是法国西部的一个地区，位于英吉利海峡和法国大西洋海岸之间，由 15 个小型陆缘岛组成。其中韦桑岛是最大的岛屿之一，面积为 1 558 公顷。韦桑岛位于布列塔尼西海岸外，处于法国本土的最西端，也是距离大陆最远的岛屿之一，离岸约 20 千米。地处布列塔尼半岛顶端的地理优势，赋予韦桑岛与众不同的地貌。

韦桑岛又称阿申特岛，由长 15 千米、宽 5 千米的高原组成，呈西北—东南走向，且由东向西倾斜（图 4-1）。韦桑岛海岸的典型特征是悬崖峭壁遍布，岛屿东侧峭壁甚至高达 60 米。这片倾斜又相对平坦的高原中间凹陷，凹陷部分与韦桑岛被作为整体进行管理。

自 1950 年以来，韦桑岛以及布列塔尼地区的其他海岛在社会经济方面发生了深刻变化。这些变化对该地区甚至法国社会经济结构、景观特征、人类利用活动以及环境演化产生重大影响。其中影响海岛版图的主要因素如下。

图 4 - 1　韦桑岛（阿申特岛）地理位置

4.1.1　人口大规模下降（Brigand et al.，1990）

1911 年，韦桑岛居民人口为 2 661 人，意味着人口密度为 170 人/平方千米。这一时期为该岛人口数量高峰期。1990 年，居民人口仅为 1 065 人，人口密度为 68 人/平方千米，且仍持续减少。

4.1.2　农业衰退

直至第一次世界大战期间，农业为韦桑岛主要产业。当时，男性在海军或商船就职，岛上的耕作主要由女性负责（Peron，1985）。韦桑岛上农业活动特征为家庭式混合养殖，也就是在遍布韦桑岛的、总面积不足 2 公顷的小型地块上进行农业种植以及放牧。自给自足的小农经济决定了小型地块组成的农地主要用于耕种绿色蔬菜、土豆、玉米等，海岸带则集中用于放牧。因男性劳动力严重匮乏，岛屿版图逐渐发生改变（Brigand and Le Demezet，1986）。

19 世纪末至 20 世纪上半叶，传统农业加速衰退导致韦桑岛上农地荒废。由原先耕地逐渐演变形成的草甸植被以禾本科为主（Bioret，1989）：主要为鸭茅、黄花草、高羊茅、洋狗尾草。这导致韦桑岛景观形态大幅改变，从园林景观逐步演变成广袤灌木丛。二次中生性草甸大面积覆盖韦桑岛（占总面积的 41%）；且由于持续牧羊，这些草甸仍然或多或少地保持着。每年 9 月翌次年 2 月的"自由放养"阶段，动物可以在规定范围内自由走动。居民定期清理靠近民居的地块用于 3 月至 8 月圈养羊群，因此这片草地看起来又短又粗。除此以外，夏季也会采取这种做法刺激牧草再生，根除没有农业价值的凤尾草。

过去 30 年间，随着韦桑岛上羊群数量不断减少，放牧压力也在持续下降。整体看来，除村落边缘区外，韦桑岛属于轻度放牧。这些变化带来的后果是环境管理完全缺失和生态演化，同时也引发新的思考：如何管理土地。

4.2　研究方法

4.2.1　地块发展史

为区分景观演化动力学形式，笔者分析了韦桑岛过去和现在的环境管理方法。两种不同方法得到的结果互为补充，这使绘制 1850 年、1950 年和 1985 年的景观图和土地利用分布图成为可能。第一种调查方法基于 1844 年的土地注册、细致观察土地、向当地居民打听调查。

以地块为单位的精确研究分 4 个区域进行（Lucas，1986）。对应地块用途的地块属性构成参考区位用途的完善体系。正是地块组成功能定位明确的景观单元。我们的初步想法是根据地块过去和现在功能的细节重组景观。前期工作在明晰地块系统结构的同时突出以下要点：1844 年，农业部门申报地块数量为 45 286 块，总面积约 1 512 公顷，地块平均面积为 340 平方米。1975 年注册表更新之前，地块数量约为 85 000 块（地块平均面积为 180 平方米），这充分表明地块系统的复杂性。

这些地块往往纵向分布，边界为分布清晰的犁沟；地块长可达 100 米、宽数米。为利于雨水排放，地块中心稍突起。这些地块相组合呈棋盘形状，最常见的为正交结构。总体来看，是由开放领域组成的条形区域。村庄（布列塔尼的村庄相当于村落）周围存在一些封闭地块，大量（总数 100 多块）封闭地块共同组成耕地。通过这种形式，居民在岛屿各处都有地块分布。每一个地块有其特定意义和用途。

根据地块地形地貌进行的详细分类（图 4 - 2 和表 4 - 1），可以作为突出土地利用潜力、海岛空间可视化（图 4 - 3a）的理论分布图基础。分布图可以帮助我们判断用于农作物种植、可燃材料收集或满足饲养要求（牧草和干草）的海岛空间。与目前的分布图（图 4 - 3b）相比，可以看出，农业的完全衰退导致灌丛景观产生，灌丛边缘为草地与石楠。这些分布图作为参考基础，帮助我们通过景观变化更好地界定土地价值潜力、更准确地解读今天的景观、理解社会活动与生活方式的变迁。

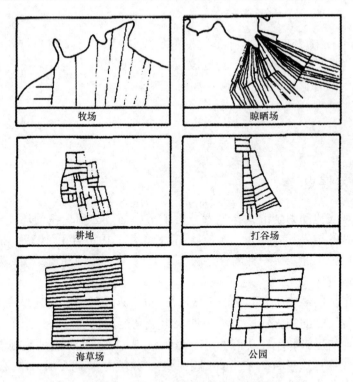

图 4-2　1850 年韦桑岛不同地块类型

表 4-1　1850 年韦桑岛的地块构造和土地利用

地名	地块特征	地理位置	土地利用类型
房屋		沿着山岭零星分布	1. 打谷场； 2. 家庭式混合种养殖； 3. 无指定用途； 4. 农业耕种：主要作物包括黑麦、燕麦、大麦、土豆、玉米
菜园	小型封闭地块	靠近房舍	
高地			
黎奥周	长方形封闭地块	沿村落周围带状分布	
莫扎德	水沟环绕、垂直交叉的长条形狭窄地块	陆地、山谷、村落、沿海地区大部分场所	
帕库	几何形封闭地块	村落周边生产力较低的土地，靠近海岸	
伊安	散乱的条纹网状开放地块	莫扎德周边	荆豆种植
莱公	开放地块	陆地山坡或多岩石地区	蕨菜收割、草原、干草收割
普拉特	正方形或长方形开放地块		金荆豆收割、海草场
帕吕广场	与海岸垂直交叉的条纹形开放地块	海水可淹没的沿海地区和海滩	海草晾晒、海草场、圈养羊群放牧区
圣唐		山谷底部	柳条砍伐、亚麻浸泡

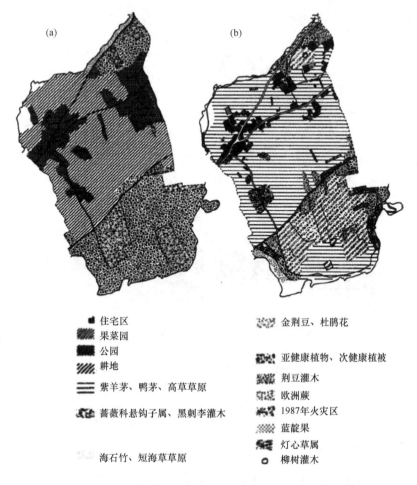

图4-3 （a）1850年韦桑岛计划土地利用类型；（b）1985年韦桑岛实际
土地利用类型（参见 Lucas，1986）

4.2.2 景观的演变

第二种方法（Morinihre，1985）目的是在韦桑岛全岛规模上整体了解景观演变的两个绘制特征。该研究结合航拍照片（比例1:5 000、1:10 000、1:30 000）和土地侦察完成。绘制完成的分布图凸显了农业衰退程度及其后果。景观分布图（图4-4a和图4-4b）展现韦桑岛1952年和1982年的景观情况，展现了管理衰落的两个阶段。1952年的景观分布图表明，该岛农业发展正处于一个关键阶段。它意味着海岛地区虽仍由人类活动印记构成，但正处于巨变进程之中。空间带构成非常简单：随着峡谷和湿地间、居住区与非农业区附近以及沿海植被带内海岛减少，开始形成草地。

1982年，这一规模的区域被归类为牧场，复杂的分布反映出这些区域并非选定的牧场，但因条件匮乏最终形成/沦为放牧区的发展历程。所有的原先耕地最终形成广袤的灌木地。值得注意的是，韦桑岛景观的演变反映出，除极少数再次耕作的地区以外，

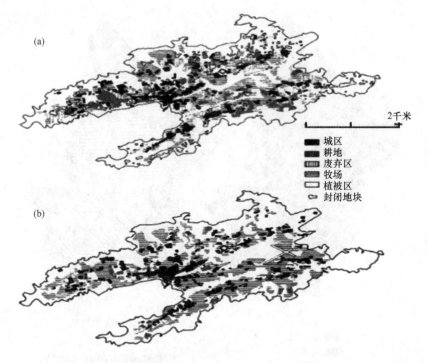

图 4 - 4　（a）1952 年韦桑岛土地利用情况；（b）1985 年韦桑岛土地利用情况

缺少任何活动都会以不同形式在土地上留下痕迹。

4.2.3　灌木演变动力学

作为对上文两种方法的补充，笔者当前的研究旨在通过分析植被演变更好地了解灌木演变动力学。目的是通过确定植物进化历程中低级到最高级各阶段的植物形态，重建不同系列植被（Bioret，1989；Bioret et al.，1990）。最终确定 4 个系列为：① 原先的耕种地块；② 原先的荆豆区块；③ 潮湿的山谷；④ 边缘植被（草地和灌丛）。这种分析有助于判断每个系列的进化潜力，以及海岛环境演化趋势。

海岛景观以草本灌木（蕨菜）为主，其间点缀着木本灌木（悬钩子属），很大程度上属于开放景观。木本灌木和灌木阶段（黑刺李）丰度相对较低与高强度放牧活动，以及风和盐雾等气候因素有关（Bioret et al.，1990）。这同样导致遗弃进程减速，甚至导致受生态严重约束的环境（沿海生态系统）演替进程中断。

4.3　结论

景观是极为多变的研究对象。它随着影响社群社会经济的因素而发展、变化。就这一方面而言，韦桑岛的研究是一个有趣的案例。韦桑岛农业衰退始于 20 世纪 30 年代，然而在半个多世纪后，我们才得以对其衰退过程与影响进行评价。与其他海岛（巴茨和格鲁瓦）进行比较，凸显了韦桑岛的土地废弃程度。不同于韦桑岛，这两个岛屿坚持农业发展。最后，值得强调的是，景观研究在多学科研究项目中发挥着特殊作用：它将各种来源的科学信息重新聚焦于一个公共对象，研究成果既是社会产物也是自然进程的产物。因此，本研究采用的分布图有助于绘制其他代表土地功能的分布图。此外，我们也应将这类研究的局限性纳入考虑范围。如果将这项工作归类于区位功能板块，会忽略许多研究思路。例如，羊群在韦桑岛当前景观形成过程中起到的主要作用。

这种方法是海岛规模上地形分析的起源。未来，这项工作将与地理信息系统结合（Madec and Cuq, 1990），用于分析灌木化演变进程以及绘制综合分布图。通过叠加专项数据（植被、土地利用、土壤学和地貌），可以发现诸如过去和现在土地利用情况、地块废弃性质和速度、地块具备的潜力等方面的相关性非常显著。对小岛屿系统作用机制的进一步了解，使制定可持续发展方案成为可能。其实，改善海岛地区管理的各种具体建议，都必须与当地政府研究讨论，实现精准衔接。

参考文献

王小波. 谁来保卫中国海岛 ［M］. 北京：海洋出版社, 2010.

王泽宇, 韩增林. 海岛土地资源可持续利用战略研究——辽宁省长海县为例 ［J］. 海洋开发与管理, 2007, （103）, 31 – 36.

齐丽丽. 辽宁海岛资源及可持续利用 ［J］. 海洋地质动态, 2003, 19 （10）, 5 – 7.

崔旺来, 等. 海洋经济时代政府管理角色定位 ［J］. 中国行政管理, 2009a, （12）: 55 – 57.

崔旺来, 等. 政府在海洋公共产品供给中的角色定位 ［J］. 经济社会体制比较, 2009b, （6）: 108 – 113.

Bioret F. , 1989, Contribution à l'étude de la flore et de lavégétation de quelques î les et archipels ouest et sud armoricains. PhD thesis, University of Nantes, France, pp. 480.

Bioret, F. , J. – B. Bouzillé, and M. Godeau, 1990, Quelquesproblèmes posés par l'étude phyto – écologique de deux îlesdu Ponant (Ouessant et Groix, France): Réflexions méthodologiques. 17 – 23 in UNESCO (ed.), Proceedingsof the workshop "Approaches comparatives des méthodologiesd'étude et d'expression des résultats de rechercherelatifs aux systèmes microinsulaires en Méditerranée etan Europe du Nord. ", UNESCO Press, Paris.

Brigand, L. , M. Le Démezet, 1986, Les changements écologiques, économiques et sociologiques dans les lies du Ponant. Le cas de Batz, Ouessant et Groix, University of Western Brittany, Brest, France, pp. 200.

Brigand, L. , B. Fichaut, and M. Le Démezet, 1990, Thechanges that have affected the Breton islands: A study based on three examples: Batz, Ouessant, and Groix. Pages 197 – 213 in W. Belier, P. d'Ayala, and P. Hein (eds.), Substainable development and environmental management of small islands, Man and the Biosphere Series V, University of Western Brittany, Brest, France.

Louis, B. , Frédéric, B. , Maurice Le D. , 1992, Landscapes and Environments on the island of Ouessant, Brittany, France: from traditional maintenance to the management of abandoned areas. Environmental Management, 16 （5）: 613 – 618.

Lucas, C. , 1986, Hommes et milieux à Ouessant. Mémoire demaîtrise de géographie, University of Western Brittany, Brest, France, pp. 92.

Madec, V. , and F. Cuq, 1990, un système d'information géographique pour l'analyse du fonctionnement d'un microsystème insulaire: Sigouessant, In UNESCO (ed.), Approches comparatives des méthodologies d'étude etd'expression des résultats de recherche relatifs aux systèmes microinsulaires en Mediterranée et en Europe du Nord, 123 pp.

Morinière, C. , 1985, L'évolution des paysages à Ouessant, Groix et Batz, University of Western Brittany, Brest, France, pp. 20.

Peron, F. , 1985, Ouessant, l'ile sentinelle, editions de la cite, Brest, pp. 446.

第5章　小岛屿海洋保护区设立

——以亚速尔群岛为例

　　海洋保护区是目前国际社会关注的重点问题。从 1962 年世界公园国家大会第一次提出海洋保护区的概念开始，海洋保护区的建设与发展近 10 多年来显然已经进入到了一个"快车道"，其发展也距最初的设想"越来越远"。现今的海洋保护区被普遍认为是"海洋中的某一个保护标准高于临近水域的区域，在该区域中，所有的消耗性或开采性活动都将受到严格控制，其他的人类影响也尽可能被减小到最低限度"（马志华，2008）。现在，海洋保护区已经被部分国家和国际组织视为是海洋生态系统管理和保护海洋生物多样性的最佳工具（许望，2016）。设立海洋保护区是一个复杂的生物和社会现象，其保护范围的划定主要体现为海洋保护区的设计过程。这个过程需要以对海洋生物和生态的科学研究为基础，同时需要相关利益群体的广泛参与，以实现海洋保护区范围选择的科学性、有效性和可执行性。

　　基于不同的地理环境、不同的保护目标，每个海洋保护区设立的理由各有差异。各个海洋保护区自身的独特性并不掩盖其在保护海洋环境、生物资源上的共性。在划定海洋保护区范围的时候，生态学因素的考量至关重要（许望，2015）。全球海洋生态的持续退化，促使沿海各国采取必要手段和政策以保护海洋资源、实现海洋资源可持续利用。沿海各国在建立和管理国内海洋保护区的过程中，对海洋保护区的范围采取了灵活、弹性的标准，根据海洋保护区的目标、受保护的栖息地类型、当地社区的具体情况、可执行性标准等，进行海洋保护区的设计、选址。越来越多的迹象表明，海洋保护区和保护区网络日渐成为海洋政策的核心（Roberts et al.，2001；Lubchenco et al.，2003；McCay et al.，2011），利用海洋保护区（MPAs）获得渔业和保护的双重效益是可行的。建立 MPA 看似简单，但建立和实施过程极为复杂，因其不仅涉及生态层面，还有社会经济和社会政治层面（Pitcher et al.，2010；Sanchirico，2000）。这些因素具有高度不确定性，又对 MPA 评价标准产生影响，必须了解它们的作用机制。案例研究作为一种研究方法，能够帮助我们深入理解这些因素，并利用 MPA 的建立和治理学习如何将人类需求与保护重点相结合（Jones et al.，2011）。

　　边远小岛的海洋资源管理，对当地利益相关者和保护组织具有重大意义。岛屿生态系统因为拥有相对丰富的生物多样性以及人类活动与物种入侵双重压力下的脆弱性，往往成为资源管理的保护重点（Forster et al.，2011）。一般而言，由于沿海地区密集的人类活动、环境危害管理机构的能力限制以及对海洋资源的高度依赖，海岛地区更容易受气候变化影响（EC，2008）。因此，研究人员对促进海岛地区海洋资源有效管理的因素进行了密切研究，尤其是发展中国家（Guarderas et al.，2009；Bartlett et al.，2009；

Viteri et al.，2007；Pollnac et al.，2011）。

　　本研究旨在论证为何发达国家边远小岛设立海洋保护区的不同方法保护成效不同，从而找出相似环境背景下最适用的方法。科尔武是这一研究的重要案例，海洋保护包括非正式的社区自主保护和政府主导的多功能自然公园，涉及当地和外部行为主体长时期内的相互作用。这个葡萄牙岛具备的一些特质，诸如小规模的社区、土地开发影响细微和日益发展的旅游业提供收入途径等，被公认为有利于海洋保护区取得成效（Beger et al.，2005）。

5.1　亚速尔群岛概况

　　亚速尔群岛，属于北大西洋中东部的火山群岛，为葡萄牙的自治区（图5-1）。地理位置北纬36°55′—39°43′，西经25°01′—31°07′，陆地面积2 247平方千米，人口约32万人，居民多从事农牧业，盛产菠萝、柑橘、谷物、早春蔬菜、葡萄、肉乳等。亚速尔群岛群岛绵延640多千米，由9个火山岛组成，包括圣米格尔、圣玛丽亚、法亚尔、皮库、圣若热、特塞拉、格拉西奥萨、弗洛里斯和科尔武（张华，2014）。

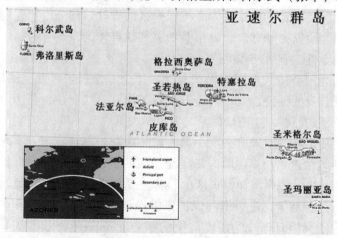

图5-1　亚速尔群岛地理位置

　　葡萄牙政府1985年11月29日颁布的第495号法令规定，亚速尔群岛和马德拉群岛适用直线基线制度。亚速尔群岛分为东部群岛、中部群岛和西部群岛3个部分，这些群岛并未使用直线基线连接为整体，而是分为3个部分，分别适用直线基线。东部基线由4条连接圣米格尔岛、圣玛丽亚岛和福米加什岛的直线基线组成。中部基线又分为三组：第一组为连接格拉西奥萨岛和其附近两块岩礁的3条直线基线；第二组为连接特塞拉岛及其附近岩礁的直线基线；第三组为连接法亚尔岛、皮库岛和圣若热岛的直线基线。该组使用的直线基线较长，分别为19.8海里、15.75海里和16.56海里。西部群岛的直线基线连接弗洛里斯岛和科尔武岛，最长一段为13.8海里。

　　科尔武岛是亚速尔群岛最小的岛屿，面积仅为17.1平方千米，被联合国教科文组织认定为世界生物圈保护区。科尔武岛自16世纪以来，经济发展主要围绕畜牧业和农业（Lages GG，2000）。而近些年，经济基础趋向多元化，20 世纪 70 年代逐步开始捕捞藻类，80 年代商业性渔业逐渐普及，90 年代之后旅游业开始发展。科尔武镇是岛上居民的活动中心，散落着 400 多名居民的房屋。人类定居以来，科尔武的环境发生了巨大变化。早期记录中对科尔武的描述为拥有茂密森林的岛屿，是密集海鸟的栖息家园。多年来，岛上居民大肆砍伐原始森林获取木材、开垦农地和牧场，为获取油和食物大肆捕杀鸟类，并引入外来物种，岛上微妙的生态平衡逐步被打破（Lages GG，2000）。科尔武岛首次采取环境保护措施可以追溯到 17 世纪，主要体现为禁止在繁殖期间捕杀鸟类，严格控制海上运输以防害虫侵扰，但这并没能避免海鸟数量的急剧下降和岛上大鼠的入侵。

　　1976 年葡萄牙宪法规定，亚速尔群岛正式成立自治区，地方政府独立行使立法议程，独立举行地方议会选举。地方政府依法对海事活动和海洋资源利用进行管理，遵照的法规与葡萄牙本土保持一致，但不必完全雷同。特殊情况下，例如关于观鲸和捕鱼的规定，亚速尔群岛优先于葡萄牙政府立法。两者遵照欧洲指令履行的共同义务在很大程度上保证了其立法的一致性。目前，国家和地方政府正在共同开发海洋空间规划战略，旨在将近海地区的全部海洋活动覆盖于葡萄牙政府管辖范围内。

5.2　研究方法

　　2010 年和 2011 年夏天，我们针对利益相关者开展了 27 次深度访谈。受访者被分为两类进行采访。专业利益相关者包括参与政府海洋保护的科尔武岛研究者（$N=10$）和政府官员（$N=11$）。依据海洋保护研究报告和政府文件决定采访对象后，我们在里斯本（葡萄牙本土）、科尔武和法亚尔岛（亚速尔群岛）开展了采访。另一类为当地利益相关者，包括渔民、渔具零售商（$N=15$）和旅游经营者（$N=5$）。这类访谈对象名单通过滚雪球抽样决定，确保采访到当地所有的旅游经营者以及渔具零售商与商业渔民中的 95%。

　　半结构化和开放式的访谈为科尔武岛制定海洋保护举措提供定性数据。受访者接受的访谈主要围绕其对社区 MPA 的意见，包括其建立原因和途径。针对将 MPA 列入科尔武海岛自然公园这一项内容，访谈问题主要集中在其目前状态、未来实施计划及其可能带来的利弊。此外，采访要求外部利益相关者提供科尔武政府 MPA 建立过程的信息，并对政府 MPA 带来的积极和消极影响加以判断和评价。访谈主要由以葡萄牙语为母语的研究人员进行。访谈时间约一小时，并留存经受访者许可的音频录音。录音被转录、利用开放编码技术进行定性分析，从而明确主要问题。受访者的回答被归纳为几类相似的反应、看法或意见，这间接反映了采访过程中的共同现象。随后，我们对两类利益相关者回复的差异性和相似性进行分析。

5.3　研究结果

　　20 世纪 80 年代末，亚速尔群岛密集的海洋开发活动，旅游业的高速发展，抹香鲸、帽贝和藻类等海洋资源的过度开发迹象，促使科学家呼吁建立海洋保护区。针对科尔武岛，科学家们的呼吁还包括海洋保护区设立的具体场址（Martins et al.，1988）和保护周边海洋环境的提议（Saldanha，1988）。科尔武的独特之处在于它是葡萄牙唯一成立社区海洋保护区的场所。这一特点，结合其小规模的常住人口，使科尔武岛成为试行区域海洋保护措施的绝佳场所，包括法律文书到研究项目的实际应用。在下面的章节中，将阐述科尔武岛社区和政府保护举措的发展，研究利益相关者的相关意见，并对小岛海洋保护政策影响进行讨论。

5.3.1　基于利益相关者视角的社区主导海洋保护区

1998 年，科尔武岛第一个潜水旅游公司成立。根据亚速尔群岛大学研究人员的报告，离科尔武镇海岸约 500 米处存在丰富的海洋生物，潜水旅游经营商开始探索这片区域。他们发现了一个潜水点，那里定居着几条灰蒙蒙的石斑鱼（乌鳍石斑鱼），他们将这个潜水点称为"石斑鱼小巷"（Caneiro dos Meros）。石斑鱼性情温顺、对潜水者充满好奇并愿意与之亲近，为潜水者提供了高质量的潜水体验，潜水点日渐成为该岛主要旅游景点。然而，旅游经营者很清楚，珍贵的石斑鱼面临商业和休闲渔业风险。正如一位受访者所提出顾虑："我们处于进退两难的境地……是保守秘密、放任石斑鱼面临被捕捉的风险继续经营，还是出面说服渔民不要前往该场所捕鱼？"

旅游经营者决定采取后一个策略，努力提高当地社区尤其是渔民的觉悟，这个决定得到附近弗洛雷斯岛学术研究者和潜水者的支持。石斑鱼温驯的表现被拍摄成电影和照片，在咖啡馆和其他主要社交场所展示。通过这些方法，社区居民获悉石斑鱼的存在以及它们作为旅游景点的价值，明白保护它们的必要。渔民被重点告知，"石斑鱼小巷"并非其谋生所必去场所，作为主要旅游景点的"石斑鱼小巷"能为当地经济带来更高、更可持续的收益。

大多数地方利益相关者明白，潜水旅游经营者是 MPA 建立的主要推动力，而渔民和旅游经营者的自愿遵守同样具有重大意义，他们的觉悟与行为促成科尔武自发保护区的建成，尽管其存在至今没有法律依据。专业利益相关者在接受访谈时解释道，当地社区希望保留对 MPA 的管理权，不愿为获得合法地位将权力移交给政府机构。然而，尽管科尔武岛居民尤其是渔民在同侪压力下，积极进行觉悟提升、参与执法，仍有部分地方利益相关者针对法律措施缺乏和弗洛雷斯岛休闲渔船在 MPA 范围内的捕鱼行为提出了质疑。

通过采访当地的和专业的利益相关者，笔者获悉了自发保护区取得成功的几个重要因素（表 5-1）。首先，保护区所处位置十分关键，合适的地理位置既可以使社区轻而易举地监管来自陆地的渔船，还能避开商业渔业捕捞。大多数商业渔民和旅游经营者意识到并大致判断出 MPA 潜水旅游业带来的直接和间接利益。一个渔夫解释道"为我们带来收益的是旅游经营者批获的潜水点，而不是这些石斑鱼。渔民拥有其他捕鱼场所。"石斑鱼作为"旗舰物种"，在地方利益相关者之中享有极高的辨识度，许多人称其为"宠物"。

表 5-1　利益相关者群体内对科尔武岛海洋保护区"石斑鱼小巷"成功因素意见占比

海洋保护区"石斑鱼小巷"成功因素		专业利益相关者		地方利益相关者	
		学术研究人员（%）	政府官员（%）	商业捕鱼者（%）	旅游经营者（%）
海洋保护区的特点	位置便于监测	–	–	–	33
	对商业捕捞不太重要	–	–	71	50
	促进经济活动发展（旅游）	38	10	93	100
	有利于岛屿经济发展	13	10	50	67
	有利于旗舰物种（石斑鱼）生存	38	70	93	100
社区态度和看法	对"石斑鱼小巷"知名度持自豪感	–	–	43	33
	保护区设立受科尔武历史影响	25	10	–	–
	反映出当地态度变化	–	40		

地方利益相关者的其他一些态度和看法，也是保护区取得成功的重要因素。一些受访者表明他们为社区采取的海洋保护措施而感到自豪，对"石斑鱼小巷"获得的外界关注与认可及其为科尔武营造的正面形象表示相当满意。这证实了一个普遍观点，即同侪压力是一种高效执法机制。对科尔武隔离和自我治理进行评价的专业利益相关者提出的另一种观点，可概括为如何实现"数世纪以来，人们生活在社区管理下，所有决策由当地长者进行"。然而，对于许多政府官员而言，MPA 的存在反映出地方居民对海洋保护的态度变化，同时，40% 的地方利益相关者将 MPA 视为社区进行海洋环境保护的成功案例。

5.3.2　政府主导海洋保护区

5.3.2.1　初期海洋保护措施

第一个科尔武岛自然保护区成立于 20 世纪 90 年代，保护区范围包括海岸和海洋部分（表 5-2）。1993 年，亚速尔地方政府为避免帽贝贸易走向崩溃采取的其中一项区域政策，就是在各岛包括科尔武依法成立帽贝沿海保护区（Santos et al.，2010）。在此之前从未与当地社区讨论过相关事项的亚速尔群岛大学提供了科尔武帽贝保护区建设范围划定的基础科学数据。近期研究表明，部分岛屿未能成功通过立法对帽贝种群进行保护是因为执法力度不足（Martins et al.，2011）。由于执法力度不足、居民配合度低，这些法规在科尔武同样被认定为无效。然而，与其他岛屿相比，在科尔武附近仍可以找到大量残存的帽贝。受访的地方利益相关者强调，残存帽贝数量众多得益于当地商业捕捞行为较少。此外，地方利益相关者对无法防范当地资源受外部威胁的资源管理现状表示不满。一个渔民抱怨道，"当地人捕捞帽贝仅仅为了食用，但弗洛雷斯居民乘船或潜水大肆捕捞帽贝却是为了进行贸易"。

　　20 世纪 90 年代初，欧洲联盟（EU）的环境政策也促成科尔武 MPA 的建立。栖息地指令为在全欧洲范围内建立自然保护区网络提供了法律基础，自然保护区网络又称为 NATURA 2000。其中，亚速尔群岛部分由地方政府主导，欧洲委员会负责监督。第一步，是宣布地区内特别保护区（SPA）和重要社群场址（SCI）名单。1990 年，科尔武岛政府宣布了第一个为多种海鸟提供保护的特别保护区；1998 年，宣布了第一个由两个总占地面积 156 公顷的海区组成的重要社群场址（表 5－2）。这类保护区的特点是当地社区不需要大量投入资金或人力，只需及时了解政府做出的相关决策。

表 5－2　科尔武岛保护区设立情况

年份	保护区	驱动力	描述
1990	科尔武岛海岸、海釜特别保护区（SPA）	直接：RG 间接：EU	根据欧盟鸟类指令（NATURA 2000）建立海鸟保护区
1993	帽贝综合保护区	直接：RG 间接：DOP/UAc	设立沿海禁捕区，控制帽贝捕捞
1998	重要社群场址（SCI）"海岸和海釜——科尔武岛"	直接：RG 间接：EU	为 NATURA 2000 重要栖息地，包括科尔武海洋场所提供法律保护
1999	"科尔武岛"自主海洋保护区 Caneiro dos Meros	直接：潜水经营者；当地渔民 间接：DOP/ UAc；社区	科尔武设立禁捕区保护大石斑鱼
2003	重点鸟类保护区"科尔武岛海岸"	直接：SPEA；BI	国际鸟类联盟将科尔武海岸确立为重要海鸟保护区域
2006	科尔武岛地区自然公园	直接：RG	地区议会批准在科尔武创建地区自然公园，其中包括大型海洋区域
2007	OSPAR 海洋保护区"科尔武岛"	直接：OSPAR；RG；DOP / UAc；IMAR	科尔武岛海洋环境被纳入 OSPAR 海洋保护区网络
2007	科尔武岛生物圈保护区	直接：RG；UNESCO	经地区政府申请，联合国教科文组织指定科尔武岛为生物圈保护区
2008	科尔武海岸带空间规划	直接：RG	科尔武沿海地区管理计划获批准；管理地带从吃水线到 -30 米水深
2008	科尔武海岛自然公园	直接：RG	科尔武海岛自然公园（PNI）依法成立并包含先前法律保护手段

　　注：RG = 地区政府（Regional Government）；

　　　　EU = 欧洲联盟（European Union）；

　　　　BI = 国际鸟类联盟（BirdLife International）

　　　　DOP/UAc = 亚速尔大学海洋和渔业部门（Department of Oceanography and Fisheries of the University of the Azores）；

　　　　IMAR = 海洋研究所（Institute of Marine Research）；

　　　　SPEA = 葡萄牙鸟类研究协会（Portuguese Society for the Study of Birds）

　　　　UNESCO = 联合国教科文组织（United Nations Educational, Scientific and Cultural Organization）。

伴随 LIFE 和 INTERREG 等项目的开展，欧洲大陆可利用的环境保护资金越来越充足，研究者们得以投入更多的精力研究亚速尔群岛海洋环境。这些研究项目的开展满足了监测方法标准化、MPA 设计基础数据收集、首次社区宣传的举办，同时使发展当地社区和研究人员之间的合作关系成为可能。尤其是地方政府和亚速尔大学制定的 MARE 项目（1998—2003 年），其目标是为 NATURA 2000 的沿海和海洋区域制订管理计划，包括科尔武的 SCI 和 SPA（表 5 - 2）。该项目实现了各区域的具体生物学和生态学资产清单制定、用户和社区的社会经济调查、公众认识提高和空间管理计划制定。MARE 项目的一个开创性成果，是让亚速尔政府认识到需要建立更大的海洋保护区，保障亚速尔群岛海洋环境的有效保护和管理。MARE 项目提议建立海洋公园，范围包括科尔武海洋环境和多个拥有不同捕捞限制的保护区。MARE 项目整合了大量文件支撑建立海洋公园的提议，包括生物物理和社会经济基础数据、法律文件和管理计划的有关提议以及一份详细的行动计划（Tempera et al.，2002）。此外，MARE 项目团队在科尔武举办了一次非正式公共协商会议，会上将这些文件提交给当地社区和利益相关者。这次会议的原始数据将用于制定最终文件。

5.3.2.2　科尔武岛海洋保护区覆盖情况

MARE 项目之后，亚速尔地方政府致力于建立综合性自然公园，促进国际对科尔武海洋保护的认可和支持。2006 年，政府批准了建立科尔武地区自然公园的法规，如 MARE 项目所提议，自然公园内的海洋区块占地 25 739 公顷。同时，海洋区块被列入国际保护协议，如 2006 年保护东北大西洋海洋环境委员会的海洋保护区网络和 2007 年联合国教科文组织的生物圈自然保护区（表 5 - 2）。

地区自然公园的名称没有生效，因为亚速尔政府意识到需要审查包含自然公园在内的保护区网络相关法律体系。针对保护区名称的法律审核于 2007 年获批，针对群岛环境设计了新的保护区管理模式，同时整合现有的多种保护区名称，确保与 IUCN 国际分类保持一致（Calado et al.，2009）。各岛屿离岸 12 海里内的陆地和海洋保护区都被划入海岛自然公园范畴，而所有沿海的海洋保护区划入亚速尔海洋公园（Calado et al.，2011）。新的法律体系下，地区自然公园连同其他原有保护区（沿海帽贝保护区，NATURA 2000）和由国际鸟类联盟（表 5 - 2）命名的重要鸟类保护区（IBA），划入新的科尔武海岛自然公园。海岛自然公园依法成立于 2008 年，其海洋区块被纳入名为"科尔武资源管理海岸保护区"的海洋保护区范畴之内，该海洋保护区的保护目标与 IUCN 分类中的第 VI 类相似，包括生物多样性保护、资源管理促进可持续利用、推动区域可持续发展。

2009 年，海岛自然公园建设全面启动，初期工作包括任命主管、配置资源、公园管理和开展咨询议会。后期陆续有来自地区、地方政府和主要利益相关者的代表加入，但截至采访结束，作者并未与之会面。新立法规定，所有海事活动必须经海岛自然公园许可，并颁布了一些限制条款，包括禁止长线垂钓、拖网、深水张网和 10 米以上船只进入保护区水域。这些条款限制大型渔船在海洋保护区范围内作业，但不影响小规模渔业发展。直到海岛自然公园管理计划获批（公园运行的法律需要），海洋保护区没有实际限制科尔武和弗洛雷斯的小规模渔业捕捞。

5.3.3　基于利益相关者视角的政府主导海洋保护区措施

参与海洋保护的外部利益相关者群体（学术研究人员和政府官员），向我们阐述了科尔武岛建立政府主导 MPA 的积极影响和消极影响（表 5 - 3）。积极影响来源于过程本身和公认有益的保护措施。消极影响同样围绕过程本身，但主要集中于政治和政府问题，以及地方政府实施、执行必要保护措施的能力。

表 5 - 3　外部利益相关者群体对科尔武岛 MPA 建立的影响意见占比

对科尔武岛 MPA 建立过程的意见		专业利益相关者	
		学术研究人员（%）	政府官员（%）
积极方面	MPA 建立拥有坚实的理论基础	56	40
	综观地区自然保护区网络	44	10
	改善社区居民态度	33	20
	改善社区与研究人员之间关系	22	20
	推动公众参与（对话及信息共享）	–	40
	"石斑鱼小巷"自然保护区	22	10
	科尔武生物圈自然保护区	–	30
	科尔武海岛自然公园	11	10
消极方面	冗长的建立过程及"纸上保护区"	67	40
	削弱政府行为	56	40
	资源和资金匮乏	56	20
	执法缺失/不足	33	60
	保护区名称混乱	11	30
	公众参与度低	33	10
	管理机构争议	11	50
	科学与政府之间角色混乱	22	–
	长期监测计划缺失	22	–
	未兑现承诺	11	10

5.3.3.1　海洋保护区的积极意义

许多参与科尔武海洋保护的专业利益相关者认为，MPA 建立过程遵循着知识和信息的逻辑顺序。如其中一位政府官员所说，初期过程"以积累知识为主，然后进入计划阶段，最终进入更高级的规划阶段即立法"。20 世纪 90 年代科学研究项目数量的增长，被认为对提供 MPA 建立、管理、监测和公众参与的基础数据具有不可替代的重要意义。也有人指出，尽管受"不同利益和资金机会"影响，这些项目遵循着"知识积累的逻辑长线"。

海洋保护区设立过程中产生的其他积极影响多与社会因素相关，包括社区居民的态度、社区和学术研究人员的互动、公众的积极参与。专家学者和政府官员对当地社区的描述是"对本区空间、海洋和领土持有积极的保护态度"，"愿意改变现状"，然后是"对保护措施高度配合"。学术研究人员和社区之间形成的关系被认为是有益的，不仅能够增加 MPA 建立过程的可信度，同时也有助于向社区及时传达信息。政府官员也提到了科尔武公众参与的积极成果，尤其是 MARE 项目。积极成果包括传达给社区和利益相关者的海洋保护详细知识、政府与利益相关者的对话和"政府与社区共同制定科尔武岛海洋管理方案"。

地方政府组织的自然保护区网络法律体系审查，是整个群岛包括科尔武岛在内MPA 建立过程中的一个重要步骤。此次法律体系审查克服了一些负面制约因素，如滞后的 MPA 执行、杂乱的保护区命名，使得海洋保护区建设和管理进一步简化以及标准化，被当地社区以及利益相关者认定为一次重大进步。

专业利益相关者提出了对于科尔武岛 MPA 建立极为重要的三个保护措施。首先，"石斑鱼小巷"尤为重要，它作为标志性案例，证实海洋保护区是可行的、有益的，它体现当地社区和居民日益积极的海洋保护理念和态度。尽管这个海洋保护区非政府主导，规模也不足以保障科尔武岛海洋生态保护，但其被认为对于"科尔武保护区概念的接受和采纳"是极其必要的。其次，一些政府官员提到将海岛命名为生物圈保护区的意义，这意味着"外界认同科尔武是海洋保护的重要场所"，无形中促进当地产品和活动的可持续发展，如旅游和手工渔业。最后，科尔武海岛自然公园被认为是进行海洋保护的强大综合管理手段，截至采访进行时，它仍处于实施的初级阶段。

5.3.3.2　海洋保护区的消极影响

海洋保护措施执行滞后是最常被提及的科尔武岛 MPA 消极影响。受访者称"有效执行管理措施太费时间"，科尔武岛海洋保护区如同"纸上保护区"，它们依法成立却未得到有效执行和管理。一个学术研究人员抱怨道，"政府应该做的不仅是规定公园的范围，还要在这个范围内实行管理和限制"。学术研究人员尤其担心的是，科尔武海岛自然公园执行滞后，有可能导致社区和居民对有关保护措施的不信任和质疑，从而"减弱社区对后期保护措施的责任感和执行动力"。

MPA 建立过程不仅存在执行、管理缺失，还存在保护区命名混乱度增加的趋势（表 5-2）。一些参与者将其认定为消极影响，因为它"干扰非专业人员，弱化其对海洋和岛屿保护的理解和支持"，保护区的划定和执行反差或许也削弱当地社区对保护区的信任。

尽管公众参与属于积极影响，但过程中某些阶段的低程度公众参与受到了批判。这一现象首次出现在 NATURA 2000 项目早期的地点选划阶段，当时社区仅被告知政府决策，而对过程一无所知，但在 MARE 项目之后，一些较正式的公众参与形式受到采纳。学术研究人员提到，由于学术研究人员和政府官员在 MARE 项目的公众参与过程中一直并肩作战，导致其对自身角色的定位产生混乱。尽管学术研究人员在 MPA 范围选划和管理计划制定阶段深度参与了与利益相关者的协商，但极少参与后续阶段，包括立法。尽管他们没有参与某些环节，他们的形象却与政府行为息息相关，部分研究人员对此表示深感遗憾。

许多专业利益相关者认为，执行需进行投票解决的争议性措施时，相关政治激励的缺乏、管理机构复杂，这二者均会损害政府形象。此外，就职于环境部门的政府官员，由于缺乏资格认证，往往被社区认为是不合格的管理人员。

还有部分受访者提到了地方环境部门和渔业部门之间的内部冲突。地方环境部门在运用法律手段时脱离地方管理现实，没有考虑到现有资源及渔业部门的需要。另一方面，地方渔业部门因对亚速尔海洋资源保护漫不经心而遭到批评，尤其因渔业部门支持亚速尔商业化渔业船队重组导致区域捕捞作业量增加。此外，渔业部门负责管理和监督区域内，包括海洋保护区内的所有渔业活动，环境部门与渔业部门之间潜在的利益冲突也是一种不利因素。"正是主管部门推动了对海洋保护区环境最具破坏性活动的发展"，正如一个政府官员抱怨道。

严重阻碍 MPA 执行的一个消极因素是，环境保护必需的基础设施、装备和人力资源缺乏资金保障。大多数政府官员尤为关心的是 MPA 执行力度不足，在他们看来，这是保护措施失败的主要原因。学术研究人员还提到，由于缺乏充足的资金难以实施长期监测，而长期监测正是研究 MPA 执行效率、根据生态条件进一步调整管理措施的重要步骤。学术研究人员最后提到，MPA 建立过程中，地方政府引导社区形成了对 MPA 收益的预期目标，而管理资源和保护措施的缺失，难免会对社区保护理念产生负面影响。一些专家担心，这些"未兑现的承诺"会使社区逐渐疏于环境保护。

5.3.3.3 当地利益相关者视角

表 5-4 将地方利益相关者（渔业和旅游业）关于建立科尔武岛政府主导 MPA 的意见进行了汇总。几乎所有人都更青睐科尔武海岛自然公园；然而，他们的选择证实了学术研究人员和政府官员提出的一些顾虑。大多数地方利益相关者认为，自然公园内的海洋保护区"从未真正实现"，是个"纸上保护区"。他们表示即便给予海洋保护区足够充分的建立周期，自己仍然对其能否成立持保留态度。一个渔民抱怨道，"他们空谈、空谈、空谈，但没有真正做过任何实事——2000 年第一次提出保护区，10 年之后它仍然只存在于纸上"。关于 MPA，以及商业渔民和旅游经营者，专业利益相关者最常提及的，是执法缺位，"保护区成立却未得到执行，谈不上保护"。人力资源和设备不足被认为是造成这一局面的主要原因。

在大多数地方利益相关者看来，科尔武岛海洋保护区的前景不容乐观，或者说难以预测，因为海洋保护区能否取得保护成效取决于执法力度，而大多数参与者对政府能否加强执法实现持怀疑态度。渔民还特别提出，应该允许当地渔民在公园范围内小规模作业，以此保护可持续、不那么有害的手工作业。此外，老渔民提议为当地渔民提供金钱补偿以暂停其捕捞作业，借此恢复鱼类数量。

表 5 – 4　当地利益相关者群体对科尔武海岛自然公园范围内政府主导 MPA 的意见占比

对科尔武海岛自然公园范围内政府主导 MPA 的意见		当地利益相关者	
		商业渔民（%）	旅游经营者（%）
对 MPA 的看法和立场	支持	87	100
	反对	7	–
MPA 存在的问题	"纸上保护区"	53	60
	执行力度不足	86	60
	缺乏人力资源和装备	57	60
MPA 前景	乐观	42	40
	消极	58	20
	未知	17	40
MPA 能否成功取决于	加强执法	47	60
	允许科尔武渔民在公园内作业	47	–
	对渔民进行金钱补偿	27	–

5.4　讨论

前文讲述科尔武岛如何利用不同方法建立海洋保护区。一方面，当地社区通过非正式保护机制，自主创建了海洋保护区，保护区内严格禁止捕鱼、居民配合度高并自觉承担执法责任；另一方面，国际社会和地方政府努力 20 余年尝试在科尔武岛成立海洋保护区。多个欧盟基金项目积累的科学知识，在 2008 年科尔武海岛自然公园成立时达到饱和，但依然没能成功制订出 MPA 管理计划。这些建立 MPA 的不同方法，由于机构、目标、执行过程的差异，并不具备直接可比性。但是，由于它们同时存在，且在同一时期于同一社区内进行，我们希望能够总结出缺点，并利用其各自的优点以建立高效的 MPA。

5.4.1　社区主导海洋保护区

众所周知，社区对 MPA 目标的赞成和理解促使其支持和参与海洋保护（Ban et al.，2008；Rodríguez – Martínez，2008），并保障预期目标切实可行。"石斑鱼小巷"海洋保护区旨在造福旅游业，最终推动岛上经济发展。石斑鱼作为旗舰物种吸引大众的同时，提供了一个有形的、标志性的保护目标，而小规模、近海的 MPA 也为执法提供了便利。当地社区了解保护目标的同时，海洋保护的积极成果还体现在潜水游客数量不断增加。研究表明，小型 MPA 在石斑鱼的长期保护方面卓有成效（Afonso et al.，2011），这一旗舰品种可以作为栖息地保护代言人（Zacharias et al.，2001；King et al.，2005）。另一个积极成果是社区居民自豪感提升，主要源于外界对其海洋保护成效的认可。这些因素，加上过程中地方利益相关者的参与，间接保障当地居民对海洋保护的支持、参与以及高度配合。

　　然而,"石斑鱼小巷"海洋保护区规模小,与其他保护区缺少联系,无法提供充足的生态保护,这些也是社区主导 MPA 普遍存在的缺陷(Weeks et al.,2010)。此外,这类海洋保护区旨在保护物种及其栖息地,却无法为其提供法律保障,这引发了研究者们对外部威胁的关注。社区主导海洋保护区对自然资源的管理被公认为是自下而上的激励机制(Bartlett et al.,2009;White et al.,2000)。因此,尽管有些保护规划者提议将社区 MPA 与政府举措结合以解决法律缺陷(Ban et al.,2009),应该注意的一点是在将社区 MPA 划入海岛公园前,必须与地方利益相关者做好协商,以免其误认为这是剥夺权利的自上而下管理模式,从而避免其配合度降低。

　　尽管规模较小,"石斑鱼小巷"是亚速尔群岛为数不多的、配合度较高的自发保护区之一。近期,在亚速尔群岛圣玛丽亚岛的主要潜水点,地方利益相关者打算新建 4个小型自主 MPA,他们以"石斑鱼小巷"的建立过程作为借鉴、参考。在地方渔业部门否决 MPA 提议之后,地方利益相关者效仿科尔武社区海洋保护区运营模式,争取到了当地渔民和社区的支持。不同之处在于,在利益相关者与社区达成一致意见后,地方利益相关者请地方政府出面为 MPA 提供法律保护(SRAM,2012),以克服从科尔武案例中观察到的保护难题。

5.4.2　政府主导海洋保护区

　　不同于社区主导 MPA,科尔武海岛自然公园保护措施更科学、目标更清晰,包括生态保护和海洋资源可持续利用。科尔武海岛自然公园将亚速尔群岛最大的海岸 MPA包含在内,科尔武海岛自然公园的以下几个特性可能是其取得成功的关键因素。首先,科尔武海岛自然公园的海洋保护能力受到一些参与科尔武保护区指定的著名国际机构公认与支持;其次,强大的法律基础能够对混乱的保护区名称加以区分,保障科尔武海岛自然公园的法律效力(Calado et al.,2009);最后,科尔武海岛自然公园是旨在大面积保护海洋环境的海洋保护区网络的一部分。

　　社区与利益相关者共同进行 MPA 管理,有利于确保 MPA 满足多方行为主体的不同利益,同时制定社区充分理解并自愿承担的明确保护目标(Pollnac et al.,2001;Pomeroy et al.,2008)。目前,尽管科尔武海岛自然公园的立法明确利益相关者能够代表咨询议会,但议会并不参与管理计划制定。此前在葡萄牙进行的研究提供新的管理模式,咨询议会利用卫星设备对 MPA 进行共同管理。借鉴以往岛上的公众参与情况,包括社区 MPA,鼓励科尔武居民多加参与海洋保护是可能的,尤其值得一提的是他们与专业利益相关者共同进行的海洋保护成效卓越受到广泛认可。

　　大多数利益相关者支持科尔武海岛自然公园,但多数人对其能否实现表示怀疑,担心它同欧洲其他海洋保护区一样,只是"纸上保护区"(Fenberg et al.,2012)。消极看法源于 MPA 冗长的建立与执行过程,截至访谈时,它未曾对科尔武岛海洋资源保护与管理做出任何贡献。造成这一现状有诸多因素,如 MPA 建立过程极为复杂,受不同政策影响,不同级别的管理主体管辖权相重叠。这些官僚治理结构和政客对海洋保护认识不足引起的问题,普遍存在于全球的海洋保护区(Sowman et al.,2011)。强大的领导和灵活的管理系统有利于 MPA 执行，这是发达国家 MPA 管理取得成功的公认因素（Banks et al.，2010；Gleason et al.，2010）。

MPA 易受内部政治因素影响，反映出地方渔业部门与地方环境部门奉行政策相悖。前者负责亚速尔群岛商业渔业的管理和推广，包括海洋保护区。在过去的几十年里，它出台的提高区域渔业船队作业能力的政策，削弱了地方环境部门的海洋保护成果，特别是有关限制捕捞活动的措施。这些政策导致科尔武岛 MPA 内外非本地捕捞行为大幅增加，大大增加了海洋资源管理难度，利益相关者数量随之大幅增长（Suárez de Vivero JL et al.，2008）。这一现象凸显对亚速尔群岛 MPA 和渔业管理采取更全面、综合的区域海洋战略的需求，这也是受到许多研究者支持的新兴趋势（Ban et al.，2012；Christie et al.，2007）。目前亚速尔群岛地区的海洋空间规划发展或许为制定这一海洋战略提供了难得的机遇（Ban et al.，2012）。另一个问题是 MPA 执法缺乏有效的政治激励，目前亟须解决的是管理计划制定和执法、监测资源分配。政治和经济周期不平衡引起的 MPA 规划、实施和管理资金不一致，这些问题同样存在于葡萄牙（Schmidt et al.，2013）和其他发达国家。

科尔武岛 MPA 下一步行动是制订管理计划，由地方环境部门执行。这项计划应包含明确的、切实可行的生态和社会经济目标，目标实现情况则在后期反馈给社区。制定监测方案对于成果评估、目标实现和避免信誉损失至关重要（Hilborn et al.，2004）。MPA 管理过程中应体现利益相关者的参与，我们建议让弗洛雷斯的渔民也参与这一过程，增强其对下一步海洋保护区管理措施的配合度。在不能确保"双赢"局面能够实现之前，不应冒着牺牲保护目标的风险限制立法。本文研究结果证实执法的必要性，这是海洋保护以及保护区管理的重要威慑手段。欧盟采用的渔船监测系统（VMS）加强了对船长 15 米以上渔船的监管（Ross et al.，2011），这一技术同样提升了 MPA 执法成效。然而，现有的渔船监测系统对 MPA 范围内船长 10 米以下渔船束手无策。在此背景下，由政府部门之间签订合作协议，可以提高人力资源利用率，克服海洋保护经费预算限制（Rodríguez-Martínez RE.，2008）。

5.5　结语

本文案例研究体现海洋保护的不同方法，从非正式的社区自主海洋保护，到政府主导建立多功能自然公园，其中还涉及地方及外部行为主体在长时期内的相互作用。借助深度访谈，探讨了当地及专业利益相关者对于建立海洋保护区的积极和消极影响的看法。结果显示建立海洋保护区的方法不同导致海洋保护区所取得保护成效产生差异。科尔武社区 MPA 和政府 MPA 之间的差异，为边远海岛地区建立 MPA 的重要考虑因素提供了实际参考案例。社区 MPA 分析体现 MPA 高效执行的几个关键因素，包括当地社区的参与和授权、保护目标的清晰定位、有形的 MPA 管理成果、基于高度支持和同侪压力的社区执法。然而，科尔武社区 MPA 也体现出社区海洋保护措施存在一定的局限性，难以在复杂的海洋资源利用背景下实现更广泛的生态保护。这一方面也许能够利用政府 MPA 更好实现，前提是结合广泛的区域性海洋战略，且政府具备切实落实海洋保护措施的政治意愿。此外，充足的管理、执法和监测资源极其重要，同样重要的是确保当地社区在保护过程中受到重视并共同承担一定责任。

参考文献

Jack Sobel，Craig Dahlgren. 海洋自然保护区［M］. 马志华，等译. 北京：海洋出版社，2008：16.

许望. 论海洋保护区的发展及其对中国的影响［J］. 黑龙江省政法管理干部学院学报，2016，118（1）：109 - 111.

许望. 海洋保护区发展的新方向［N］. 中国海洋报，2015 - 10 - 19.

张华. 中国洋中群岛适用直线基线的合法性：国际习惯法的视角［J］. 外交评论，2014，（2）：129 - 146.

Abecasis RC, Longnecker N, Schmidt L, Clifton J. 2013, Marine conservation in remote small island settings：Factors influencing marine protected area establishment in the Azores. Marine Policy, 40（3）：1 - 9.

Afonso P, Fontes J, Santos RS, 2011, Small marine reserves can offer long term protection to an endangered fish, Biological Conservation, 144：2739 - 2744.

Ban NC, Cinner JE, Adams VM, Mills M, Almany GR, Ban SS, et al, 2012, Recasting shortfalls of marine protected areas as opportunities through adaptive Management, Aquatic Conservation Marine and Freshwater Ecosystems, 22：262 - 271.

Ban NC, Picard C, Vincent ACJ, 2008, Moving toward spatial solutions in marine conservation with indigenous communities, Ecology and Society, 2008：13 - 32.

Ban NC, Picard CR, Vincent ACJ, 2009, Comparing and integrating community - based and science - based approaches to prioritizing marine areas for protection, Conservtion Biological, 23：899 - 910.

Banks SA, Skilleter GA, 2010, Implementing marine reserve networks：a compar - ison of approaches in New South Wales (Australia) and New Zealand, Marine Policy, 34：197 - 207.

Bartlett CY, Pakoa K, Manua C, 2009, Marine reserve phenomenon in the Pacific Islands, Marine Policy, 33：673 - 678.

Beger M, Harborne AR, Dacles TP, Solandt J - P, Ledesma GL, 2005, A framework of lessons learned from community - based marine reserves and its effectiveness in guiding a new coastal management initiative in the Philippines Environ Manage, 4：786 - 801.

Calado H, Borges P, Phillips M, Ng K, Alves F, 2011, The Azores archipelago, Portugal：improved understanding of small island coastal hazards and mitigation measures, Natural Hazard, 58：427 - 444.

Calado H, Lopes C, Porteiro J, Paramio L, Monteiro P, 2009, Legal and technical framework of Azorean protected areas, journal of coastal research, special issue, 56：1179 - 1183.

Christie P, 2004, Marine protected areas as biological successes and social failures in Southeast Asia, 42. American Fisheries Society Symposium, 2004 155 - 164.

Christie P, White AT, 2007, Best practices for improved governance of coral reef marine protected areas, Coral Reefs, 26：1047 - 1056.

EC, 2008, The outermost regions：an asset for Europe, In：Communities CotE, editor. Brussels.

Fenberg PB, Caselle JE, Claudet J, Clemence M, Gaines SD, Antonio Garciá - Charton J, et al, 2012, The science of European marine reserves：status, efficacy, and future needs, Marine Policy, 36：1012 - 1021.

Forster J, Lake IR, Watkinson AR, Gill JA, 2011, Marine biodiversity in the Caribbean UK overseas territories：perceived threats and constraints to environmental management. Marine Policy, 35：647 - 657.

Gleason M, McCreary S, Miller - Henson M, Ugoretz J, Fox E, Merrifield M, et al, 2010, Science - based and stakeholder – driven marine protected area network plan – ning: a successful case study from north central California, Ocean Coast Manage, 53: 52 – 68.

Guarderas AP, Hacker SD, Lubchenco J, 2008, Current Status of Marine Protected Areas in Latin America and the Caribbean, Conservation Biological, 22l1630 – 1640.

Hilborn R, Stokes K, Maguire JJ, Smith T, Botsford LW, Mangel M, et al, 2004, When can marine reserves improve fisheries management, Ocean Coast Manage, 47: 197 – 205.

Hind EJ, Hiponia MC, Gray TS, 2012, From community – based to centralised national management—a wrong turning for the governance of the marine protected area in Apo Island, Philippines, Marine Policy, 34: 54 – 62.

Jones PJS, Qiu W, De Santo EM, 2011, Governing marine protected areas—getting the balance right, Technical report. URL: /www. mpag. infoS: United Nations Environment Programme.

Lages GG, 2000, Situação das Flores e do Corvo nos séculos XVI e XVII Arquipélago 2ª Série, IV: 29 – 88.

Lubchenco J, Palumbi SR, Gaines SD, Andelman S, 2003, Plugging a hole in the ocean: the emerging science of marine reserves, Ecological Applications, 13: S3 – S7.

Martins JA, Santos RS, 1988, Breves Considerações Sobre a Implementação de Reservas

Martins GM, Jenkins SR, Hawkins SJ, Neto AI, Medeiros AR, Thompson RC, 2011, Illegal harvesting affects the success of fishing closure areas, journal of the marine biological association of the united kingdom, 91: 929 – 937.

Marinhas nos Açores, In: Dias E, Carretas JP, Cordeiro P, editors. 1as Jornadas Atlânticas de Protecção do Meio Ambiente Angra do Heroísmo: Secretaria Regional do Turismo e Ambiente.

McCay BJ, Jones PJS, 2011, Marine protected areas and the governance of marine ecosystems and fisheries, Conservation Biological, 25: 1130 – 1133.

Pitcher TJ, Lam ME, 2010, Fishful thinking: rhetoric, reality, and the sea before us, ecology and society, 15: 25.

Pollnac RPR, Seara T, 2011, Factors influencing success of marine protected areas in the Visayas, Philippines as related to increasing protected area coverage, Environment Management, 47: 584 – 592.

Pollnac RB, Crawford BR, Gorospe MLG, 2001, Discovering factors that influence the success of community – based marine protected areas in the Visayas, Philip – Pines, Ocean Coast Management, 44: 683 – 710.

Pomeroy R, Douvere F, 2008, The engagement of stakeholders in the marine spatial planning process, Marine Policy, 32: 816 – 822.

Roberts CM, Bohnsack JA, Gell F, Hawkins JP, Goodridge R, 2001, Effects of marine reserves on adjacent fisheries, Science, 294: 1920 – 1923.

Rodríguez – Martínez RE, 2008, Community involvement in marine protected areas: the case of Puerto Morelos reef, México, journal of environmental management, 88: 1151 – 1160.

Ross E, Arifin B, Brodsky Y, 2011, An information system for ship detection and identification, IEEE International Geoscience & Remote Sensing Symposium, p. 2081 – 2084.

Saldanha L, 1988, A protecção e a conservação do meio marinho nos Açores e na Madeira. In: Dias E, Carretas JP, Cordeiro P, editors. 1as Jornadas Atlânticas de Protecção do Meio Ambiente – Açores, Madeira, Canárias e Cabo Verde, Angra do Heroísmo: Secretaria Regional do Turismo e Ambiente, p. 315 – 317.

Sanchirico JN, 2000, Marine protected areas as fishery policy: a discussion of potential costs and benefits. Resources for the Future, Washington, D, 14.

Santos RS, Delgado R, Ferraz R, 2010, Background document for Azorean limpet Patella aspera, OSPAR Comission – Biodiversity Series, 1 – 13.

Schmidt L, Prista P, Saraiva T, O'Riordan T, Gomes C, 2013, Adapting governance for coastal change in Portugal, Land Use Policy, 31: 314 – 325.

SRAM, 2012, Portaria n. 1 62/2012 de 5 de Junho de 2012, In: Mar SRdAed, editor. Horta .

Sowman MSM, Hauck M, van Sittert L, Sunde J, 2011, Marine protected area management in South Africa: new policies, old paradigms, Environment Management, 47: 573 – 583.

Suárez de Vivero JL, Rodríguez Mateos JC, Florido del Corral D, 2008, The paradox of public participation in fisheries governance. The rising number of actors and the devolution process, Marine Policy, 32: 319 – 325.

Tempera F, Afonso P, Morato T, Santos RS, 2002, Comunidades Biológicas da Envolvente Marinha do Corvo, Horta: Departamento de Oceanografia e Pescas da Universidade dos Açores, 52.

Tempera F, Cardigos F, Afonso P, Morato T, Pitta Groz M, Gubbay S, et al, 2002, Proposta Técnico – Científica de Gest ão da Envolvente Marinha do Corvo, Horta: Departamento de Oceanografia e Pescas da Universidade dos Açores, 57.

Vasconcelos L, Ramos Pereira MJ, Caser U, Gonçalves G, Silva F, SáR MARGov—setting the ground for the governance of marine protected areas, Ocean & Coastal Management.

Viteri C, Chávez C, 2007, Legitimacy, local participation, and compliance in the Galápagos Marine Reserve, Ocean Coast Management, 50: 253 – 274.

Weeks R, Russ GR, Alcala AC, White AT, 2010, Effectiveness of Marine Protected Areas in the Philippines for Biodiversity Conservation Efectividad de las Áreas Marinas Protegidas en las Filipinas para la Conservación de Biodiversidad, Conservation Biolological, 24: 531 – 540.

Zacharias MA, Roff JC, 2001, Use of focal species in marine conservation and management: a review and critique, Aquatic Conservation Marine and Freshwater Ecosystems, 11: 59 – 76.

第6章 海洋保护区管理成功要素

——以韦岛为例

生命起源于海洋，人类的生存与发展也离不开海洋。海洋不仅是人类赖以生存的氧气和食物来源，也对大气循环、水循环等生物地理化学循环过程起着积极的调节作用。此外，占地球表面积的海洋作为人类生产和生活的重要领域，是国际竞争的核心空间。除了为地球上生物的繁衍生息提供基础保障外，海洋还是世界自然和文化遗产的重要组成部分。海洋保护区是海洋资源保护和管理的手段之一，其适用范围广泛，既适用于通过限制和设计准入条件来保护所有海洋资源的禁入区，也适用于面积辽阔的、综合保护多种物种和渔业资源，同时采取控制机制，允许有限获取某些物种的多种利用保护区（丹·拉佛雷，2009）。将生态环境保护和社会经济发展有机地结合在一起，实现保护地区社会、经济和环境的健康持续发展是海洋保护区的根本目的（刘兰，2012）。海洋保护区发展具有生态及社会环境双重目的，其社会经济价值是决定海洋保护区成败的关键因素，也是海洋保护区研究的重点内容之一（刘康，2008）。面临海洋环境的严重污染，海洋资源的过度利用，沿海各国已经普遍认同海洋保护区可作为实现海洋可持续发展的重要管理工具。因而，类型各异的海洋保护区在世界范围内不断蓬勃发展，有的用于渔业管理和资源恢复，有的用于生态系统或生境的保护，有的用于珍稀濒危物种和生物多样性的保护，有的用于特殊自然景观和历史遗迹的保全，有的用于教育、科研、旅游和娱乐。海洋保护区不仅能消除和减少人为的不利影响，保护生物多样性，养护渔业资源，提供科学研究基地，还为公众提供了一个了解海洋自然地理风貌、认识海洋生物多样性、欣赏海洋文化遗产以及学习人类活动对海洋环境影响的平台。过去30年间，全球海洋保护区（MPA）的面积正在以每年5%左右的速度递增，但海洋保护区的建设和管理仍大大落后于陆地保护区。研究表明，要实现《生物多样性公约》对生物多样性保护全球协议制定的目标——到2010年对全世界10%的专属经济区进行保护，以及可持续发展世界首脑会议在2002年达成的协议——到2010年对全球海洋面积的20%进行保护，那么海洋保护区的建设速度必须以现有速度的10倍增长（韩林一，2007）。然而，从当前的建设速度和管理成效来看，至少要到2020年才能实现《生物多样性公约》的目标，而实现可持续发展首脑会议的目标更是要推迟到2074年[①]。因此，海洋保护区的建设为合理开发、利用、养护和管理海洋及其资源，开辟了新的途径。

---

① 网易探索新闻. 海洋物种走向衰竭海洋保护区建设刻不容缓［EB/OL］. http：//news. 163. com/07/0416/10/3C60VEGQ000125LI. html

　　海洋保护区的建设与管理过程通常涉及多方利益相关者，如政府部门、保护区和周边区居民、保护区管理人员、专家顾问、研究机构、流动渔民、私营企业、媒体以及游客等，在很大程度上能提高全社会的海洋意识和参与热情（［英］菲利普斯，2005）。同时，海洋保护区内优美的自然风光、丰富的海洋生物和原生态的海洋景观能吸引大批游客前来休闲娱乐，以及进行海洋科普教育活动。一些海洋文化遗产，如古沉船、传统民俗、宗教圣地等，还能激发公众对海洋文化的认同感，增进海洋保护意识。沿海各国先后建立海洋保护区（MPAs）以避免海洋资源的过度开发。本文以印度尼西亚的韦岛所拥有的两个海洋保护区：韦岛海洋公园（WMRP）和韦岛海洋保护区为研究实例，考查并探究海洋保护区成功管理关键影响因素，有针对性地提出相关对策建议，期望能够为我国海洋保护区建设与发展提供借鉴。韦岛海洋公园由印度尼西亚政府建立于1982年，并由林业部自然资源保护局主管。韦岛海洋保护区则建立于2010年，由沙璜政府海洋事务与渔业部主管。本文以韦岛为研究实例，考查海洋保护区利益相关者的理念，探究影响海洋保护区管理成功的关键要素。首先，回顾了两个海洋保护区的相关法规，与海洋保护区相关的法规共17条。韦岛海洋公园管理依据主要为第32条法规，韦岛海洋保护区则适用于以第31条法规为基础的自下而上管理。此外，当地特有的管理惯例称为海洋指挥官，字面翻译为当地居民的"海洋司令"。其次，在2013年1—9月进行了问卷调查并回收了185份问卷，分别由政府机构、非政府组织、渔民和海洋旅游经营者完成。调查显示，所有受访者均支持海洋保护区的发展。生活在韦岛海洋保护区范围内的受访者对海洋保护区较为熟悉并从中获益。韦岛海洋公园地区的渔民则认为自身参与度低，同时对政府信任度较低。韦岛海洋公园的参与者认为，最重要的是支持"所有利益相关者的海洋环境意识"。另一方面，"提高对于海洋保护区效益的认识"也是韦岛海洋保护区的重要影响因素。为进一步加强海洋自然保护区管理，利益相关者必须要做的是，共同采取自下而上的管理体制、明确分区、设置教育计划培育公众观念、确保执法能力、开展科学的资源研究并培育长期的海洋保护区网络。

6.1　研究背景

　　世界海洋渔业对于人类具有重要意义。渔业为人类活动提供的服务已持续数千年（Roberts，2000）。随着时间推移，人口增长和人类生活质量的提高导致自然资源的过度开发。杰克逊等（Jackson et al.，2001）认为，渔业崩溃、沿海和海洋地区的过度捕捞是迫于公众压力。1960—2000年世界渔业存量的下滑证实了这一事实。海洋保护区（MPAs）被提议为保护沿海、海洋以及渔业资源的最重要工具之一。许多专家认为，海洋保护区是保持和增加鱼类存量的关键（Gjerde et al.，2003；Kelleher et al.，1992）。在这一背景下，海洋保护区的数量大大增加。2008年，海洋保护区数量约为4 450个（Wood et al.，2008）。比20世纪80年代海洋保护区数量增加了10倍。截至2010年，科学家们统计全世界的海洋保护区已超过5 800个（PISCO，2011）。覆盖面积约为420万平方千米，约占全球海洋总面积的1.2%。2013年，联合国环境规划署进一步研究了海洋保护区现状，发现海洋保护区数量约 10 280 个，覆盖面积达 830 万平方千米，占全球海洋总面积的 2.8%（Palmquist，2013）。这一显著进步主要源于可持续发展世界首脑会议提出的 CBD 和国际承诺。

然而，海洋保护区面临着诸多问题，如技术和管理能力有限、管理不善、利益相关者参与度低、无效治理和管理以及海洋环境意识薄弱（Nagelkerken，2009）。一个成功的海洋保护区具备许多重要因素：当地领导支持以及社区组织者的作用；对法规和环境的个人信仰与意识形态；对沿海资源的战略规划、依赖以及分区计划；积极支持：心理支持和认同；社区人口、社区决策的高度参与、地方政府投入；社会背景、参与规划、机构间合作以及个人对政府信任程度；通用制度流程及法律支撑；法律执行、政治意愿、充足的资金和资源；大量人口；参与过程及合法性。社区的参与是另一个重要问题（Pollnac et al.，2001；Hind et al.，2010；Salm et al.，2000）。最近一次全球调查研究发现，成功的海洋保护区拥有 5 个至关重要的因素，包括"海洋保护区内允许适度捕捞"、"执法水平"、"MPA 成立年限"、"MPA 规模"以及"MPA 边界存在连续生境能够满足鱼类的自由活动"。

印度尼西亚的韦岛（Pulau Weh）地处安达曼海与印度洋交汇处，又相对远离大岛，非常原生态。印度尼西亚政府已开展了对韦岛的保护，设立了两个海洋保护区：韦岛海洋公园（WMRP）和韦岛海洋保护区（WMPA），但同一岛屿两个保护区的保护成效却有所不同。WMRP 建立于 1982 年，WMPA 建立于 2010 年。尽管这两个海洋保护区相距不远，但 WMPA 的珊瑚覆盖率（53.3%）高于 WMRP（38.8%）（Campbell et al.，2008）。此外，2006 年和 2007 年的调查结果进一步表明，WMPA 珊瑚礁鱼类的丰度和生物量明显高于 WMRP（Rudi et al.，2009）。位于阿诺伊唐（Anoi itam）的 WMPA 中珊瑚礁砂的生物多样性明显高于爱宝（Iboih）的 WMPR（WCS，2010）。且阿诺伊唐的珊瑚覆盖率最高（WMPA 为 54.5% ~ 59.6%）（Scheaffer et al.，2011），珊瑚礁鱼类生物量（1 090.4 ~ 1 729.4 千克/公顷）更是显著高于爱宝（241.5 ~ 444.6 千克/公顷）。因此，本文选择印度尼西亚的韦岛作为研究对象，其目的是比较两个海洋保护区的管理框架并研究以下内容：① 两个海洋保护区有关条例、法规和政策的历史发展；② 国家法律和习惯法的作用；③ 成功管理海洋保护区、支持渔业可持续的影响因素；④ 海洋保护区发展战略。

6.2 韦岛概况

印度尼西亚由约 17 508 个岛屿组成，是马来群岛的一部分，也是全世界最大的群岛国家，疆域横跨亚洲及大洋洲，别称"千岛之国"，也是多火山多地震的国家。面积较大的岛屿有加里曼丹岛、苏门答腊岛、伊里安岛、苏拉威西岛和爪哇岛。北部的加里曼丹岛与马来西亚隔海相望，新几内亚岛与巴布亚新几内亚相连。东北部面临菲律宾，东南部是印度洋，西南与澳大利亚相望。海岸线总长 54 716 千米。地跨赤道南纬 12° 至北纬 7°，其 70% 以上领地位于南半球，因此是亚洲南半球最大的国家。经度跨越东经 96°—140°，东西长度在 5 500 千米以上，是除中国之外领土最广泛的亚洲国家。陆地面积约 190.4 万平方千米，海洋面积约 316.6 万平方千米（不包括专属经济区）。总人口达 2.48 亿人，是世界第四人口大国。印度尼西亚人一代又一代明智地利用着周围地区的自然资源。印度尼西亚的海洋生态大系统（LME）规模约为 40 万平方千米，位于太平洋和印度洋的汇合处。印度尼西亚海岸带栖息着 2 500 种软体动物、2 000 种甲壳类、6 种海龟、30 种海洋哺乳动物，鱼类超过 2 000种，还有 70 个属共计 500 种硬珊瑚，覆盖面积约 32 935 平方千米（或全球珊瑚礁面积的 16%）（Director General of Marine Coasts and Small Islands，2012）。印度尼西亚法律对海洋保护区的定义，是通过分区系统进行保护和管理以实现鱼类资源及其环境可持续管理的水域（政府监管 60 号/2007）。分区系统包括一个未开发、可持续渔业区、利用区和其他区域。印度尼西亚海洋保护区的作用方式分为两种：保护具有全球价值的海洋生物多样性以及维持海洋资源尤其是海洋捕捞业的可持续利用。印度尼西亚政府于 1982 年底制订了由林业局主管的海洋保护区计划（Alder et al.，1994），并于 1999 年底制订海洋事务与渔业部主管的海洋保护区计划。印度尼西亚政府的目标是在 2020 年建成 20 万平方千米的海洋保护区。区域和鱼类物种保护局（KKJI）指出，截至 2012 年 6 月，印度尼西亚建成的海洋保护区总面积约为 157 800平方千米（占领土面积的 5%）。

　　韦岛是印度尼西亚苏门答腊西北方的一座小型活火山岛屿，周围有克拉、鲁比亚、赛乌拉科、郎多 4 座小岛，位于安达曼海。岛屿附近的珊瑚礁区因鱼类种类的丰富而知名。韦岛是亚齐省的一部分，面积 156.3 平方千米，是印度尼西亚最西端的港口，岛上最大的城市是沙璜。亚齐省位于印度尼西亚西北部。亚齐省海洋保护区主要基于政府管理或当地渔业社区与地方领导人之间的协商。因此，当地有权建立、管理海洋保护区的管理部门分为 4 种：① 林业部；② 海洋事务与渔业部；③ 地方政府；④ 地方领导人（海洋指挥官）。海洋指挥官（即亚齐方言所称的"海洋司令"），是指负责制定渔场管理条例和法规的管理系统或独立领导人。亚齐省海洋指挥官的存在为当地社区自然资源的可持续利用提供了指导。

图 6-1　韦岛地理位置

6.3　研究方法

6.3.1　范围选取

　　研究进行于亚齐省沙璜的两个海洋保护区（图 6 - 2）。爱宝的 WMRP 位于北纬 05.521°，东经 95.521°，由印度尼西亚政府建立于 1982 年，由印度尼西亚林业部门所属的自然资源保护局主管。阿诺伊唐和伊姆黎（Ie Meulee）的 WMPA，位于北纬 05.461°，东经 95.191°，由沙璜海洋事务与渔业部建立于 2010 年。两个海洋保护区的面积、用途和管理政策见表 6 - 1。

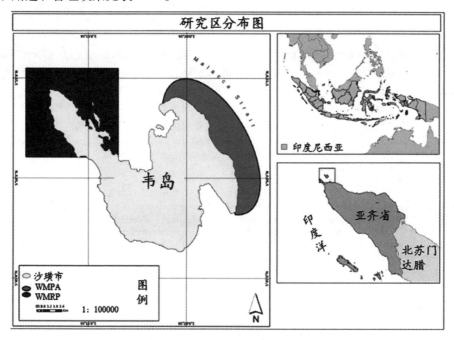

图 6 - 2　亚齐省沙璜市地图，阴影部分为本文所研究的海洋保护区

注：右上为印度尼西亚，右下为亚齐省。左边为研究范围，蓝色部分（左边区域）为 WMRP，绿色部分（右边区域）为 WMPA

表 6 - 1　亚齐省两个海洋保护区的历史发展和基本特征

项目	WMRP	WMPA
成立	班达亚齐自然资源保护局	沙璜海洋事务与渔业部
		沙璜海洋司令、野生动物保护协会
建立文档	1982 年 12 月 27 日农业部颁布法令 No. 928/Kpts/Um/2 / 1982	2010 年市长发布决定 No. 729 成立 WMPA

续表

项目	WMRP	WMPA
管理机构	班达亚齐自然资源保护局 林业部	沙璜海洋事务和渔业部
成立年份	1982	2010
面积（km²）	26	32
IUCN	世界自然保护联盟第五类	世界自然保护联盟第六类
成立目的	1. 确保保护区内海洋资源和生态系统可持续发展； 2. 在亚齐发展海洋旅游活动中心	1. 维持潜在的海洋资源；维护保护区内海洋资源可持续发展潜力； 2. 提高居民生产力和收入； 3. 建立 WMPA 绿色氧吧区
政策	1. 利用 WMRP 维持海洋环境； 2. 利用可持续环境和地方知识推动 WMRP 社区旅游业的发展； 3. 推动社区参与可持续海洋生态系统的治理	1. 制定并实施保护区网络，保护海洋生物多样性并禁止部分不当捕捞方式； 2. 利用地方知识建立高效海洋保护区； 3. 实现 WMPA 海洋资源和渔业可持续发展； 4. 强化 WMPA 的习惯法管理方式
防护等级	1. 禁捕型海洋保护区 2. 仅允许休闲潜水	分区体系 1. 禁捕型海洋保护区 2. 潜在限制渔具利用和其他活动
限制	禁止所有采捕活动	捕捞限制，例如观赏鱼和珊瑚鱼
主要用途	娱乐、科学研究和资源修复	娱乐、科学研究、资源修复和选择性捕捞

6.3.2 数据采集

本研究所用二手数据主要从政府机构、非政府组织文献以及海洋指挥官访谈中获得。原始数据收集主要通过 2013 年 1 至 9 月的问卷调查（自填式问卷或面对面调查访问式问卷）。问卷调查总量为 200 人，包括中央政府和地方政府（班达亚齐省自然资源保护局和沙璜海洋事务与渔业部）的 78 名政府工作人员，沙璜的 10 个非政府组织（国际野生生物保护学会和野生动植物保护国际等）93 位渔民（其中 38 位来自 WMRP，55 位来自 WMPA，且各含 1 名海洋指挥官），19 位海洋旅游经营者（12 位来自 WMRP，7 位来自 WMPA）。调查对象主要由分层随机抽样决定，共选取 185 个样本，置信度为 95 %，置信区间为 5（表 6 - 2）。

表 6 - 2 受访群体样本（总）量   单位：个

场所	政府官员	NGOs	渔民	海洋旅游经营者	总计
WMRP	36（32）	5（5）	36（28）	12（10）	89（75）

场所	政府官员	NGOs	渔民	海洋旅游经营者	总计
WMPA	36（29）	5（5）	48（40）	7（7）	96（81）
总计	72（61）	10（10）	84（68）	19（17）	185（156）

6.3.3　问卷设计

问卷调查主要针对个人展开，包含封闭式问题和开放式问题。问卷设计分为三个阶段。第一，根据前期研究成果初步起草调查问卷（Campbell et al.，2008；Oracion et al.，2005；IUCN‒WCPA，2008）。第二，找 30 位受访者对问卷草稿进行试测，包括 15 位政府工作人员、3 位 NGO 工作人员、7 位渔民和 5 位海洋旅游经营者。第三，在受访者预测试后，对问卷草稿进行修改并定稿，最终调查问卷由 6 个部分共 53 个问题组成，包括人口信息、海洋保护区知识、执法认识、对海洋保护区管理的见解以及对未来战略的看法。本文运用李克特量表对调查对象的态度得分进行加总，从 1 分（非常不同意）到 5 分（非常同意）。此外，本文还对渔民和海洋旅游经营者的 MPA 设计参与度与对政府信任度进行了调查统计。信任度主要通过 10 分量表法进行测算，从 1 分（极度不信任）到 10 分（极度信任）。管理者被邀请用 5 分量表法对渔民和旅游经营者的反应进行评价（极低为 1 分、低为 2 分、中等为 3 分、高为 4 分、极高为 5 分）。

6.3.4　数据分析

本文主要利用描述性统计分析基本信息和利益相关者的看法。而组间或海洋保护区的重要性比较用卡方检验和非参数检验完成。当出现显著差异时，利用方差分析组间差异。定量数据分析均采用 SPSS19.0 和 Excel 2010 完成。

6.4　研究结果

6.4.1　两个海洋保护区的发展、管理框架及规则

相关的法规和习惯法参见表 6‒3。与两个海洋保护区相关的政府法律共 17 部。WMRP 主要由中央政府、林业部所属的自然资源保护局建立和管理。根据 1990 年生物资源和生态保护法第五条，"海洋休闲公园"定义为"以休闲和娱乐为主要用途的海洋自然保护区。"该项法律规定政府作为执行机构，负责管理"海洋休闲公园"。然而，该项法律的缺陷为与当地社区联系不足，社区与海洋指挥官均未参与"海洋休闲公园"建立与管理。本文访谈对象海洋指挥官提到，自 2006 年后，部分海洋保护区管理权开始转归社区。2009 年，爱宝自然资源保护局决定与海洋指挥官合作开展保护工作。政府工作人员与海洋指挥官达成共识，即采用捕捞限制法规是避免巡逻区域资源利用权

力空白的方式。

表6-3 亚齐省两个海洋保护区管理的相关规定

类型	WMRP	WMPA
政府法规	1. 1990 年第 5 号法：生物资源和生态系统保护 2. 1990 年第 9 号法：旅游业 3. 1992 年第 24 号法：空间规划 4. 1994 年第 5 号法：批准《联合国生物多样性公约》 5. 1996 年 6 号法：印度尼西亚水域 6. 1997 年 23 号法：环境管理基本原则 7. 1999 年第 41 号法：林业 9. 2004 年第 32 号法：地区政府 10. 林业部法规：自然资源保护技术执行组织及工作流程	8. 2009 年第 45 号法：修订 2004 年第 31 号法 9. 2004 年第 32 号法：地区政府 11. 2007 年第 27 号法：批准海岸带和小岛屿管理 12. 2007 年第 60 号法：渔业资源保护 13. KP No. Per. 17/Men/2008 （部级法规）：海岸带和小岛屿管理 14. KP No. Per. 02/Men/2009 （部级法规）：海洋保护区程序规定 15. 2009 年民政部通知函：珊瑚礁生态系统保护 16. 2010 年沙璜市长发布第 56 号决定：成立 WMPAs 推进小组 17. 海洋事务和渔业部法规：海洋保护区管理和空间规划
习惯法（禁令）	1. 禁止使用炸药、拖网或枪支猎捕鱼类及海洋生物 2. 禁止捕捞珊瑚鱼及鲤科鱼类 3. 禁止在夜间捕捞海洋生物	1. 禁止捕捞任何珊瑚鱼类 2. 禁止使用鱼枪、渔网和拖网捕鱼 3. 禁止移动或采捕珊瑚 4. 采捕贝类或其他海洋生物 5. 禁止海洋水产养殖 6. 禁止踩踏珊瑚礁 7. 禁止捕捞保护性海洋野生动植物
习惯法（制裁）	捕捞保护性海洋生物者征收罚款 US ＄1000	捕捞保护性海洋生物者征收罚款 US ＄300
	使用违禁渔具者征收罚款 US ＄1000	使用违禁渔具者征收罚款 US ＄500
	渔具和渔船由海洋司令保管一周	渔具和渔船由海洋司令保管一周
	可疑对象将被带到警察局接受调查	可疑对象将被带到警察局接受调查

　　而 WMPA 的保护区在 2001 年至 2010 年早期均由社区主管。2005 年，社区利用一系列习惯法保护当地珊瑚礁，并确保海洋指挥官与国际野生生物保护协会之间的紧密合作。关于地方政府职权的 2004 年第 32 号法，赋予地方政府在所辖海域海洋保护区的管理上更多的权力和重要的合法性。在所有法规中，2004 年第 31 号《渔业法》属于印度尼西亚渔业共同管理的基本法。这一立法修订，使传统自上而下的集中管理体制向分权、自下而上的执法转变。2004 年第 31 号《渔业法》是以海洋事务与渔业部为首的政府部门建立保护区、保障可持续渔业管理的法律依据。2010 年，沙璜市长发布决定，正式建立 WMPA。而习惯法的采用也大大强化了政府、海洋指挥官以及当地社区之间的联系。

访谈结果显示，海洋指挥官采用的一系列用于规范、禁止和制裁渔业捕捞行为的"习惯法"，在渔业管理过程中发挥了重要作用（见表 6 - 3）。习惯法禁令限制在某些特殊时间开展捕捞和休闲活动（例如浮潜和潜水）。包括开斋节庆祝活动、开斋节朝觐庆祝活动、海洋风情晚会、海啸纪念日以及每周五。任何违规行为一经查实，应按习惯法予以制裁，即违规的人必须向村落上交一只羊或牛以示惩罚。

6.4.2　利益相关者对海洋保护区的看法

本文研究共发出调查问卷 185 份，回收 156 份，回收率为 84.3%（见表 6 - 2）。受访者统计分析见表 6 - 4。受访者中，70% 以上为男性，80% 以上为已婚；其中渔民占43.6%（68），政府官员占 39.1%（61），其余以非政府组织（6.4%）或海洋旅游经营者（10.9%）为主。拟合优度检验表明，组间无差异。

表 6 - 4　亚齐省两个海洋保护区受访者人数统计

变量		WMRP　N = 75		WMPA　N = 81	
		n	百分比（%）	n	百分比（%）
性别	男性	55	73.3	62	76.5
	女性	20	26.7	19	23.5
年龄	20 ~ 29 岁	19	25.3	11	13.6
	30 ~ 39 岁	29	38.7	34	42
	40 ~ 49 岁	20	26.7	20	24.7
	大于或等于 50 岁	7	9.3	16	19.8
婚姻状况	单身	8	10.7	12	14.8
	已婚	67	89.3	69	85.2
学历层次	未接受正规教育	5	6.7	1	1.2
	初中	18	24.0	26	32.1
	高中	29	38.7	35	43.2
	大学	23	30.7	19	23.5
本地区居住年限	小于 5 年	7	9.3	2	2.5
	6 ~ 10 年	14	18.7	10	12.3
	大于 10 年	27	36.0	69	85.2
	情况不明	27	–	–	–
组织机构	政府官员	32	42.7	29	35.8
	非政府组织	5	6.7	5	6.2
	渔民	28	37.3	40	49.4
	海洋旅游经营者	10	13.3	7	8.6

受访者对海洋保护区的意见统计如图 6 - 3。所有受访者（100%）均对海洋保护区的发展表示支持。其中大多数人认为，海洋保护区是合理有益的（100% 和 98.7%，P

=0.297），且 MPA 相关法律法规是清楚明确的（97.8% 和 92%，$P=0.118$）。然而，WMPA 的受访者相对更为熟悉海洋保护区（91.4% vs 80.0%，$P=0.002$），并以此在海洋保护区获得一定收益（91.4% vs 72.2%，$P=0.042$）。

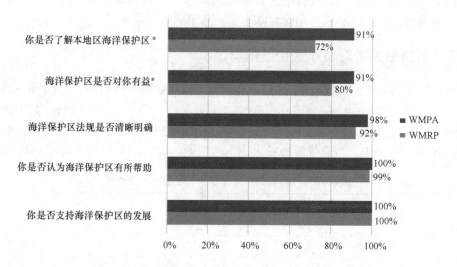

图 6-3　受访者对亚齐省两个海洋保护区了解程度

注：* 显著 P 小于 0.05

　　受访者关于海洋保护区应由哪一个机构负责管理的意见如表 6-5 所示。大多数受访者认为，应该由多个机构共同协作管理海洋保护区。两个保护区受访者组间无显著性差异（P 等于 0.224），但小组内部答案多样化。方差分析结果显示，受访者中多数来自 WMRP 的非政府组织、渔民和旅游经营者认为，应该由海洋指挥官主要负责、管理海洋保护区。而 WMPA 受访者中，只有非政府组织认为应该由海洋指挥官领导管理海洋保护区，其他受访者更偏向于由多个机构共同管理海洋保护区。

表 6-5　关于亚齐省两个海洋保护区主管机构的受访者意见统计

场所	利益相关者	组织机构					χ^2（显著性水平）	
		1	2	3	4	5	4.7（0.224）	47.72（小于 0.001）
WMRP	政府官员	0	0	0	0	32		
	NGOs	0	1	0	4	0		
	渔民	1	0	0	15	12		
	旅游经营者	0	0	0	6	4		
总计		1（1%）	1（1%）	0（0%）	25（33%）	48（65%）		

场所	利益相关者	组织机构					χ^2（显著性水平）	
		1	2	3	4	5	4.7（0.224）	47.72（小于0.001）
WMPA	政府官员	0	0	0	0	29		19.71（小于0.001）
	NGOs	0	0	0	4	1		
	渔民	0	0	0	13	27		
	旅游经营者	0	0	0	2	5		
总计		0	0	0	19（23%）	62（77%）		

注：1＝自然资源保护局；2＝海洋事务和渔业部；3＝非政府保护组织；4＝海洋指挥官；5＝自然资源保护局、海洋事务和渔业部、野生动物保护协会、海洋指挥官共同管理。

受访者关于海洋保护区的看法如表 6－6 所示。总的来说，大多数受访者认同"如果规则得以严格执行，海洋保护区环境能够改善"，以及"了解海洋保护区政策和管理的有关信息至关重要"（两项得分均高于4.4）。所有14项条款中，非参数检验结果显示只有2项存在差异（P 等于 0.004 的"海洋保护区执法情况良好"，P 等于 0.024 的"执法情况差强人意"）。且两项得分在 WMPA 均高于 WMRP。这意味着两个保护区的受访者对于执法问题观点有所差异。

表 6－6　利益相关者对亚齐省两个海洋保护区管理体系的看法

条款	WMRP		WMPA		显著性水平
	平均值	标准差	平均值	标准差	
如果尊重规则，保护区可以改善环境	4.55	0.58	4.57	0.52	0.95
了解海洋保护区管理政策极为重要	4.44	0.50	4.56	0.50	0.15
海洋保护区有利于渔业可持续发展	4.29	0.54	4.35	0.53	0.56
海洋保护区能保障人类长远福祉	4.32	0.62	4.38	0.54	0.62
如果尊重规则，海洋保护区可以改善渔业	4.27	0.64	4.38	0.68	0.20
决策过程考虑全部利益群体观点	4.29	0.73	4.14	0.75	0.18
海洋保护区执法情况良好*	3.65	0.94	4.04	0.90	0.00
海洋保护区法规公平公正	3.83	0.74	3.89	0.67	0.52
违反保护区法规者所受惩罚公正合理	3.61	0.75	3.74	0.82	0.24
利益群体在规划过程中影响力相当	3.73	0.84	3.64	0.80	0.39
目前捕捞行为严重破坏环境	3.85	0.93	3.73	1.13	0.65
适当执法*	3.32	0.80	3.52	0.85	0.02
社区并未支持/参与海洋保护区管理	1.84	1.14	1.68	1.01	0.41
保护区法规违反者未受到制裁	1.61	1.03	1.44	0.92	0.22

6.4.3 MPA 设计中利益相关者的参与度

MPA 设计的利益相关者参与情况中，亚齐省两个保护区的海洋旅游经营者以及 WMPA 的渔民积极参与了 MPA 边界位置划定和发展规划相关过程以及规则执行及监管过程（表 6-7）。另一方面，WMRP 范围内的渔民认为自身参与度低，特别是关于边界位置的划定。这反映出受访者们对政府的信任度。WMRP 范围内的渔民在政府信任度一项中得分最低，为 5.21 分，海洋旅游经营者政府信任度得分为 5.4 分，WMPA 的海洋旅游经营者得分较高，为 5.57 分，而渔民的政府信任度得分最高，达 6.78 分。

表 6-7　MPA 设计过程中利益相关者参与度及其对政府信任度

条款		渔民		海洋旅游经营者	
		WMRP	WMPA	WMRP	WMPA
渔民和旅游经营者对自身参与度界定（%）	保护区边界划定	67.9	55.0	100.0	85.7
	法规制定	75.0	100.0	90.0	85.7
	执法	71.0	100.0	100.0	85.7
	监管	82.1	100.0	100.0	100.0
	对政府信任度（1~10 分）	5.21	6.78	5.40	5.57

管理者对海洋保护区和相关利益主体（渔民和旅游经营者）之间的相互作用评价如表 6-8 所示，从中可以看出，两个保护区范围内渔民从 MPA 获得的收益差异具有显著性（P 等于 0.029）。WMPA 范围内渔民获益（评分为 3.0 分）明显高于 WMRP 范围内渔民（评分为 2.38 分）。且两个海洋保护区内的渔民和海洋旅游经营者之间均存在显著差异。受访者中，WMPA 范围内渔民和旅游经营者对 MPA 的了解和执行均优于 WMRP 内渔民和旅游经营者，且前者在对 MPA 下一步的支持程度也优于后者。在 MPA 执法配合度方面，组间无显著差异。

表 6-8　渔民和海洋旅游经营者对亚齐省两个海洋保护区管理的相互评价

变量	渔民				海洋旅游经营者			
	WMPR	WMPA	Z	显著性水平	WMPR	WMPA	Z	显著性水平
遵守保护区法规	2.41	2.76	-1.059	0.289	2.47	2.86	-1.379	0.168
海洋保护区成效	2.38	3.00	-2.186	0.029*	2.81	3.28	-1.636	0.102
入渔和控制保护区	2.22	2.83	-2.695	0.007*	2.41	2.97	-2.333	0.020*
继续支持保护区	2.25	2.93	-2.165	0.007*	2.47	3.21	-2.165	0.030*

6.4.4 海洋保护区成功管理的影响因素

可能影响海洋保护区成功管理的因素共 17 项。WMRP 中应予最优先考虑的首要任务调查一项中，受访者中的 64% 选择了"支持所有利益相关者的海洋环境意识"，46.7% 选择了"法规的遵守和执行"，41.3% 选择了"资源监管中当地社区的参与度。"而 WMPA 的受访者中，42% 选择了"提高对海洋保护区收益的认识"，37% 选择了"支持所有利益相关者的海洋环境意识"，35.8% 选择了"海洋环境意识"（图 6 - 4）。两个保护区中，只有"支持所有利益相关者的海洋环境意识"处于最受关注的优先考虑事项前三。另一方面，"分区规划"、"战略规划"和"沿海资源依赖度"在两个保护区中关注度均为最低，不足 3%。

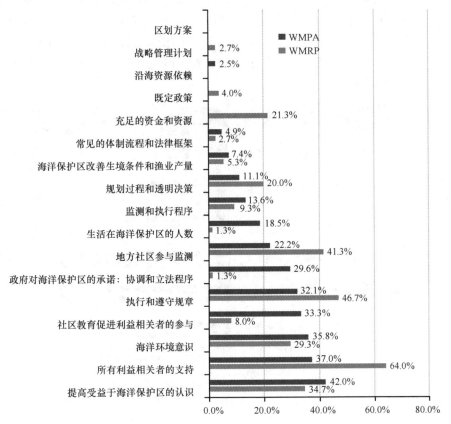

图 6 - 4　亚齐省两个海洋保护区成功管理影响因素

　　所有这些项目中，5 个项目的受访者之间存在显著差异。WMRP 的受访者（21.3%）认为"充足的资金和资源"具有重要意义，但 WMPA 的受访者（0%）不以为然。WMPA 中多数受访者认为"社区教育促进利益相关者的参与（33.3%）"，"政府承诺共同合作管理海洋保护区（29.6%）"和"海洋保护区附近居民数量（18.5%）"更为重要。调查结果表明，WMRP 范围内的受访者认为政府职能有待进一步完善（例如提供资金），WMPA 的受访者则更依赖于社区（利益相关者的参与和合作）。

　　本文对受访者群体意见作了进一步的分析。其中只有两项调查内容中，受访者意见差异性显著：受访者中 70% 的非政府组织和 47.1% 的渔民支持"提高对海洋保护区收益的认识"，但只有 29.5% 的政府官员和 17.6% 的旅游经营者认同此观点；23.5%

的旅游经营者和18%的政府官员认为"充足的资金"十分重要，但受访者中的NGO并不认同这一点，渔民中也仅有1.5%认为这很重要。

6.4.5　海洋保护区成功管理策略

为实现渔业可持续管理提出的七项海洋保护区管理策略中，受访者在前三项达成共识，唯一差别是支持率百分比。平均而言，72.4%的受访者对"加强与利益相关者的合作，共同管理海洋保护区"表示支持，59%认同"加强监管和立法支撑渔业可持续管理"，57.7%支持"发展海洋保护区维护当地社区利益"。其余几项策略分别为"构建社区化管理体制及加强执法"（42.3%）；"为提高管理效率建立海洋保护区综合管理网络"（34.6%）；"以科学分区为基础发展海洋保护区"（21%）和"以执法为依据"（12.8%）（图6－5）。

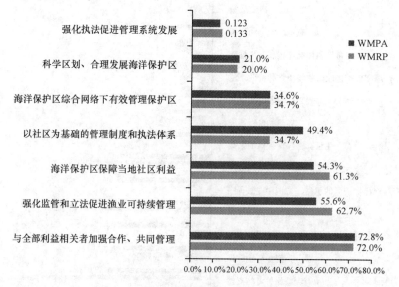

图6－5　亚齐省两个海洋保护区渔业可持续发展战略支持率

6.5　讨论

本文对印度尼西亚亚齐省韦岛的两个海洋保护区展开了调查研究，试图比较其差异并确定影响海洋保护区成功管理的关键因素。调查结果表明，两个保护区在法律、治理、禁令、管理体制上均有所差异。由地方政府和海洋指挥官合作建立的WMPA管理成效更优。WMPA在制定规则时在资源利用方面留有余地。与此同时，WMPA的执法成效也更为卓越，WMPA范围内的渔民和旅游经营者从中获益更多，对政府信任程度也更高。调查分析结果讨论如下。

6.5.1　共同管理：海洋指挥官和利益相关者参与的重要性

有关 WMRP 和 WMPA 管理的法规多达 17 项。印度尼西亚渔业及海洋资源法律众多，且存在交叉和重叠。这在一定程度上会引起管辖职责与权力的混淆。这意味着立法应保障公民执行和遵守、保护区边界划分明确、权力和优先顺序声明、基础设施建设和执行管理能力。第 31 号《渔业法》将管理重点从传统自上而下的管理体制向自下而上的管理方式转变，即意味着 WMRP 管理应同时遵循《渔业法》和 2007 年第 27 号《政府调控法》，提供有关海洋保护的细节。

尽管海洋保护区建立在政府法律的基础上，但保护区的真正实施主要依赖于习惯法。在访谈期间，WMRP 当局提到其面临的问题主要来源于当地社区和资源使用者，尤其是在禁止捕捞等条例的实施上。此外，管理能力有限，加上林业有关事件繁多，意味着自然资源保护局承担的资源管理成效不佳，最终在 2009 年，由海洋指挥官运用习惯法协助进行资源共同管理。

另一方面，在海洋保护区正式成立之前，WMPA 范围内的海洋环境和珊瑚礁保护工作主要依赖于海洋指挥官的资源管理体系。亚齐省的政府部门正式认可海洋指挥官，意味着海洋指挥官拥有决定渔业捕捞权限与捕捞渔具、禁止宗教节日捕捞、启动失踪渔民搜寻、制定渔船碰撞赔偿以及仲裁一般纠纷的法制权威。如果出现渔民违反习惯法的案例，海洋指挥官有权利驱逐他的渔船、征收罚款并禁止其参与社区活动及捕鱼活动。海洋指挥官拥有一系列与成功的渔业管理机构相关的规则，例如明确社区成员的权利（Ostrom，2009）和限制资源使用（Gutierrez et al.，2011）的权利。

在这项研究中，习惯法对于海洋保护区的治理意义重大。印度尼西亚国家法律中认可习惯法管理体系，但在其他地区，并没有正式认可这一管理体系。出于内在动机，在自治管理区内观察到的配合度最高（McClanahan et al.，2006）。该地区的治理主要依靠习惯法制度与法规，同时结合当地社会经济情况。在某些情况下，习惯法能够提供多样的、基于文化的方法来实现资源相关的执法、遵从、监测和补偿。

关于对海洋保护区的管理权限，来自 WMPA 与 WMRP 的受访者均认为自然资源保护局、海洋事务与渔业部、国际野生生物保护学会与海洋指挥官均应参与海洋保护区的管理。有学者建议协同合作或共同管理海洋资源（Pomeroy，1995；Christie et al.，1997），重点则在于利益相关者之间的合作关系与针对当地社区的赋权。此外，多数 NGO 和渔民认为应该由海洋指挥官带头管理海洋资源，这表明其对于海洋指挥官在海洋保护区管理过程中表现的认可。

尽管海洋指挥官在两个海洋保护区内扮演的角色相似，但取得的成效并不相同。这是因为 WMPA 内的海洋指挥官与政府合作并参与相关的管理决策，而 WMRP 内的海洋指挥官则较少参与决策，诸如保护区范围边界划定以及规章制度的制定、监测和执行。保持有关管理方紧密合作极有必要，而不是仅仅流于形式，调查研究证实了这一点。WMRP 范围内熟悉海洋保护区（80%）的和获益于海洋保护区（72%）的受访者（主要是政府官员）人数较少。在访谈过程中，自然资源保护局表示，虽然自 1982 年以来该机构在群岛范围内指定不同的海洋保护区，但用于维护 WMRP 的人员较为有限，主要集中于森林保护。在这种情况下，当地居民对于海洋保护区法规的遵从性较低，许多海洋保护区被视为虚设的"纸上公园。"另一方面，WMPA 的海洋事务与渔业部组建了共同管理团队，与当地警务人员、海军、海洋指挥官、海洋旅游经营者以及非政府组织进行紧密合作。与警察及海军合作是一种很好的管理模式，因为违反者将不仅受到习惯法形式的惩罚，还会被带至警察局。

6.5.2　成功因素：利益相关者的参与和执法

有关海洋保护区的知识，所有的受访者（100%）充分支持海洋保护区，且超过95% 的受访者认同保护区的存在极有好处。这同时表明，大多数人赞成海洋保护区是因为其享受收入增加带来的福利。

过去的研究结果表明，至少有 13 个因素对海洋保护区的成功管理具有重要意义（Graham et al. , 2014）。在本研究中，有 3 个因素被认为是优先考虑事项："支持所有利益相关者的海洋环境意识"、"执行、遵从法规"和"社区和资源使用者的海洋环境保护意识和支持行为"。海洋保护区与当地社区之间相互需要。在印度尼西亚，海洋环境保护意识缺失会导致公民支持度的缺失（Bennett et al. , 2014）。如果没有当地社区的支持，海洋保护区不可能取得成功。大量的案例研究中提到海洋保护区成功管理的两个关键因素，一个是提高从海洋保护区获益的认识，另一个是构建海洋保护区网络。WMPA 范围内的公民对从海洋保护区获得的收益认识程度更高。渔业管理者和社区需要更好地了解如何从海洋保护区获得收益。因此，在一定程度上，对海洋保护区效益的充分理解能够推动社区参与海洋保护区的管理。

研究结果还表明，公民的高度遵从是规则执行中必不可少的要素（Crawford，2009）。值得注意的是，WMPA 范围内的执法情况优于 WMRP（表 6 - 7）。有趣的是，WMRP 范围的法规执行相比 WMPA 更为严格，因为 WMRP 为"禁捕区"，意味着渔民无法从海洋保护区中获得利益。这也使得执法更难落实。另一方面，渔民参与海洋保护区的管理时，能够获得更多收益（Leleu et al. , 2012；Gelcich et al. , 2009）。WMPA 范围内的渔民从海洋保护区中获得效益，与此同时，他们对政府的信任度也更高。

关于利益相关者参与的重要性，WMPA 范围内的渔民较少参与海洋保护区管理过程，这一行为有可能导致获得的效益较低、对下一步的海洋保护区支持度较低、对政府的信任度也较低（表6 - 7）。对应的成功措施包括鼓励海洋资源使用者参与保护区范围的边界划定、执法和监测。还有一点，资源使用者对政府的低信任度缘于治理机构的灵活性不足。信任度是一个重要因素。要提高公众的信任度，管理者应确保管理过程透明、真实、沟通充分。

大多数与海洋保护区法规相关的因素较为相似，只有"海洋保护区执法情况良好"与"执法适度"两项得分差异较大，WMRP 和 WMPA 的两项得分分别为 3. 65 分、3. 32分和 4. 04 分、3. 52 分（表 6 - 6）。研究结果表明，海洋保护区管理最为关键的因素是法规执行（Trenouth et al. , 2012）。尽管 WMRP 范围内的禁令较多，但在爱宝乡村社会执行过程中有所妥协。由于爱宝的渔民不认可这些法规，政府与爱宝社会达成协议，允许渔民在特定条件下捕捞。这种情况导致渔民们执行动力减弱、对政府信任度降低，并认为这些法规是不可能实施的。

6.5.3　强化管理的未来战略

亚齐省的两个海洋保护区的优先管理战略均为"加强与所有利益相关者的合作，建立具体的共同管理机制"。以往的研究结果表明，利用共同管理的方法动员所有级别的利益相关者参与海洋保护区管理，有利于实现渔业可持续发展（Armitage et al. ，2008；Bown et al. ，2013）。只有当地方政府和社区受到充分激励、参与管理时，共同管理才有可能取得成功。此外，共同管理能否取得成功还取决于当地人的区域资源依赖程度以及相关的地方机构如何与当地社区合作。

尽管制定了这些战略，管理效能评估不应该基于输出（如增加巡逻次数和改善反馈系统），而是应基于保护目标的实现情况，如生物资源的成功保护、资源存量的恢复或生物资源的威胁因素减少。定期开展科学研究对于资源存量状况监测具有重要意义。

关于功能分区，WMRP 内总共设立 4 个区域（核心区、利用区、可持续渔业区及其他区），WMPA 内设立 2 个区（核心区和利用区）。然而，各区域划分界限尚未明确。明确分区、允许 WMRP 范围内的渔民适当利用资源很有必要，或许有助于提升 WMRP 范围内渔民的政府信任度和支持度。

在对自然资源保护局的访谈期间，提到两个限制条件，分别为资金缺乏与专业知识缺乏，这一点在 WMRP 内尤为突出。有学者提出这一问题并建议主管海洋保护区的机构应该提升技术能力以更好地匹配这一职责。地方政府级别尤其需要提升机构能力和人力资源。

以保护区网络形式完善海洋保护区之间的连接性，作为促进海洋保护区进一步发展的重要举措之一，深为人类所追捧。海洋保护区网络由 2007 年政府条例第 60 项第 19 条款规定，属于海洋保护区管理中的渔业资源保护。海洋事务与渔业部将海洋保护区网络管理设立为国家基本战略，以支持海洋生物资源的可持续和有效管理。2013 年，海洋事务与渔业部正式发布海洋保护区网络，其中一个保护区便位于亚齐省。在亚齐省共有 8 个海洋保护区拥有发展成为海洋保护区网络一部分的潜力。然而，亚齐省的海洋保护区网络尚未形成。亚齐省公民经验丰富，能充分运用习惯法规则管理沿海和海洋范围。由于两个海洋保护区位于同一个岛屿，且采用的管理体系相类似，因此将其组织成为保护区网络值得商榷。

6.6　结论

本研究对亚齐省沙璜市两个海洋保护区的法规和利益相关者意识进行了比较研究。其中有两种不同的管理要素：管理当局和规章制度。WMRP 主要以 2004 年第 32 号法为基础，由林业部主管，地方政府与利益相关者较少参与管理。WMPA 基于第 31 号法，主要采取自下而上的管理机制，沙邦政府的海洋事务与渔业部主管。两个保护区的历史背景不同，所取得的保护成效也有所不同。

WMPA 与海洋指挥官之间拥有良好的合作关系。渔民们高度参与保护区管理法规制度的制定、执行和监测过程。在此基础上，他们对政府拥有高度的信任，并从海洋保护区中获得了更多的利益，成为了一个成功的典范。另一方面，尽管近期 WMRP 同样推崇海洋指挥官，但合作程度较低，渔民参与度也较低。WMRP 推行的"禁捕"政策，导致渔民获得较低的利润，对政府信任程度也偏低。这些现象体现共同管理体系在韦岛海洋保护区管理中拥有重要地位，发挥着不可或缺的作用。

　　为了进一步加强对印度尼西亚海洋保护区体系的管理，本文结合相关研究结果指出：① 采用自下而上的法律和动员海洋保护区的所有利益相关者参与管理；② 明确分区并设立资源利用区，从而满足渔民能够从海洋保护区获取合理的收益；③ 为公众提供资源利用教育性项目，提高其对海洋保护区的认识；④ 覆盖所有相关的政府部门，包括中央和地方政府、警务人员和海军，加强这些部门的预算和人力以保证其执法能力；⑤ 开展科学研究对资源状况进行监测；⑥ 在亚齐省，尤其是沙璜市建立长期的海洋保护区网络。

参考文献

［英］菲利普斯. 保护区可持续旅游——规划和管理指南［J］. 王智，刘燕，吴永波译，北京：中国环境科学出版社，2005：58 - 59.

韩林一. 各国应加速海洋保护区的创建工作［N］. 中国海洋报，2007 - 4 - 27.

丹·拉佛雷等，著. 建设弹性海洋保护区指南［M］. 王枫译. 北京：海洋出版社. 2009.

刘兰. 山东省海洋保护区建设探讨［J］. 海洋环境科学，2012，31（6）：918 - 922.

刘康. 国际海洋保护区研究进展：一个经济学视角［C］//姜旭朝. 中国海洋经济评论. 北京：经济科学出版社，2008.

Alder J., Sloan NA., Uktolseya H., 1994, A comparison of management planning and implementation in three Indonesian marine protected areas, Ocean Coast Management, 24：179 - 98.

Armitage DR., Berkes F., Doubleday N., 2008, Adaptive co - management：collaboration, learning, and multi - level governance, Vancouver：University of British Columbia Press.

Bennett NJ., Dearden P., 2014, Why local people do not support conservation：community perceptions of marine protected area livelihood impacts, governance and management in Thailand, Marine Policy, 44：107 - 16.

Bown NK., Gray TS., Stead SM., 2013, Co - management and adaptive co - management：two modes of governance in a Honduran marine protected area, Marine Policy, 39：128 - 34.

B. Suraji, 2013, Marine protected area management in Indonesia：towards an effective management.

Campbell SJ., Kartawijaya T., Ardiwijaya RL., Mukmunin A., Herdiana Y., Rudi E., etal, 2008, Fishing controls, habitat protection and reef fish conservation in Aceh, CORDIO status report.

Christie P., White AT., 1997, Trendsin development of coastal area management in tropical countries：from central to community orientation, Coast Management, 25：155 - 81.

Cinner J., Fuentes MMPB., Randriamahazo H., 2009, Exploring social resilience in Madagascar's marine protected areas, Ecology and Society, 14（41）.

Director General of Marine Coasts and Small Islands, The history of Indonesian Marine Protected Areas （MPAs）development, 2012.

FAO, 2014, Report of FAO workshops at the third International Marine Protected Areas Congress（IMPAC3），

Rome, Italy: Fisheries and Aquaculture Department.

Gelcich S. , Godoy N. , Castilla JC. , 2009, Artisanal fishers'perceptions regarding coastal co – management policies in Chile and their potentials to scale – up marine biodiversity conservation, Ocean & Coast Management, 52: 424 – 32.

Gjerde KM. , Breide C. , Fund WW, 2003, Areas IWCoP. Towards a strategy for high seas marine protected areas. In: Proceedings of the IUCN, WCPA and WWF experts workshop on high seas marine protected areas, 15 – 17 January2003, Malaga, Spain: IUCN.

Gutierrez NL. , Hilborn R. , Defeo O. , 2011, Leadership, social capital and incentives promote successful fisheries, Nature, 470: 386 – 9.

Hind EJ. , Hiponia MC. , Gray TS. , 2010, From community – based to centralized national management – a wrong turning for the governance of the marine protected area in Apo Island, Philippines, Marine Policy, 34: 54 – 62.

IUCN – WCPA. , 2008, Establishing marine protected area networks – making it happen. Washington, D. C. : IUCN – WCPA, National Oceanic and Atmospheric Administration and The Nature Conservancy.

Jackson JBC. , Kirby MX. , Berger WH. , Bjorndal KA. , Botsford LW. , Bourque BJ. , etal, 2001, Historical overfishing and the recent collapse of coastal ecosystems, Science, 293: 629 – 38.

Kapos V. , Balmford A. , Aveling R. , Bubb P. , Carey P. , Entwistle A. , etal, 2008, Calibrating conservation: new tools for measuring success, Conservation Letters, 1: 155 – 64.

Kelleher G. , 1995, A global representative system of marine protected areas – volume1, Antarctic, Arctic, Mediterranean, Northwest Atlantic, Northeast Atlantic and Baltic.

Kelleher G. , Kenchington R. , 1992, Guidelinesfor establishing marine protected areas. A marine conservation and development report, Gland, Switzerland: IUCN.

Kenchington RA. , 1990, Managing marine environments, NewYork: Taylor & Franc is Group, pp. 248.

Kusumawati I, Huang HW. 2015, Key factors for successful management of marine protected areas: A comparison of stakeholders' perception of two MPAs in Weh island, Sabang, Aceh, Indonesia. Marine Policy, 51: 465 – 475.

Leleu K. , Alban F. , Pelletier D. , Charbonnel E. , Letourneur Y. , Boudouresque CF. , 2012, Fishers' perceptions as indicators of the performance of Marine Protected Areas (MPAs), Marine Policy, 36: 414 – 22.

McClanahan TR. , Marnane MJ. , Cinner JE. , Kiene WE. , 2006, A comparison of marine Protected areas and alternative approaches to coral – reef management, Current Biology, 16: 1408 – 13.

Nagelkerken I. , 2009, Ecological connectivity among tropical coastal ecosystems, Netherlands: Springer.

Oracion EG. , Miller ML. , Christie P. , 2005, Marine protected areas for whom? Fisheries, tourism, and solidarity in a Philippine community, Ocean & Coast Management, 48: 393 – 410.

Ostrom E. , 2009, A general framework for analyzing sustainability of social – ecological Systems, Science, 325: 419 – 22.

Palmquist D. , 2013, New study: marine protection goals are on target, but still not enough.

Pietri D. , Christie P. , Pollnac RB. , Diaz R. , Sabonsolin A. , 2009, Information diffusion in two marine protected area networks in the central Visayas region, Philippines, Coast Management, 37: 331 – 48.

PISCO, 2011, The science of marine reserves (2ndedition, Europe), 2011.

Roberts C. M. , 2000, Fully – protected marine reserves: a guide. WWF Endangered Seas Campaign, 1250 24th Street, NW, Washington, DC 20037, USA and Environment Department, University of York, York,

YO105DD, UK.

Pomeroy RS. , 1995, Community – based and co – management institutions for sustainable coastal fisheries management in Southeast Asia, Ocean & Coastal Management, 27: 143 – 62.

Rossiter JS. , Levine A. , 2014, What makes a successful marine protected area? The Unique context of Hawaii's fish replenishment areas, Marine Policy, 44: 196 – 203.

Rudi E. , Elrahimi SA. , Kartawijaya T. , Herdiana Y. , Setiawan F. , Shinta P. , etal, 2009, Reef fish status in northern Acehnese reef based on management type, Biodiversitas, 10: 87 – 92.

Salm RV. , Clark JR. , Siirila E. , 2000, Marine and coastal protected areas: a guide for planners and managers. International Union for Conservation of Nature and Natural Resources, Gland, Switzerland and Cambridge, UK.

Trenouth AL. , Harte C. , Paterson de Heer C. , Dewan K. , Grage A. , Primo C. , etal, 2012, Public perception of marine and coastal protected areas in Tasmania, Australia: importance, management and hazards, Ocean & Coastal Management, 67: 19 – 29.

WCS, 2010, Kajian protensi dan kebijakan pengembangan kawasan konservasi perairan di pesisir timur Pulau Weh – kota Sabang, Wildlife Conservation Society and Yayasan Pugar Dinas Keluatan, Perikanan dan Pertanian Kota Sabang.

Wood LJ. , Fish L. , Laughren J. , Pauly D. , 2008, Assessing progress towards global marine Protection targets: shortfalls in information and action, Oryx, 42: 340 – 51.

第7章 海洋保护区管理中的公民参与
——以泰特帕雷岛为例

公民参与是政府海洋管理的基石。美国学者约翰·克莱顿·托马斯强调："公民参与是信息时代政治社会生活不可或缺的一部分，是政府和公共管理者必须面对的环境和情形"（约翰·克莱顿·托马斯、孙柏瑛，2005）。在海洋经济时代，"政府独自掌舵"的角色必须变革。在这里，公民不应再是海洋管理的看客，而是公共管理的积极参与者。政府不仅要将经济发展与海洋环境保护、资源的合理开发有机结合起来，还要建立广泛参与、高效、灵活的海洋经济管理体制。公民参与到海洋管理的整个过程中，可以真正贯彻海洋管理的民主化原则，政府也才能制定出科学、合理、公正的海洋公共政策，才能实现海洋管理的有效性（崔旺来，2009）。一个国家要真正搞好海洋保护区管理是离不开广大人民群众的积极参与的。公民参与到海洋保护区管理的整个过程中，可以真正贯彻海洋管理的民主化原则，政府也才能制定出科学、合理、公正的海洋公共政策，才能实现海洋保护区管理的有效性。工业革命后，人类对海洋价值的认识不断深化，海洋已不仅仅作为人类生存的资源而存在，更多的已经将海洋开发作为一种重要产业，因而海洋产出在沿海各国国民生产总值的比重日益增加。人类对海洋价值认识的变化，使政府海洋管理发生了质的变化，即从控制海洋上升为治理海洋（崔旺来，2010）。而随着从事海洋事业公民数量的增加，作为海洋利益的主要诉求者，他们迫切希望能够在国家海洋政策的制定中具有话语权，能够参与到海洋保护区管理的活动中去。在现代公共行政中，我们可以看到，职业化的、掌握专业知识的、具有改革理念和公民精神的公务员，与作为个体的公民 ⋯⋯存在着日常的积极的相互作用。通过这种相互作用，公民们就可以越来越多地直接参与治理（弗雷德里克森、张成福，2003）。海洋管理是对属于全社会的海洋价值做有权威的分配。海洋管理的正当性和权威性来自于它的公共性，海洋保护区管理应当以公共利益的满足为目标，应当以广大民众的拥护和支持为评价尺度。而海洋政策的制定正是实现政府管理公共性的最重要环节。政府的公共性是政府作为公共部门构成部分的根据，政府拥有的公共性是否充分，也就是政府作为公共部门的纯洁性的标准。政府实施海洋保护区管理的重要环节是制定和执行海洋政策，因为海洋政策是政府实现海洋保护区治理目标的重要工具。在这一过程中，公民的积极参与是确保其公共性的根本因素。本研究以泰特帕雷岛为研究实例，基于岛主调查视角，论证无居民海岛海洋保护区管理中的公民参与问题。

尽管泰特帕雷岛是无居民海岛，并远离邻近村落，但这并不能避免资源过度开发，防止周边海域过度捕捞。为了对该岛海洋和森林资源进行适应性管理，TDA 巡逻队从2004 年开始监测泰特帕雷岛的资源开发情况。对第一个 6 年（2004—2009 年）收集到的监测数据，进行整理、总结，量化分析资源开发现状，为 TDA 管理人员科学决策从而保障海岛资源可持续利用提供参考依据。本研究的首要任务是确定泰特帕雷岛的主要资源、资源开发者来源和高频开发区域。同时，对监测数据的梳理也为确定针对性监测方案类型、实施区域，保障岛上主要村落的可持续发展提供了参考依据。这些调查还提供了最优资源管理策略，例如采取永久禁渔区和禁渔期的相关限制措施。

7.1 泰特帕雷岛的环境与特征

泰特帕雷岛位于所罗门群岛西部省（图 7-1），是西太平洋地区最大的无居民海岛，面积为 120 平方千米，被称之为"最后的蛮荒之岛"。自 19 世纪中期以来此岛便无人居住，当时本土部落因受到猎取人头的野蛮人的威胁纷纷逃到周围岛屿。泰特帕雷岛拥有多种特有或稀有物种，岛上热带雨林覆盖率超过 96%，是公认的陆地和海洋生物多样性保存完好的代表性岛屿（Lees，1990；Read and Moseby，2005）。泰特帕雷岛的岛主，为 150 多年前因疾病和战争逃离该岛的原始居民的后裔。大多数泰特帕雷岛的岛主定居于邻近岛屿传统村落中，他们组建了所罗门群岛最大的岛主协会——泰特帕雷岛后裔协会（TDA）。

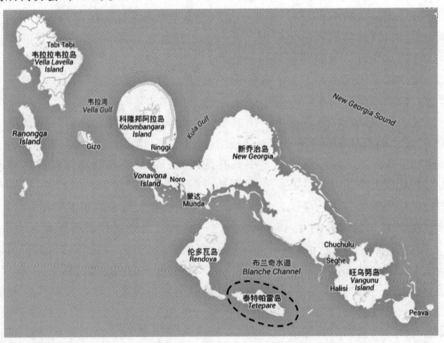

图 7-1 泰特帕雷岛地理位置

泰特帕雷岛由 3 000 多个成员共同协商管理。TDA 承诺对泰特帕雷岛资源进行保护，并制定了一个管理计划，禁止商业化开发泰特帕雷岛及其水域资源。泰特帕雷岛被赋予集体所有权，使其具有可持续管理优势。例如，需要建成大型海洋保护区（MPA）对珊瑚鱼各生长阶段实施的强制保护，是完全依靠个体保护珊瑚礁很难做到的

（Cinner，2007）。TDA 通过当地巡逻队强化 MPA 管理，其中包括 5.3 千米岸礁和由通向公海的深沙水道等分的 7 千米堡礁（Read et al.，2010）。在泰特帕雷岛，禁止捕捞海龟（绿海龟、玳瑁、棱皮龟）、儒艮（儒艮）和夜光贝（夜光蝶螺）。但捕捞者们可以在 MPA 以外，开发其他海岛资源用于谋生，制作工艺品，获取小规模收入。

尽管罗维安纳和马罗佛环礁湖的潜水员成功进入泰特帕雷岛未经开发的水域，进行远洋捕捞（Aswani and Hamilton，2004），但大多数资源的开发还是以距离泰特帕雷岛最近的伦多瓦岛上的岛主为主。TDA 意识到，在指导资源开发的管理过程中，资源利用者掌握的生态学知识具有非常重要的作用。对当地情况的熟悉程度（McClanahan et al.，2009），以及对社会经济因素的了解（Moreau and Coomes，2008），已经成为对个体渔业进行有效管理必不可少的内容。此外，适应传统资源的可持续利用与新技术结合，可以协助实施社区化保护计划（Tang and Tang，2010）。

7.2　研究方法

TDA 巡逻队对渔夫和猎人进行采访，并记录其资源利用细节。采访通常在巡逻泰特帕雷岛期间或当捕捞者休息时进行。但随后几年，采访也会在捕捞者结束捕捞，返回附近村落后进行。巡逻队每周至少进行两次巡逻，包括环岛绕行和检查捕捞者的渔船，对其采集的资源进行计数和记录。巡逻队对捕捞者采集的适销资源如马蹄螺、椰子蟹等进行测量，体型不足的个体会被没收并随后释放。

采访内容包括捕捞者人数、居住地、在泰特帕雷岛停留的位置和时间、此行的主要目的、从泰特帕雷岛采集资源的数量和位置、采集方法以及资源是否为私人使用、销售或节日宴会供给。马蹄螺体型测量方法为测量最宽处孔径，椰子蟹则为测量背甲长度。所罗门群岛渔业法对允许捕捞的马蹄螺和椰子蟹的体型限制，是没收、释放体型不足个体的基础。

表 7 - 1　泰特帕雷岛海洋资源开发区名称

索 - 托法	迎风海岸 1（WC1）
雷蒙娜 - 菲哈岛	迎风海岸 2（WC2）
纳纳 - 库帕	迎风海岸 3（WC3）
凯非 - 巴罗拉	离风海岸 4（LC4）
北塔 - 拉罗	离风海岸 3（LC3）
可奥罗所 - 新格	离风海岸 2（LC2）
坎贝尔	离风海岸 1（LC1）
莫波 - 索岛	海洋保护区（MPA）

为了确保 6 年内受访者的一致性，巡逻队编制了调查数据表，巡逻期间随身携带。调查内容是定量的、系统的，因此答案必须是明确的，表中还记录了数据收集者姓名，

以便将来对调查进行核实。每年举办的巡逻队培训活动，最大限度确保数据收集一致性，巡逻队定期分享和讨论结果，确保了解每个调查问题的意义和影响。调查数据随后输入数据库，并由独立观察员进行核实。

记录中资源开发区块超过40个，但为方便数据加工，所有区块被分为8个区域（图7-2a和图7-2b）。

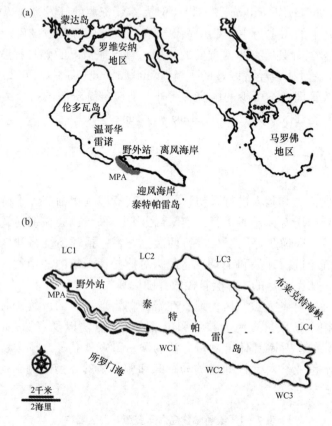

图7-2　泰特帕雷岛海洋资源开发区域

注1：（a）泰特帕雷岛海洋保护区和主要资源利用社区分布，（b）泰特帕雷岛海洋资源开发区；
2. MPA=海洋保护区，WC=迎风海岸，LC=离风海岸

大多数资源以1美元作为单位，估算相对价值。以所罗门美元（＄SBD）形式计算的资源价值，反映了调查的中点——2006年当地典型的市场情况。每种动物平均价值——鱼（10美元）、鱼翅（200美元）、猪（60美元）、马蹄螺（5美元）、夜光贝（50美元）、海参（10美元）、龙虾（7美元）、椰子蟹（25美元）、淡水鳗（5美元）、蛤蜊（10美元）仅仅作为参考，因为鱼、马蹄螺、海参的价值受体型和/或种类影响，价格差异很大。在2006年和2010年举办的研讨会上，TDA管理人员和资源使用者共同对数据分析和资源定价进行了讨论。

7.3　研究结论

7.3.1　人口数据

　　尽管从记录中可知，捕捞者们来自 23 个不同村落，但伦多瓦岛上的温哥华和拉诺作为距泰特帕雷岛最近的村落，居民采集了 80% 的资源。同样，这两个村落采集了大部分如海参、马蹄螺等能产生收入的资源，而其他村落谋生更依赖于捕鱼和猪等（图 7 - 3）。

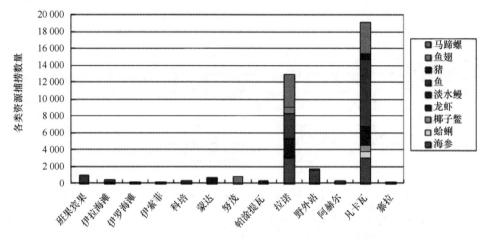

图 7 - 3　研究期间泰特帕雷岛 12 个主要村落与野外站对 9 种常见资源开发情况

　　6 年的研究中，登岛共计 806 次，包含 11 573 组数据（捕捞者人数 × 停留天数）。采集高峰期通常出现在 5—7 月和 10—11 月（图 7 - 4）。泰特帕雷岛的平均到访量为 5.5 人次、停留 2.9 天。记录显示捕捞者停留时间最长为 14 天，最短为 1 天，且 6 年来平均停留时间持续减少（图 7 - 5）。团队规模为 1 ~ 27 人不等，平均在 5 ~ 6 人之间（图 7 - 5）。除野外站以外，岛上没有长期居所，捕捞者们通常在树枝、塑料篷布和西米棕榈叶搭建成的临时居所露营。

　　99% 以上的登岛是为了采集岛上资源（图 7 - 6），出于旅游目的登岛的不到 1%。2004 年到 2009 年，捕捞者登陆泰特帕雷岛主要目的是猎取野猪、捕捞马蹄螺和海参。1% 的登岛是为了采集灌木材料、灌木药物、红树林果实、鸟蛋以及猎取负鼠、鸟类等。

7.3.2　资源开采

　　捕捞者们从泰特帕雷岛采集的资源中，超过半数（56%）是为了增加收入（图 7 - 7）。其余的则用于维持生计或用于礼拜、婚礼等特殊活动。

　　6 年调查记录显示，捕捞者从泰特帕雷岛采集的 41 000 多项资源中，最为常见的

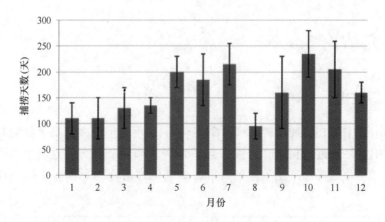

图 7 - 4 泰特帕雷岛每月捕捞天数——平均值 ± 标准差

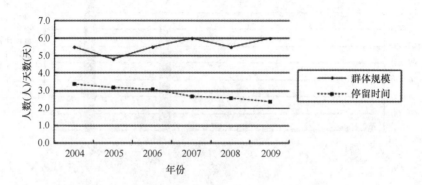

图 7 - 5 2004—2009 年泰特帕雷岛捕捞者群体平均规模、停留时间

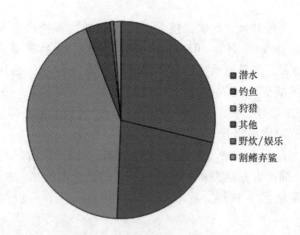

图 7 - 6 泰特帕雷岛岛主登岛目的

适销资源为鱼、马蹄螺、海参和小龙虾（图 7 - 8 和图 7 - 9）。其他消费型水产品包括
淡水鳗鱼、蛤蜊、夜光贝、锥壳和鱼翅。陆地资源中，尽管人们也利用鸟类、袋貂、
建材如灌木绳索等，最为普遍的捕捞品是猪和椰子蟹。

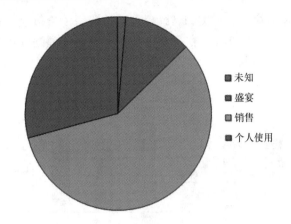

图 7 - 7　泰特帕雷岛资源开发目的

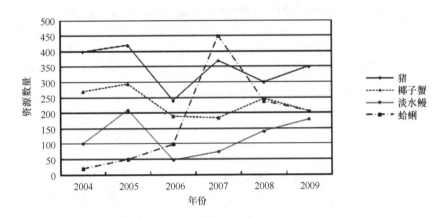

图 7 - 8　2004—2009 年猪、椰子蟹、淡水鳗鱼、蛤蜊捕捞量记录

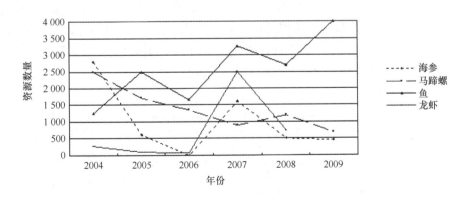

图 7 - 9　2004—2009 年海参、马蹄螺、鱼、龙虾捕捞量记录

　　6 年来，捕捞者从泰特帕雷岛采集的资源，总价值达到 465 829 美元，其中 42.5 %
用于销售增加收入，57.5% 用于谋生以及宴会供给。据记录，采集的海参、马蹄螺、鱼
翅和夜光贝全部出售，其他用于增加收入的资源，仅占鱼类的 6%、猪的 5%、椰子蟹

的 37% 和龙虾的 55%。海参、鱼类和马蹄螺是适销资源中价值最高的，而猪和鱼是谋生资源中价值最高的（图 7 - 10）。在马罗佛和罗维安纳环礁湖等边远地区，捕捞者采集的资源中，猪占最大比例。

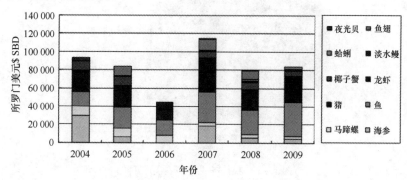

图 7 - 10　2004—2009 年泰特帕雷岛开发资源累计价值（＄SBD）

　　调查结果显示，适销资源如海参、龙虾、鱼翅采集差异很大，间接反映了市场环境。2007 年，一艘渔船停泊在泰特帕雷岛附近，以高价向当地捕捞者收购小龙虾，引起短期内大规模资源开发现象。海参捕捞现象在 2004 年频繁发生，2005 年有所减少，而在 2006 年，由于过度捕捞，所罗门群岛政府暂时禁止所有海参出口，海参捕捞现象随之消失（图 7 - 9）。研究期间，马蹄螺捕捞量有所减少而蛤蜊捕捞量呈增长趋势（图 7 - 9）。

　　记录显示，泰特帕雷岛鱼类年均捕捞量为 1 767 条，类型超过 33 种。其中，海洋鱼类超过 97%，淡水鱼类则很少。鲷鱼、金枪鱼、鲹鱼和刺尾鱼等 13 种最常见鱼类，占总量的 95% 以上（图 7 - 11 和图 7 - 12）。海鱼捕捞记录中，深海鱼类和珊瑚鱼类分别占 28% 和 72%。隆头鹦哥鱼（苏眉鹦哥），作为具有重要保护意义的物种，总数不足 62 条，却每年持续被捕。鱼类捕捞过程中，62% 依靠延绳钓，38% 依靠鱼枪，利用渔网捕捞的不到 0.2%。鱼枪是捕捞珊瑚鱼类最常用的方法，而延绳钓常用于捕捞金枪鱼和马王鲛等（图 7 - 12）。研究期间没有使用毒药或炸药捕鱼的记录。2004 年到 2009 年，捕捞量在 50 条以上的登岛次数呈上升趋势（图 7 - 13）。

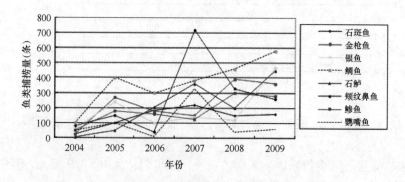

图 7 - 11　2004—2009 年泰特帕雷岛常见鱼类年均捕捞量

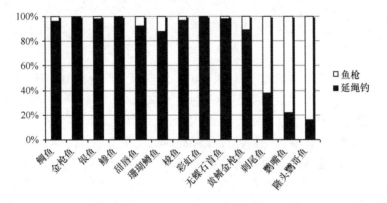

图 7-12　13 种最常见鱼类的捕捞方式

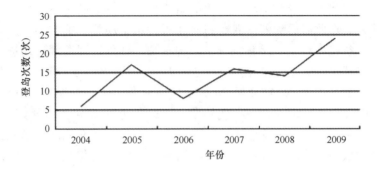

图 7-13　研究期间鱼类捕捞量 50 条以上登岛次数

捕捞群体在泰特帕雷岛沿海，有 37 处以上资源捕捞区域，其中索和新格的资源采集频率是其他地方 3 倍以上。包括这两处海滩在内的迎风海岸带资源开发程度最高（图 7-14）。海参、马蹄螺和小龙虾等可增收资源大多数从岸礁或迎风坡水汽通道捕捞而得；陆地资源如椰子蟹和猪，往往从更易接近的背风坡捕获。在 MPA 范围内捕捞马蹄螺、椰子蟹属于偷猎行为，而鱼类捕捞记录显示该地区捕捞是在 MPA 以外的深海区进行。

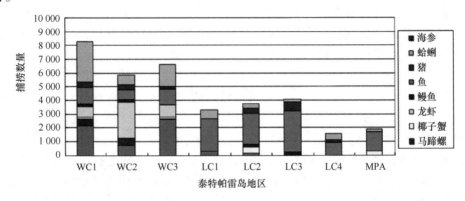

图 7-14　2004—2009 年泰特帕雷岛各地区资源捕捞总数统计（地形分布见图 7-1）

7.4　讨论

2004 年到 2009 年，泰特帕雷岛被采集的海洋资源总价值约 100 万美元，对伦多瓦岛的居民来说，这是他们谋生和手工收入的重要来源。此外，泰特帕雷岛因相对容易捕获猪和大型鱼类，成为了马罗佛环礁湖和罗维安纳岛上居民宴会食材的重要来源地。尽管资源开发调查为优化泰特帕雷岛资源管理提供了宝贵数据，但笔者承认调查仍存在问题，如巡逻频率递减以及对资源偷猎的忽视。对渔民结构化采访的结果揭示，随着时间推移，海洋资源利用的重要地位以及人类对其依赖程度发生了改变。本调查将对这一重要时期的典型数据，与未来社会经济、环境因素引起的变化进行比较。

采集调查的主要不足，是对体型不足个体捕捞及非法捕捞的显著漏报，这类捕捞是海岛资源创造的收入中重要却难以量化的组成部分。保护站坐落在距伦多瓦岛村落最近的海岛山顶，在此巡逻队可以观察到通往泰特帕雷岛相对资源丰富海岸带迎风而的来往船只，这在很大程度上缓解了以上漏报现象。此外，巡逻队每周进行两次以上随机巡逻，检查捕捞者的船只和包裹。据巡逻队推断，2004 年到 2006 年，他们只记录了被采集资源总数的 1/3；2007 年至 2009 年，捕捞者的主动申报加上村落调查记录，比例上升至 75%。这一过程中的唯一一例外是，2008 年至 2009 年，巡逻队专注限制捕捞体型而忽略了偷猎现象，椰子蟹捕捞记录下降至 25%。巡逻队判断的基础是，捕捞者提供的登岛总次数中被采访次数百分比及非法偷猎被截获的相对次数少。这些假设意味着，研究期间记录的资源开发数量及价值评估过低，约为实际情况的一半。表明2004 年到 2009 年，捕捞者从泰特帕雷岛采集的资源，总价值实际为 100 万美元左右。捕捞调查需与特异性监测程序相结合，以确定捕捞对稀有物种带来的影响。

资源开发数据的收集、分析与持续保护意识相结合，对采集资源的管理与社区居民理解、执行 TDA 保护区管理方针均有所帮助。其他研究表明，保护区的保护成效、保护意识、教育之间关系呈显著正相关（Hockings et al.，2006）。此外，一份来自罗维安纳环礁湖的研究显示，对 MPA 进行有效管理，村落居民的能量和蛋白质摄入量均得以增加（Aswani et al.，2007），这进一步激励泰特帕雷岛的岛主倡导、爱护保护区。在重点村落召开的一系列有关相关数据的研讨会，推进泰特帕雷岛资源管理共同所有制建设，促进社区对日益减少的资源采取自适应保护措施。如 2010 年，TDA 和资源利用者以此为基础，在新格和索合作设立临时封闭区。

捕捞群体规模小、停留时间短可能与船只规格不足、燃料可及性差、岛上缺少长期住所有关。这些设施的缺乏，将使泰特帕雷岛资源可持续开发率得到最大限度的保障。振奋人心的是，调查过程中不存在炸药、氰化物、水烟和潜水设备的使用记录，缺乏冷藏设备导致资源浪费的渔网捕鱼行为也鲜有记录。

以前的泰特帕雷岛监测数据显示，在所罗门群岛，马蹄螺是捕捞者最重要的非鱼类资源（Skewes，1990）。新的监测数据证实，在泰特帕雷岛 MPA 范围内，马蹄螺体型更大、数量更充足（Read et al.，2010）。关于捕捞的各种规定对当地马蹄螺种族数量具有重大影响。

除规定禁止出口期外，海参是泰特帕雷岛被采集的另一种主要资源。过度捕捞导致海参渔业脆弱性的主要表现是，20 世纪 80 年代末，所罗门群岛伊莎贝尔省椰子蟹价格急剧下滑，对海参余量和居民生计构成威胁，海参采集量急剧增加了 100 倍（Kinch，2004；Nash and Ramofafia，2006）。

隆头鹦哥鱼保护问题也受到全球性关注（Pennisi，2002）。监测期间，由于 TDA 巡逻队对过度捕捞的管理，隆头鹦哥鱼捕捞量有所减少。另一研究数据表明，泰特帕雷岛的隆头鹦哥鱼（平均 90 厘米）比罗维安纳环礁湖的隆头鹦哥鱼（平均 63 厘米）拥有更大体型，归因于其面对较低的捕捞压力（Aswani and Hamilton，2004）。研究期间，MPA 范围内隆头鹦哥鱼体型和可测性的增长均已证明，过度捕捞可能还在发生。TDA 正在根据针对性监测程序，制定可持续捕捞限制标准。

研究期间，由于捕捞区域椰子蟹数量明显减少，2008 年 TDA 限定每艘船只能捕捞 3 只椰子蟹，并关闭了最严重的捕捞区域（Read et al.，2010）。尽管记录中椰子蟹捕捞总数因上述原因在减少，但仍存在部分捕捞者因椰干价格下降而加强对椰子蟹的捕捞。因此，巡逻队猜测，很多捕捞者在接受监测调查前藏匿了额外捕捞的螃蟹。结合捕捞者夜间捕捞椰子蟹，深夜才返回村落的事实，巡逻队认为，2008 年和 2009 年，他们只记载了被捕捞螃蟹的 1/4。因此对椰子蟹捕捞、种族数量进行准确监测依然是 TDA 的首要任务。

7.5 总结

TDA 对泰特帕雷岛资源的监测和管理，包括长期设立 MPA 以及实施季节性封闭，是实现泰特帕雷岛资源可持续利用目标不可或缺的手段。收集分析捕捞数据，并与主要资源定期实地监测数据进行比较，对确定保护脆弱渔业资源的 MPA 规模、范围始终具有重要作用，也持续推进泰特帕雷岛资源的自适应管理。正如预期的那样，当地市场波动是影响泰特帕雷岛适销资源开发的一个重要因素。物流难度和当前闭塞状况，很大程度上限制了泰特帕雷岛捕捞者形成大规模、稳定的市场，为避免过度捕捞提供了重要保护。所罗门群岛人口的高速增长与便携式制冷设备的使用，以及人们对更高生活水平的渴望等因素，共同增加了泰特帕雷岛海洋和陆地资源的压力。TDA 面临的挑战将是控制或影响当地市场，并通过协助社区居民规范资源开发行为，在小规模手工渔业与持续保护目标相结合方面取得成功。

参考文献

崔旺来，等. 海洋经济时代政府管理角色定位［J］. 中国行政管理，2009，（12）：55 - 57.

崔旺来，等. 海洋管理中的公民参与研究［J］. 海洋开发与管理，2010，27（3）：27 - 31.

弗雷德里克森. 公共行政的精神［M］. 张成福，等译. 北京：中国人民大学出版社，2003：12.

约翰·克莱顿·托马斯. 公共决策中的公民参与：公共管理者的新技能和新策略［M］. 孙柏瑛，等译. 北京：中国人民大学出版社，2005：245.

Aswani, S., Hamilton, R. J., 2004, Integrating indigenous ecological knowledge and customary sea tenure with marine and social science for conservation of bumphead parrotfish（Bolbometopon muricatum）in the

Rovianna Lagoon, Solomon Islands, Environmental Conservation, 31: 69 – 83.

Aswani, S., Albert, S., Sabetian, A., Furusawa, T., 2007, Customary management as precautionary and a-daptive principles for protecting coral reefs in Oceania, Coral Reefs, 26: 1009 – 1021.

Cinner, J. E., 2007, Designing marine reserves to reflect local socio – economic conditions: lessons from long – enduring customary management, Coral Reefs, 26: 1035 – 1045.

Diamond, J., 1976, A proposed forest reserve system and conservation strategy for the Solomon Islands, Un-published Report.

Hockings, M., Leverington, F., James, R., 2006, Evaluating Management Effectiveness pp 635 – 655 In: Lockwood, M., Worboys, G. L., and Kothari, A. (eds.), Managing Protected Areas, A Global Guide, Earthscan, London.

Johannes, R. E., Freeman, M., Hamilton, R. J., 2000, Ignore fishers' knowledge and miss the boat, Fish and Fisheries, 1: 257 – 271.

Katherine, E. Moseby, John, P. Labere, John, L. Read, 2012, Landowner Surveys Inform Protected Area Management: A Case Study from Tetepare Island, Solomon Islands. Human Ecology, 40 (2): 227 – 235.

Kinch, J., 2004, The Status of Commercial Invertebrates and Other Marine Resources in the North – West Santa Isobel Province, the Solomon Islands, UNDP Santa Isobel.

Lees, A., 1990, A Protected Forests System for the Solomon Islands, Maruia Society, Nelson New Zealand.

McClanahan, T. R., Castilla, J. C., White, A. T., Defeo, O., 2009, Healing small – scale fisheries by facilitating complex socioecological Systems, Reviews of Fish Biology and Fisheries, 19: 33 – 47.

Moreau, M. – A., Coomes, O. T., 2008, Structure and organisation of small – scale freshwater fisheries: a-quarium fish collection in western Amazonia, Human Ecology, 36: 309 – 323.

Nash, W., Ramofafia, C., 2006, Recent developments with the sea cucumber fishery in Solomon Islands, SPC, Bêche – de – mer Information Bulletin, 23: 3 – 4.

Pennisi, E., 2002, Survey confirms coral reefs are in peril, Science, 197: 1622 – 1623.

Read, J. L., Moseby, K. E., 2005, Vertebrates of Tetepare Island, Solomon Islands, Pacific Science, 60: 69 – 79.

Read, J. L., Argument, D., Moseby, K. E., 2010, Initial conservation outcomes of the Tetepare Island Pro-tected Area, Pacific Conservation Biology, 16: 173 – 180.

Rhodes, K. I., Tupper, M. H., 2007, A preliminary market – based analysis of the Pohnpei, Micronesia, grouper (Serranidae: Epinephelinae) fishery reveals unsustainable fishing practices, Coral Reefs, 26: 335 – 344.

Skewes, T., 1990, Marine Resources Profile: Solomon Islands, FFA report 90/61 Honiara Forum Fisheries Agency.

Tang, C. – P., Tang, S. – Y., 2010, Institutional adaption and community – based conservation of natural resources: the cases of the Tao and Atayal in Taiwan, Human Ecology, 38: 101 – 111.

Turner, R. A., Cakacaka, A., Graham, N. A. J., Polunin, N. V. C., Pratchett, M. S., Stead, S. M., Wilson, S. K., 2007, Declining reliance on marine resources in remote South Pacific societies: ecological versus socio economic drivers, Coral Reefs, 26: 997 – 1008.

第8章 海洋资源社区化管理创新
——以所罗门群岛为例

"社区"一词最初是由德国社会学家 F. 滕尼斯在其 1887 年出版的《社区和社会》一书中首先使用的。后来，美国的罗密斯将此书译成英文。到了 20 世纪 30 年代，中国社会学界将英文 Community 译为"社区"，这一译名一直沿用下来，成为社会学的一个基本概念。它原意为"关系密切的伙伴和共同体"，现在通常指以一定地域为基础的关系密切的社会群体（臧杰斌、周文建，2001）。社区化管理是指在政府相关部门的领导和配合下，政府、社区居委会、其他公共组织及个人利用社区资源，依托社区组织和机构，面向社区人口开展的社区内部管理，并提供相关服务的过程（蔡昉，2007）。在西方发达国家，社区作为整个社会发展的一个基础平台，已经被提升到国家发展的战略高度，达到了很高的发展水平。社区是一个具有地域范围的地理空间，各个社区都有其特定的人口和文化背景，各个社区自身存在的问题和社区居民的需求也不尽相同。保护和合理利用海洋资源是政府管理之本，这是海洋经济时代资源的稀缺性对政府管理的根本要求（崔旺来，2009）。许多沿海国家的海洋资源社区化管理（CBRM）由政府提倡、非政府主体主张，是双方公认的实现近海渔业与水产资源安全、可持续利用最可行的方案之一。尽管存在大量关于保持 CBRM 高效运行因素的文献，但 CBRM 理念在社区内引进、发展并依托支持机构实现资源管理方法变革的过程仍有待研究。本文以所罗门群岛 5 个以渔业为生的社区为例，借助创新历史法定位、分析 CBRM 启用与发展的清晰过程，填补这一研究领域空白。

8.1 海洋资源社区化管理研究综述

热带沿海发展中国家的典型特点是贫困和高度依赖持续衰退、不稳定的海洋资源，迫切需要从根本上向更可持续的发展方式转变。主要包括制定海洋资源和生态系统综合管理的新制度，如注重资源管理的社会和生态层面以及人类与环境之间的相互作用（参见 Christensen et al.，1996）。

对于海洋生态系统，尤其是地方及区域范畴内的海洋生态系统而言，结合多种知识的多中心型、分散型管理方式比传统的集中式管理方式更适用于资源的综合管理（Armitage et al.，2008）。尤其适用于执法财政与人力资源有限、下辖边远农村社区的国家。分散型管理也包括社区计划，能够根据地点和形势及时调整，具有灵活性和适应性（Armitage et al.，2008）。因此，赋权社区管理（或与其他主体共同管理）当地海洋资源的立法和政策在热带沿海发展中国家较为常见，且社区化管理法往往在非政府组织的环境活动中占据主导地位（Berkes，2006；Blaikie，2006；Evans et al.，2011）。

　　关于海洋资源社区化管理（以下简称 CBRM）的文献资料数量繁多。许多研究关注导致 CBRM 成功或失败的影响因素，重点则关注 CBRM 制度层面及其适应能力（Armitage，2005；Berkes，2006）。有待进一步研究的是 CBRM 理念如何在社区内引进、发展并依托支持机构实现资源管理方法变革的过程。新兴的管理制度通常需要一定变革能力，本文将变革能力定义为"生态、经济、社会（包括政治在内）等因素导致现有体系岌岌可危时创造全新体系的能力"（Walker et al.，2004）。变革能力研究处于管理研究的最前沿，以便了解变革过程如何开始并发展。培育变革能力并不容易，通常需要运用创新方式"引导"封闭、抵制变革的组织机构，从而实现向新的管理体制转变（Westley et al.，2013）。然而，大多数关于社区引进、采纳 CBRM 过程信息的来源并不可靠。本文尝试采取清晰的过程分析法定位、分析社区内 CBRM 启用与制度化过程，填补这一研究领域空白。本文采用案例比较研究法，收集和分析所罗门群岛 5 个以渔业为生社区内 CBRM 兴起的相关数据，主要包括进程中支撑性的具体活动和事件，以及这些因素促进或抑制 CBRM 实施与制度化的机制。我们力图阐明新的理念在社区内由边缘转向主流的壁垒、途径与策略，以及 CBRM 理念获得社区认同并逐渐制度化的过程。

　　这项研究有三个目标。第一，帮助了解 CBRM 启用与发展的过程。包括广泛关注社区向 CBRM 转型时发生（或未发生）的活动与事件。第二，为强化研究结果梳理，我们采用了能直接分析并比较社区内"抽象"的创新、变革能力培育过程的方法。本文借鉴了社会—生态创新、转型（Olsson and Galaz，2011）以及创新扩散（Rogers，1962）的有关文献，为接下来的研究提供全面的理论指导体系。创新扩散时长为本文研究、分析 CBRM 理念在社区内、或是社区之间的萌芽和传播提供了便利。本研究基于组织视角——本文以社区为主，关注创新扩散。组织视角强调的是组织在适应创新时经历的几个典型步骤（阶段），创新适应过程极为复杂，需要组织不断学习、调整以使创新符合当地环境（参见 Chambers et al.，1989）。本文同样借鉴创新和学习相关历史文献，利用创新历史解读、阐明社区居民在创新变革过程中的学习与转型。第三，本文通过多案例研究总结出其中的共同因素，用于指导所罗门群岛和其他沿海国家的政府和非政府机构共同支持、参与海洋资源管理方案的制定过程。

8.2　所罗门群岛的环境与特征

　　所罗门群岛是南太平洋的一个岛国，位于澳大利亚东北方，巴布亚新几内亚东方，是英联邦成员之一，也是世界上最不发达国家（低度开发国家）之一。全国分为 10 个省，分别是中部群岛、乔伊索、瓜达尔卡纳尔、霍尼亚拉（首都直辖区）、伊萨贝、马基拉岛、马莱塔岛、拉纳尔和贝罗纳、泰莫图、西部群岛。地理位置在南纬 5°—12°、东经 155°—170°，陆地总面积共有 28 450 平方千米，由瓜达尔卡纳尔岛、新乔治亚岛、马莱塔岛、舒瓦瑟尔岛、圣伊萨贝尔岛、圣克里斯托瓦尔岛、圣克鲁斯群岛和周围许多小岛组成。属美拉尼西亚群岛，共 900 多个岛屿。最大的瓜达尔卡纳尔岛面积 6 475

平方千米。全国总人口约 57 万人，人口密度为 18.1 人/平方千米。大多数人口依靠务农、捕鱼和种植为生，国民经济以种植业、渔业和黄金开采为主。大部分制造与石油产品依赖进口。该群岛尚未开发的矿产资源丰富，如铅、锌、镍以及金。

  所罗门群岛全境属于热带雨林气候，终年炎热，无旱季。境内多火山、河流，是由两组截然不同的陆地生态区组成。当中大多数岛屿，连同属于巴布亚新几内亚的领土的布干维尔岛及布卡岛，都属于所罗门群岛雨林生态区；桑塔库鲁兹群岛是所罗门东边主要的一群，与临近的瓦努阿图群岛属于瓦努阿图雨林生态区。这两个生态区，连同邻近的新喀里多尼亚、俾斯麦群岛、新几内亚、澳大利亚和新西兰，都属于澳亚大陆生态区的范围。

图 8-1   所罗门群岛地理位置

8.3   理论与背景：所罗门群岛 CBRM 变革能力与创新

8.3.1   所罗门群岛视角的社区化资源管理

  近海渔业和海洋资源作为所罗门群岛社区成员每日蛋白质和微量元素的来源，及其资金收入来源之一，在农业经济和民生中发挥着重要而独特的作用。在所罗门群岛 990 个边远岛屿中，居住在农村的人口超过总量的 80%。社区主要以块根作物（如木薯、甜马铃薯）或进口食品（主要为大米）为生，而其饮食中的动物性食品主要来源于近海海洋资源（Aswani，2002）。近年来部分地区为满足资金收入破坏当地的生计，但农村经济来源主要为生产、出售部分农产品，包括农作物、新鲜水果、椰子、可可粉、木材、鱼类以及海产品（ARDS，2007）。全国范围内，直接就业带来的工资收入约占家庭收入的26%，但就业机会多集中在城市地区（GOSI，2006）。尽管缺少最新数据，2005/2006年所罗门群岛在全国范围内居民基本需求得不到满足的发生率为23%，农村地区为19%。食物不足发生率较低，全国范围为10.6%，农村地区为8.7%（联合国开发计划署，2008年），捕鱼为生的生计被描述为"生活富足"。有明确迹象表明，所罗门群岛国内渔业部门满足居民营养需求，尤其是动物蛋白和微量元素的能力有限（Weeratunge et al.，2011）。因此，面临人口增长、气候变化和资源退化，所罗门群岛政府将保护近海海洋资源作为确保食品安全的核心策略，作为国家战略的近海渔业和海洋资源管理（2010年），强调社区化自适应资源共同管理是实现"2020年近海渔业和水产资源安全可持续"的核心。

所罗门群岛社区的传统资源利用和管理制度为部落和部族掌管土地和海洋，而社区成员服从于部落首领或社区领袖。资源所有者可以（不同程度地）将资源授予广泛社区。研究者广泛认为，资源利用相关条例是重申和维护权力关系及资源需求的社会动机，而不是公认的CBRM必要前提，即资源稀缺或资源可持续利用需要或意向（Foale，1998；Foale et al.，2011）。例如，所罗门群岛的传统禁忌地区，长期遵守定期封锁珊瑚礁区、禁止捕鱼的传统。传统禁忌区部族内通行的一种做法，是在显赫部族成员去世时封锁部族珊瑚礁以示尊重，并以此保护神圣的遗址，或仅在为提供盛宴食材时允许短期捕鱼。太平洋群岛采取的CBRM策略倾向于采用传统管理体系，尤其是采取禁忌以实施空间管理。然而，一些社会因素使空间管理社区化变得尤为困难，如模糊多变的资源利用边界、社区合作的动态性以及共享资源的文化意义（Foale and Manele，2004）。现有的CBRM体系往往是一种混合模型，在传统海权边界和治理体系的基础上，利用现代渔业和资源管理手段、理念加以修改、完善，从而满足未来粮食安全需求、实现资源保护目标。本文在讨论社区兴起的CBRM"理念"时，其内涵泛指以下这种转变：由服务社会的传统规则和体系，向基于管理、捕捞限制、确保社区未来食品安全的生态系统理念的管理规则转变。

所罗门群岛CBRM往往由国际非政府组织（NGO）推动。非政府组织推动CBRM发展的手段多样，但到目前为止使用最多的方法需要社区的广泛、长期合作。也有证据表明，部分社区制定海洋资源管理规则和管理体系时，非政府组织没有参与其中。然而，基于当前非政府组织只能逐一参与社区海洋资源管理，且所罗门群岛国内运输和通讯成本极高、资源与能力均有限，其国家战略目标难以迅速实现。因此，在资源有限的情况下，广泛推行CBRM必须依赖某种扩散途径，即以自下而上的方式激励、推动社区自主实施CBRM。这意味着必须更深入地了解社区向CBRM转型的关键因素是什么，这也正是本文的研究目标。

8.3.2　创新以实现CBRM转型

朝CBRM转型往往需要实现下列实质性改变：① 概念含义；② 社交网络结构（主体互动模式）；③ 领导方法与权力关系；④ 组织和机构设置（Smith and Stirling，2010；

Westley et al.，2013）。然而，实现社会层面的改变不足以完成由复杂的社会—生态体系向可持续生计的转变。社区还需要积极学习、响应和妥善管理生态系统的动态反馈，形成生态系统服务功能以满足海洋环境引发的社区需求（Olsson and Galaz，2011）。

鉴于不同国家及国内社区有所差别，不存在所有社区都适用的 CBRM 转型模式（Ostrom et al.，2007）。启用海洋资源社区化管理意味着对管理细节进行一定程度的变革，也就是创新。我们将"改变常规程序、资源、权力流动或社会信仰的措施、产物、过程或计划"定义为创新。创新可以是遍布整个社会的全新事物，也可以是新旧观念重组形成的新兴事物。以所罗门群岛 CBRM 为例，相比其他众多因素，创新包括设法使海洋资源社区化管理符合现有海洋资源利用体系，与当地海洋地理、生态相匹配；还包括明确或重新界定不同主体的角色和职责，寻求获得社区成员支持的方式。因此，培育 CBRM 变革能力需要进行足够的创新，这意味着解决复杂的问题，且往往取决于当前社区环境。尽管制度化可能作为偶然事件的直接或间接产物而发生，但制度化过程通常包含一系列事件或行动。变革速度和方向发生变化时，变革呈现出减速或加速趋势，同时变革过程中发生的事件会驱使变革走向更优的资源管理新体系，或是倒退走向失败，以及停滞于某个中间阶段。

文献记载表明，向资源管理、治理新制度转型的过程，不同主体可能因利益、理念和动机不同而产生冲突和权力斗争（Shellenberger and Nordhaus，2004）。共同组织、构建社区支持的合法体系克服争议，被公认为社区化资源管理和治理得以延续的关键。可能出现的一种情况，是权力较大主体全权"主管"资源或者经正式授权的体系和司法框架不适用于当地条件和/或利益相关者投入和参与不足，都会导致配合度降低（Crona and Bodin，2006；Ostrom，1990；Scholz and Wang，2006）。另一种可能的情况是资源被无序地开发利用，这通常意味着资源的不可持续利用（Hardin，1968；Ostrom，1990）。因此，寻求创新手段来克服冲突、调解对立组织，是 CBRM 变革能力培养过程中必然出现且极具挑战性的任务。

8.4　资料与方法

8.4.1　研究地点选择

本项目沿用多案例研究法（Yin，2009），同时结合焦点小组访谈定性数据与问卷调查定量数据。本文以所罗门群岛西部省和瓜达尔卡纳尔岛的 5 个沿海农村社区作为实证研究案例（图 8 - 2）。它们分别位于西部省维拉拉维拉岛佐里奥地区以及瓜达康纳尔省东西部。社区选择标准如下：① 高度依赖海洋资源，但程度不同（以维持生计和适销创收的鱼类和无脊椎动物为主）；② 选定的社区执行多类 CBRM，但成效不同（确保因变量不同）；③ 有无非政府组织参与资源管理的社区均被选为案例；④ 因研究预算有限，为研究尽可能多的社区，选取靠近西部省和瓜达尔卡纳尔岛的社区为研究场所。田野调查由训练有素的项目人员完成于 2013 年 4—6 月，研究设备位于所罗门群岛皮钦。

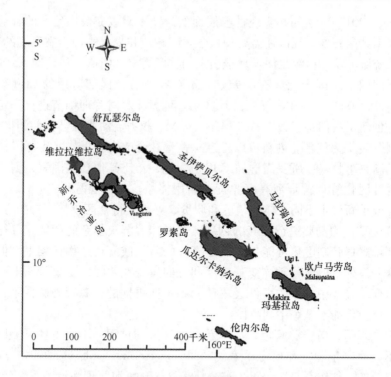

图 8 - 2　所罗门群岛地图

注：本文所研究的 5 个社区以五角星标注，其中 3 个位于维拉拉维拉岛西部省，两个位于瓜达尔卡纳尔岛东、西部

2008 年，世界渔业计划正式启动，用于检验小规模渔业诊断和管理体系（Andrew et al., 2007）。作为计划的一部分，3 个社区接受了 NGO 的参与和协助，并对自身海洋资源实施社区化自适应管理。另外两个社区没有受到 NGO 的任何协助，但致力于自主实施 CBRM。每个社区的详细描述见表 8 - 1。

表 8 - 1　所罗门群岛渔业社区特征

特征	A	B	C	D	E
规模（住户数）（户）	26	63	86	26	26
地理位置	维拉拉维拉	维拉拉维拉	维拉拉维拉	瓜达尔卡纳尔岛东部	瓜达尔卡纳尔岛西部
部落数量（个）	7	6	10	4	2
教堂数量（座）	2	6	4	4	2
主要职业	1. 捕鱼/拾遗 2. 园艺 3. 种植椰子	1. 园艺 2. 捕鱼/拾遗 3. 种植椰子	1. 捕鱼/拾遗 2. 园艺 3. 种植椰子	1. 捕鱼/拾遗 2. 园艺 3. 种植椰子	1. 园艺 2. 种植椰子 3. 捕鱼/拾遗

续表

特征	A	B	C	D	E
NGO 参与	有（自 2007 年）	有（自 2007 年）	有（自 2007 年）	无	无
CBRM 规则	海洋封锁区周期性捕捞（2008—2013）	海洋封锁区周期性捕捞（2008）	海洋封锁区周期性捕捞（2008—2013）	禁止渔网捕捞（2010—2013）集鱼装置（2011—2013）	海洋封锁区周期性捕捞（2011—2013）
CBRM 治理	社区 CBRM 代表	社区 CBRM 代表	部落首领与长者推选、青年团体支持下的社区 CBRM 领导人	社区领导人，包括首领、部落和教堂负责人	社区首领和长者支持下的青年保护委员会

8.4.2　户主调查

本文设计调查问卷以了解社区是否具备实施 CBRM 的必要前提条件。

问卷调查内容主要包括：

① 基本的人口统计；

② CBRM 能否满足当前生态需要；

③ 社区社会资本水平（凝聚力、合作程度、领导能力）；

④ CBRM 活动的社区成员参与度。

问卷设计改编自克里希那（Krishna，2002）。问卷调查对象根据社区提供的户主（household heads，hhh）名单随机抽样，名单尽可能确保男女比例平衡。大型社区中，户主采访比例为 49%（社区 B：n 等于 31）和 53%（社区 C：n 等于 46），小型社区为 69%（社区 A：n 等于 18）、77%（社区 D：n 等于 20）和 81%（社区 E：n 等于 21）。问卷调查于一天中的不同时段进行，且不对居住未满 5 年的户主进行采访。问卷从英语翻译成皮钦语再回译为英文，确保译文和含义无误。问卷和关键结果用于支撑创新历史数据和分析（见 8.4.3 节）。

8.4.3　创新历史

每个社区以焦点小组形式设计、引导创新活动。本文社区案例在 CBRM 推行中采用创新历史法，属于记录、讨论和思考创新过程中的参与式方法（以 Douthwaite and Ashby，2005 为基础）。CBRM 过程中的重要事件以及引发创新理念萌芽或实施的首次事件（社区成员或外界主体均可），由焦点小组将其确认和收集的信息记录在时间轴上。

焦点小组研究、探讨的事件类型大致如下：制定决策；个人、团体或组织做出某些行为；学习新事物；进行聚会；发生事件（包括突发事件）；问题确定、出现或解决。讨论主要围绕：参与者；事件对整个 CBRM 进程产生何影响；事件发展走向；由谁以及如何与社区沟通；事件影响为何不同。同时，社区如何克服影响 CBRM 制度化进程的障碍也在讨论话题之中。此外，焦点小组探讨和研究：社区内外参与变革进程的关键主体或组织以及他们所扮演的角色；社区实施资源管理规则的类型、时间、配合度；社区化资源管理过程中社区居民的意识如何随着时间变化。

总之，创新历史法是用来描述和帮助理解 CBRM 变革过程如何以及为何是这样呈现，每个社区资源管理路径为何、产生何影响。

焦点小组参与者被定义为参与社区 CBRM 进程并具有一定影响力的人。焦点小组参与者名单的罗列参照关键合作者（非政府组织、政府人员和社区长者）和半结构化访谈中确认对 CBRM 进程有影响力的个体。如果有至少两个独立来源指向同一主体，则该主体也列入参与者名单。相比焦点小组，田野调查团队（所罗门群岛当地学术研究人员和第一作者）提前至少一星期投入社区工作以及从事其他研究活动，包括围绕项目研究目的与社区成员进行半结构化访谈。并且，每个田野调查团队中至少有一名在社区居住数年的当地学术研究人员，他们以代表组织友好访问社区或拜访亲友的形式，开展参与式研究或社区项目。焦点小组制作详细的访谈记录，田野调查组随后誊写焦点小组的数字记录并开会讨论焦点小组罗列出的关键事件。社区成员半结构化个人访谈、第一周及其他时期参与者的评论，均被用于分析焦点小组收集的数据。

8.4.3.1　CBRM 过程分析阶段

创新扩散相关文献往往将个体创新和组织创新进行区分（如参见 Rogers，1962）。对于个体而言，关注点往往集中在如何实现创新，很少深入分析创新的内部流程（某一个体创新时）。而组织创新最受关注和质疑的往往是实施进程。已经受到广泛研究的创新似乎具备许多步骤或阶段。笔者为明确和分析本文 5 个研究社区在设法达到 CBRM 而进行的创新过程中所经历的不同阶段，并改编、引用罗杰斯（Rogers，1962）定义的企业组织创新 5 个阶段作为分析框架（表 8 - 2）。本文将社区创新历史中的事件都归类到改编后的 5 个创新阶段之中。

表 8 - 2　根据罗杰斯（1962）的企业创新理论界定 CBRM 创新阶段

序号	阶段	企业创新理论（罗杰斯，1962）	CBRM 阶段
1	制定议程	认识亟须创新的重要企业问题	社区认识渔业问题，或者社区的普遍问题
2	解决问题	利用创新解决议程中的问题	社区利用海洋资源社区化管理创新解决问题
3	重新定位/调整	调整创新以适应企业发展及变动后的企业结构	社区调整资源管理规则和治理体制或优化原有的管理体制

序号	阶段	企业创新理论（罗杰斯，1962）	CBRM 阶段
4	表征	明确表征企业与创新的联系	社区规则与治理体制正式实施（包括初步监测和执行）
5	制度设计	创新成为企业持续运营的关键要素	海洋资源社区化管理趋于稳定并成为常态

8.4.3.2　创新历史事件分析

焦点小组参与者参照时间轴，制作了一系列带详细描述的活动列表，并将其归类到一年内不同时间点，并利用参考文献对事件发生时间进行反复核对。存在细微分歧的事件保留在焦点小组罗列的清单中等待进一步分析。每个事件被编码为 24 种事件类型之一。

本文对每一个事件的结果即积极支持程度进行评价。积极支持被定义为受 3 个因素影响：① 资源管理流程合法性；② 社区对资源管理支持程度；③ 资源利用规则的存在与性质。这些因子定义参见表 8 - 3，因子选择标准如下。首先，合法性对确保制度生效至关重要，尤其是 CBRM 案例中的社区，往往无法实现当局对其法律体系的官方认可和批准。因此，社区成员对地方治理和规则制定机构的配合度主要取决于自身对其合法性的认识和判断（Ostrom，2005）。其次，CBRM 制度化和持续推进作为集体化行动，没有广泛的社会支持是不可能成功的。集体化行动除了要求各参与方之间有一定程度的相互信任和社会资本，还要求其支持和认同集体化行动任务（Ostrom，2005）。最后，如果 CBRM 未能以公开规则与标准的形式明确告知社区居民什么能做、什么不能做，及其不遵守规则的后果，CBRM 难以在社区居民行为规范过程中生效。

表 8 - 3　积极支持的 3 个影响因素

要素	要素描述
合法性	资源管理流程合法性根据社区内认同治理和决策流程合理的成员数量。有效、高参与度、透明；参与决策的成员具有权威性，是社区的有效代言人
CBRM 理念支持	资源管理以及社区化资源管理动因的支持率即了解资源管理目的，认同、自发支持、调整自身行为以符合新的管理方式的社区成员数量
资源利用规则	资源利用规则，即社区内是否拥有资源利用规则，以及社区监管、执行规则的能力

我们利用创新历史焦点小组数据（以及半结构化访谈与参与者评论），针对每一个事件对 3 个因子产生的影响进行定性分析。事件价值评价分为正效应（如认同流程合法性人数增加）、负效应（如认同 CBRM 理念人数下降）和零值（没有影响）。具体而言，如果事件没有对因子产生任何影响，价值得分为 0。如果产生正效应，得分为 1，如果产生负效应，得分为 -1。焦点小组参与者认定对因子产生重要影响的事件，根据效应正负性得分为 2 或 -2。通过统计累计得分，计分系统推进了创新历史直观统计图

的绘制。

支持程度量化法存在的潜在问题是，如果社区在相对较短时期内经历许多事件，可能会对支持程度评价产生不相称的影响。事实上，事件实际影响是持续的，可以取任何值。基于该方法依赖于定性数据，不可能也不合适应用其他量化评估体系。然而，使用上文描述的方法受利益影响，许多正效应评价的事件会迅速、不切实际地抬高累计得分。

为了限制不希望产生的效果，我们制定了以下方案。首先，我们选择了显著大于通常情况下事件发生的时间尺度。本研究选择以年为时间尺度。然后，每年年底我们观察并比较所有社区在支持度、合法性、资源利用规则方面的累计得分。如果某个社区在当年所有社区比较评价中得分显著偏离，我们会调整该社区的得分。因此，我们只纠正存在明显偏差的案例。我们以相同百分比调整个别事件的数值贡献，直到符合上一个评价时间点（即前一年）。通过这一方式，我们限制各种事件潜在的、不受欢迎的影响，确保实际得分能够相互比较。然而，这种方法基于定性评价，不应该严格按照数值计算分析实际水平，而是相对说明并利用定性数据核查。

8.5 结果与讨论

8.5.1 历史背景：CBRM 触发事件

为了解 CBRM 变革的形成背景，我们请焦点小组参与者讨论导致 CBRM 理念萌芽的时期内捕鱼拾遗行为、规律、鱼类和无脊椎动物丰度随时间如何变化。

根据讨论结果，所有社区创新历史始于 1960 年，且模式极为相似。所有社区表示，20 世纪 60 年代的鱼类和无脊椎动物体型大且种类繁多，轻轻松松就能捕获大量渔获物且鱼类很"温顺"。社区主要利用传统钓法如竹竿、渔线加农产品制作的鱼饵。社区中传统禁忌（美拉尼西亚习俗或传统）盛行，成员高度尊重社区领导人，社区文化中分享意识（如食物）很强烈。某些珊瑚礁上奉行永久性风俗禁忌以及特殊时期阶段性禁忌，例如主要领导人逝世。社区 D 严格禁止妇女捕鱼拾遗。

20 世纪 60 年代末至 70 年代间，海洋资源捕捞、贸易成为社区生活的重要组成部分，尽管自"二战"以来它已经是所罗门群岛渔民生计的一部分（Allan, 1957）。社区显示指定国外贸易船定期前来社区付现收购海参（刺参）和贝壳（如大马蹄螺）。捕鱼方式开始改变，渔业变得更加商业化。例如，社区 D 向捕捉金枪鱼的日本渔民学习了新的线钓技术；靠近首都霍尼亚拉的社区 E 开始在夜间潜水捕捞海产品以供霍尼亚拉市场出售。

所有社区显示，20 世纪 80 年代人口迅速增长，海产品贸易有所增加，近海鱼类丰度下降，其中社区 E 最为明显。社区成员为满足贸易需求，开始采购进口捕鱼装备如现代矛枪和夜用潜水手电筒。这一时期社区部落内和部落之间产生的冲突导致社区成员之间关系紧张、凝聚力丧失。大多冲突被认为源于意见分歧，即外来伐木公司是否应该从部落土地或是主要从部落与部族间土地砍伐木材。所罗门群岛许多学者针对社区外来采捕业的社会影响及其引发的冲突展开广泛讨论（参见 Hviding and Bayliss Smith，2000）。

到了 20 世纪 90 年代，社区之间以市场为中心建立了良好的贸易关系，鱼类和无脊椎动物数量显著减少。然而，社区基本没有认识到渔获物减少问题，社区将之归因于鱼类受惊逃离，或者说更新、更有效的渔具掩盖了渔获率低这一事实。20 世纪 90 年代末期，所罗门群岛全面爆发严重的政治动乱。触发危机的原因被认定为与人口快速增长、失业、经济机会有限和资源分配分歧（Dinnen，2002）有关。动乱使居民从霍尼亚拉返回家乡——维拉拉维拉岛社区（A、B 和 C），提高了社区人口和资源利用水平。瓜达尔卡纳尔岛的社区从沿海村落撤到内陆生活。

20 世纪初，离岸更远、停留更久的渔业捕捞导致所有社区开始采取 CBRM 手段。社区成员普遍认为这种"肆无忌惮"的捕捞行为是对社区领导人和社区资源利用"传统方式"的愈发不尊重。人们表现得更加利己主义，对当地社区和地区的渔业管理表现出"无所谓的态度"。

8.5.2　CBRM 的非政府组织参与

2007 年 4 月，一场地震和海啸对维拉拉维拉岛社区（A、B 和 C）的村庄和沿海生境造成实质破坏，严重扰乱居民生计（Prange et al.，2009；Schwarz et al.，2011）。许多渔民的住所和渔具受到毁损。世界渔业研究人员访问维拉拉维拉岛佐里奥地区，对海啸后的渔业生计进行快速评估，随后启动一个项目，即由 5 个邻近社区（包括 A、B 和 C）与世界渔业组织共同创建和实施的 CBRM 管理计划。这还包括提高社区对海洋资源衰退问题的认识。

相比之下，瓜达尔卡纳尔岛两个社区（D 和 E）在采纳 CBRM 流程和提高认识方面，没有受到非政府组织的任何直接投入与协助。然而，非政府组织通过社区（A、B 和 C）CBRM 制度化过程中的 NGO——社区密切合作模式的替代机制，对这两个社区同样产生了影响。2011 年，作为渔业和海洋资源管理项目的一部分，社区 D 在近海安装了人工集鱼装置（FAD）。合作过程中，世界渔业组织为评估资源管理成效而实施的计划包括部署 FAD、启用社区监测系统、开展访谈。FAD 项目启动于社区 D 自主实施 CBRM 规则一年后。临近拥有众多国际和当地非政府组织环保机构的霍尼亚拉的社区 E，在没有 NGO 直接投入的情况下启动和实施珊瑚礁封锁，他们通过机构查找相关文献、开展社区访问和信息交流，积极寻找 NGO 保护和海洋保护区信息。此外，他们与政府主体交流并游说政府部门认同、支持他们的举措，包括提供工具和服务。社区 E 的经历反映出一种趋势，即亚太地区沿海社区往往通过小规模、暂时性的封锁手段，独立验证海洋资源日益衰退问题的处理成效。

8.5.3　CBRM 创新历史

下面我们将对每个社区创新历史进行详细介绍，包括社区 CBRM 理念萌芽到问卷调查数据体现的社区特征。图 8-3 是各个社区"积极支持"程度的直观呈现图，呈现发生的具体事件及其对社区积极支持程度的影响。社区 C 和社区 E 自启用 CBRM 后获得积极支持程度最高。其中社区 C 在过程起始阶段即迅速获得积极支持，随后趋于平稳，社区 E 在过程起始阶段保持平稳，后期积极支持程度持续提高。平稳时期可以解释为停滞时期或等同于稳定时期。自 2010 年以来，社区 A 和社区 D 争取成员全面、积极支持的模式较为相似，但最终取得的支持水平约为社区 C 和社区 E 的一半。2007 年社区 A 第一次尝试启用 CBRM，但遭遇失败。社区 B 至今没有取得积极支持，且目前没有适当的 CBRM 规则和治理体系。

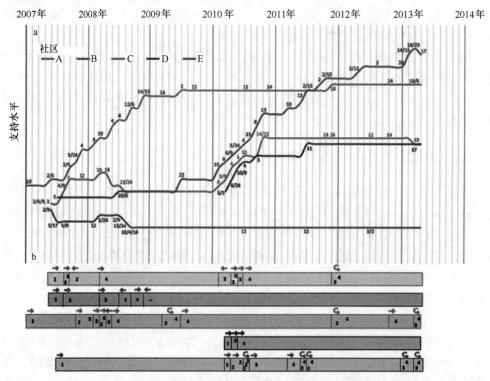

图 8 - 3　5 个所罗门群岛社区 CBRM 启动和制度化过程的创新历史（A ~ E）

注：a 阶段表示每个社区内的关键事件，及其是否对社区支持水平产生积极、消极或中性影响。积极支持发生的关键事件。曲线上的数字对应 a 阶段关键事件编号。b 阶段表示 CBRM 进程中已明确阶段。各阶段与表 8 - 2 罗列的定义与编号相对应

8.5.4　积极支持分析

如图 8 - 3 所示，积极支持的总体水平能够帮助评价整体进展情况、开展案例之间的比较。把支持水平被分为 3 个组成部分：① 合法性；② 理念支持；③ 资源利用规则支持。这样就能够对每个组成部分对积极支持总体水平的影响作用进行定性、细致的分析并加以解释（图 8 - 4）。3 个组成部分看似都对争取积极支持很重要，也对创造一个能满足 CBRM 持久作用、标准化、为社区带来显著效益的环境具有重要意义。没有社区能够在 3 个部分都不显著的情况下，获得和保持 CBRM 的高度积极支持。

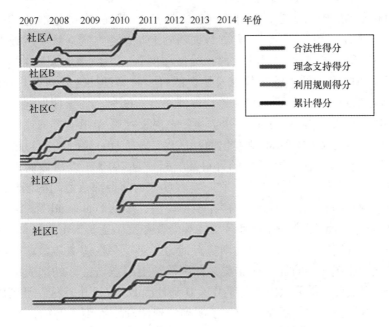

图 8-4 所罗门群岛社区创新历史积极支持水平

注：社区创新历史积极支持水平累计得分可分解为 3 个因素：① 合法性；② 理念支持；③ 资源利用规则支持

8.5.4.1 资源利用规则

"资源利用规则"部分体现资源利用过程中管理规则存在与否、社区对规则适应程度、资源监测状况、规则服从度和执行状况。对所有社区而言，规则很简单——除一年中特定时间点暂时解除封锁、允许捕捞外，禁用捕鱼场所和渔具。在大多数情况下，禁令只对部分捕鱼场所或渔具使用局部范围产生影响。

①出于社会或生态目的改变规则。只有一个社区（C）在 CBRM 进程中有意调整规则而不是全程执行 CBRM 起始阶段制定的规则。规则调整往往是响应社区内发生的生态或社会变化。CBRM 社区领导人通常由主要土地或珊瑚礁部落首领和长者任命，且具有较强号召力，表述他们主要根据封锁区内目标物种体型、丰度的变化调整规则（捕捞什么、捕捞多少），并以此引导社区 CBRM 理念变革。CBRM 社区领导人向共事的非政府组织学习了珊瑚礁生态普查技术。每个社区捕捞周期前，社区领导人带领CBRM 进程推动的青年支持者察看珊瑚礁，然后对此次捕捞做出定性决策。

然而，管理决策同样是对经济或社会环境的响应。一个最新的例子是，2013 年政府暂时解除海参捕捞禁令 3 个月。鉴于海参经济价值高，珊瑚礁封锁区的偷猎现象层出不穷，CBRM 领导人决定开放珊瑚礁 3 天，允许社区成员捕捞海参。他们认为相比强制封锁、失去支持，这一举措能更好地控制捕捞（并从中受益）、保留社区 CBRM 支持。社区 A 领导人表示，他们迫于压力开放珊瑚礁封锁区，以应对诸如婚礼之类活动。社区 E 在 2013 年首次开放封锁区，管理社区 CBRM 的青年保护委员会计划在掌握珊瑚礁生态监测后再调整规则。

②规则制定和实施的期限。获得珊瑚礁所有者的许可和支持是推进 CBRM 至关重要的第一步。例如，社区 A 第一次尝试封锁珊瑚礁时遭遇失败，缘于该珊瑚礁属于邻近社区、由其进行捕捞作业，但处于两个社区中间位置。由于珊瑚礁非社区 A 所有，社区 A 领导人不被认为具备颁布禁令及执行的权力。邻近社区开始在封锁区捕捞时，社区 A 的渔民纷纷效仿，于是 CBRM 进程停滞不前。随后，为了应对这一情况，社区 A 的两名 CBRM 代表提出一个新的解决方案——封锁社区 A 正前方的珊瑚礁。这个珊瑚礁属于另一个成功实现 CBRM 制度化的社区（C）所有，这一新的封锁场所执法相对容易。社区 A 征求、获得社区 C 的许可和支持，自 2010 年以后珊瑚礁封锁逐渐到位。社区 B 启用 CBRM 之所以失败，在一定程度上与邻近部落之间的珊瑚礁所有权纠纷有关（所有权纠纷往往错综复杂、存在多种说法，参见 Foale and MacIntyre, 2000），另一方面也与建立合法程序、获取社区支持等失败有关（见 8.5.4.2 和 8.5.4.3）。

③公民参与规则执行。社区内规则执行能力不足、存在违法现象，是所有社区普遍存在的情况。比起熟悉的社区内成员，社区成员更愿意与社区外部人员一起执行规则。CBRM 规则执行获得最大成功的是社区 D 和社区 E，这两个社区在社区成员整体认可且全民参与规则执行的前提下，制定了明确的资源利用规则。例如，社区 E 建立了完善体系保障资金流向保护活动和教会活动。每一个社区成员都属于执法行列（出于自发意愿），基于"抓获"违法者后能获得部分罚金的个人动机。另一种方式是成员发现违法行为后通知青年保护委员会（社区 E 的 CBRM 管理主导者），由其征收罚款并将罚款用于开展社区教会活动。

8.5.4.2　理念支持

NGO 参与下的两个社区（A 和 C），获得社区成员对 CBRM 理念的支持，是在 CBRM 进程起始阶段获得社区积极支持的关键，同时也是积极支持总体水平的重要组成部分。相比之下，没有 NGO 参与的社区（D 和 E），争取支持和合法性的一系列事件几乎是一致、同步的。获得社区对 CBRM 理念支持的方式主要有两种：一种是提高认识与加强对话；另一种是 CBRM 利益直接评价。

（1）知识中介与增强意识及对话

提高认识、加强对话往往是社区化资源管理必需的准备工作（Chuenpagdee and Jentoft, 2007）。NGO 开展的认识提高会议促使社区 A、社区 B 和社区 C 的 CBRM 理念萌芽。随着时间推移，只有社区 A、社区 C 获得 CBRM 高度支持，并将其确立为资源利用管理方式，社区 B 则遭遇失败且 CBRM 至今未到位。因此，实现 CBRM 变革需要的不仅仅是简单的转变想法——关键是贯彻、推行和参与。争取社区成员对 CBRM 的认同，意味着需要贯彻思想、定期提高其认识和加强对话讨论。社区 C 的 CBRM 团队领导人推行的定期讨论会作为教会服务的一部分，持续了一年多的时间。社区 A 在起始阶段获得支持，随后经历停滞期，紧接着经历了系列事件引起的支持率恢复和上升密集期。

社区 E 青年保护委员会（CBRM 管理主导者，见 8.5.5）以教会服务的形式对整个社区开展每周一次的会议，前后持续一年多。在大多数社区成员做礼拜的教堂开展会议，让大多数社区成员参与会议成为可能。在这种情况下，青年委员会中的发言者和对话主导者都很重要，同时对于其他研究人员成功复制、实施这一过程极为关键，尤其当转型较为彻底、涉及损失与获益时。青年团队领导者是极具号召力的 CBRM "拥护者"，正是他根据霍尼亚拉 NGO 文献和会议信息，提出封锁珊瑚礁能带来生态和食品安全效益。他们反复强调潜在的经济效益并利用合理手段使效益大于损失，例如推崇生态旅游，以及通过证明社区能够共事争取政府机构和非政府组织的关注与协助。尽管社区 C 和社区 E 专门小组需要为争取社区对 CBRM 的支持而付出巨大努力，但这种形式充分保障社区成员质询的权利，并确保流程更透明以及信息在整个社区内公开，从而潜在的提高社区成员的长期支持率。

在这两个社区案例中，专门小组为加强社区成员资源保护意识，广泛寻找海洋生态问题、社会问题与社会经济效益之间的联系，扮演的角色是社区成员"知识中介"或"讲解小组"（Westley et al.，2013）。相反，至今没有制定资源利用规则的社区 B，因合法性问题及变革过程中没有得到必需驱动力，未能通过开展会议和讨论争取到社区成员支持。

（2）眼见为实

在海洋资源利用过程中尝试实施封锁规则的几个社区（A、C 和 E）从周期性捕捞观察到预期效益后，坚定地保留了对 CBRM 的支持。所有社区成员都表示认同，在"确认"封锁珊瑚礁后封锁区内的资源数量后，CBRM 理念的社区支持度上升。周期性捕捞给个人和社区提供了直接经济利益（例如当地教会和学校活动经费）和间接利益（例如来社区访问学生的付款）。对社区而言，通过年复一年的维持资源增量和捕捞效益以保持成员的积极支持具有一定压力，尤其是无法以其他方式获得积极支持的社区。另一个风险是，尽管封锁区的周期性捕捞在较短时期内已经到位，社区也已看到了效益，但如果不能遏制过度捕捞现象，保护区长期效益无法保证。

促进社区 E 的 CBRM 理念萌芽的方式是直接观察。社区青年团队在参观邻近社区教会活动时，观察到传统禁忌封锁区内丰富的海洋资源，并产生了封锁本社区珊瑚礁的想法。他们开始组建青年保护委员会，并向社区领导人和成员表达自身想法。这充分体现出社区之间无形的学习网络促进 CBRM 理念萌芽的潜力，学习网络也是 NGO 实践中常用的概念（例如"观察学习"或 CBRM 社区互相交换任务），但其成效很少受灰色文献以外资料的认可（Govan et al.，2011；Lauber et al.，2008）。

8.5.4.3　合法性

管理和规则制定过程的合法性以及参与决策的对象，是决定最终支持整体水平的重要因素。社区 A 和社区 B 的 CBRM 过程合法性始终不充分。社区 A 主要依靠封锁区捕捞收益来维持成员积极支持。相比之下，社区 C、社区 D、社区 E 均在 CBRM 进程起始阶段参与活动、树立合法性。社区 E 为树立 CBRM 进程合法性付出很多相类似的努力。关键因素包括参与管理决策对象、是否利用原有管理结构以及决策参考信息。我们的调查数据显示，在 CBRM 过程中尤其是起始阶段树立合法性非常重要，如果自始至终无法完成，会成为获取积极支持的限制因素。

（1）从 CBRM 起始阶段参与决策

外部组织（非政府组织或政府）发起 CBRM 活动时，通常以参与 CBRM 管理对象的视角参与决策。社区的全面参与也推动 CBRM 发展，但后期才会体现（Chuenpagdee and Jentoft，2007）。这一优势在经 NGO 与社区领导人、精英成员协商挑选 CBRM 代表的社区 A、社区 B 得到了充分体现。社区 B 挑选的代表领导不力、社区缺乏凝聚力、成员不信任被挑选代表，导致其甚至无法与社区成员开展关于 CBRM 的对话。目前社区 A 常见的抱怨是，社区代表第一时间了解到社区决策，却不及时告知成员 CBRM 发展状况。

相比之下，社区 C、社区 D、社区 E 在 CBRM 进程起始阶段便参与活动以树立合法性。3 个社区通过召开会议告知其他社区成员 CBRM 发展状况，并与之对话、讨论确保流程透明性。这 3 个社区中广受成员尊重与信任的社区领导人和长者，对 CBRM 进程给予了大力支持。

（2）充分利用原有的可靠管理体制

树立合法性的重要因素之一是利用现有管理体制。社区 C 十年前已制定森林资源可持续利用计划，因此实施类似的海洋资源管理理念时已有成型的管理体制。包括指定角色的社区委员会和已登记 CBO。虽然没有太多相关经验，社区 E 的部落在实施 CBRM 之前已预留一个小型陆地保护区，并利用现有青年委员会体制成立海洋保护委员会。此外，社区 E 主要关心的是争取政府发展、管理支持，并集中精力实现官方合法。该社区为此采取的措施包括正式登记海洋保护区为社区组织（CBO）以申请拨款，和所罗门群岛 LMMA（地方海洋区域管理网络）共建资源、信息网络并为亚太 NGO、CBRM 社区所共享。保护委员会认为，官方合法的体制有助于说服政府部门和发展组织提供一些社区福利，诸如卫生项目、大学生实地考察等。

（3）决策参考信息

除了来自其他社区的信息，非政府组织和研究人员提供的"科学"信息也具有法律效力（同时对获取 CBRM 理念支持具有重要作用）。本研究中，社区成员重点接收生态系统功能交互及渔业管理相关信息。或许正是新的、不同形式的知识带给社区全新的、独创性的见解。但值得注意的是，信息的合法性可能与外部人员权力内涵相关。可以看出，社区 C 有管理和无管理珊瑚礁渔业捕捞研究结论，对决策者决定封锁区开放时间、捕捞种类和如何监测渔民捕捞情况产生了真正的、重大的影响。尽管传递信息的研究人员来自社区外，但这些研究人员居住在社区内，对社区文化和语言有实质性理解，已经与社区成员建立联系、信任关系。值得注意的是，信息的表达及传递形式，有些情况下外部中介（如非政府组织、研究人员和政府）甚至将信息"出售"给社区，这些都会对 CBRM 的采纳及变革过程产生影响。这会导致社区及其成员产生特殊的预期或希望，对其 CBRM 考虑方式和海洋资源管理效益与成本产生相应的影响。例如研究发现，若过分重视封锁区的"双赢"局面和经济效益，一旦预期目标没有达成或利益分布不均，会导致社区支持率降低（Chaigneau，2013；Christie et al.，2003）。

8.5.5　CBRM 阶段

CBRM 是一个过程，也是一个成果。根据罗杰斯（Roger, 1962）"创新过程中的 5 个阶段"，我们将每个社区中的系列事件归纳为 CBRM 过程中从理念到制度化的不同阶段（表 8-2）。然而，不同于罗杰斯构建的理想模型，我们的研究结果表明，阶段转变是一个非线性过程。首先，我们在分析 CBRM 阶段过程中发现，社区在不同阶段之间来回反复，偶尔越过某一阶段（见图 8-3）。我们还发现，具体阶段并不一定对应具体支持水平，即使一个社区处于第四阶段，它的支持水平仍可能偏低。不过，社区 B 研究结果表明，积极支持水平和 CBRM 各阶段持续时长等方面的分歧，不利于 CBRM 制度化。其次，从其他文献（Chuenpagdee and Jentoft, 2007）中可以发现，CBRM 过程不存在通用模式，但社区 CBRM 过程开始方式由时间演进决定某展开方式途径和社区 CBRM 支持程度。

8.5.5.1　CBRM 准备工作及经验借鉴

相对其他整体支持水平较低的社区而言，支持程度最高的两个社区（C 和 E）在第一阶段花了较长一段时间——社区在该阶段认识到存在需要解决的内部问题。第一阶段是社区为完成 CBRM 相关变革、获取 CBRM 支持、建立合法机构等做准备的重要时期，类似于奥尔森等（Olson, 2006）描写的强调转变准备期的社会生态转型第一阶段。例如，启用 CBRM 前数年，社区 C 和社区 E 已经意识到陆地资源保护问题（砍伐森林的负面影响），建立起森林社区化管理的合法管理体制。因此，类似海洋系统管理理念被（无论是非政府组织或社区成员）提出时，陆地管理经验积累加上 CBRM 有关信息收集，意味着社区已准备好向利用 CBRM 解决问题的下一阶段以及制定新的治理制度和规则的第三阶段转变。

8.5.5.2　利用 CBRM 解决生态和/或社会问题

第二阶段中，社区决定利用 CBRM 解决存在的问题时，并没有认清 CBRM 需要解决的生态或渔业问题。在创新历史焦点小组历史背景部分的讨论中，没有社区明确认识到海洋资源生态问题或是将其与过度捕捞相联系。社区成员表示，随着时间推移渔获物中鱼类和无脊椎动物减少，某些物种正逐渐消失。但在探讨这个现象为何出现以及为何没有及时解决时，人们往往归咎于自然变异，并认为海洋资源会"恢复"，或是鱼类和无脊椎动物"畏惧"鱼枪、渔网所以"隐匿"。这与其他所罗门群岛研究的结果一致，当地居民缺乏生态知识，生计特征中几乎不存在开发利用资源的替换（Foale et al., 2011）。NGO 意识提高（社区 A、社区 B、社区 C）与过度捕捞弊端普及（社区 C、社区 E）等社区 CBRM 活动展开后，资源衰退和过度捕捞等论述开始流行。户主调查同样反映出这一点，大多数人尤其是社区 B、社区 C 和社区 D 居民，认为目前的鱼类资源足够满足家庭需要，但未来不容乐观。居民对未来海洋资源和粮食安全的关注，源于社区资源衰退、过度捕捞和人口的不断增长，这也被认为是为更好管理渔业所开展的现代科学探讨成果之一，即社区成员的资源保护意识增强（Foale et al., 2011）。

　　另一方面，社区尝试利用 CBRM 解决社会问题。例如早在启用 CBRM 10 年前，青少年酗酒、闹事等负面社会行为已经成为社区 E 领导人和成员关注的焦点。领导人决定通过鼓励青少年从事健康的社会活动，消除其行为对社区凝聚力的影响。他们将公共区域改造为运动场，并以提供乐器、组建乐队的方式鼓励青少年参与教会活动。在前往邻近社区参与教会活动时，为获取食材，青年团队潜入其传统禁忌封锁区内捕捞鱼类和无脊椎动物，并见识到远比本社区珊瑚礁丰富的海洋资源。返回本社区后，青年团队向社区领导人提议封锁本区珊瑚礁，领导人率先表示支持，他们认为这是在青年保护委员会有力领导下培育社区凝聚力的重要举措。社区 E 领导人和青年团队采取的创新方法力度表明，当一个综合环境问题或难题具备能吸引社区的价值时，它将能够成为推动转型、变革的重要力量。

　　同样，社区 D 也将 CBRM 作为解决社会问题的方案。在其他人仍使用鱼竿、渔线捕鱼时，社区内外已有个别成员开始使用渔网。介于近年来已不再与过去一样由社区成员共享渔获物，私自使用违法渔具被认为是不公平行为。社区领导人认为这一不公平行为性质较为严重，需对所有社区成员加以警示，随即下达禁令禁止任何人使用渔网进行捕捞。

　　相反，社区 A 和社区 B 在非政府组织参与前没有意识到渔业问题。在 NGO 参与、社区成员意识增强后，社区 A 立即认识问题并着手寻找合适解决方案，径直制定管理体制相关规则与决策（第三阶段），尽管积极支持水平非常低。

　　虽然社区 D 同样呈现出从阶段一快速转变至阶段四的趋势，渔获不均现象始终存在，并逐渐达到亟须解决的高潮。因此，社区 D 相对容易迅速获取高水平支持，且支持水平变化和阶段前进转变均衡。社区 D 规模小、联系紧密，拥有能够快速解决问题的合适机构，并能够迅速召开第一次社区会议做出相应决策并着手实施 CBRM。

8.5.5.3　CBRM 非线性过程

　　所有活跃社区（除社区 D）在第三、第四阶段之间往复运动，以此制定规则和管理体系随后执行、测试，然后根据更多的信息以及变化条件重新修正。社区 A 和社区 C 已进入支持率平稳期与 CBRM 变革稳定期。相比之下，社区 E 随着支持水平的持续上升在第三、第四阶段之间往复。这种往复大多与引导 CBRM 变革的青年团队有关。自 2011 年实施区域珊瑚礁封锁以来，他们积极争取使获得的利益持续增长。例如，2013 年他们成功筹集经费建立社区生态旅馆，目前他们打算筹集更多经费用于珊瑚礁监测技术培训，从而自已管理收获周期。他们的策略是不断寻找机会向政府和非政府主体证明他们是具备高度凝聚力的社区，希望以此持续获利。青年团队采取的战略机遇法，是强大机构引导、协助社会生态系统转型的重要案例（Westley et al. , 2013）。

8.6　结论

　　这项研究有助于解读 CBRM 理念如何得以在高度依赖资源的沿海社区萌芽以及制度化。我们利用文献中有关创新性、变革性扩散的内容，界定过程中的阶段并帮助引导定性数据的归纳分析。从所罗门群岛的 5 个案例研究中发现，CBRM 制度化进程不存在通用模式，而是显著取决于社区环境。整个过程是非线性的，存在剧烈变化阶段、平稳阶段或停滞阶段。CBRM 的制度化过程是非线性的，需要具体策略推动一个阶段进入下一阶段，以及促成或阻碍这一变化的关键要素。社区对 CBRM 的积极支持基于过程起始阶段发生的事件类型以及维持支持率的措施。将 CBRM 与社区现有资源管理理念及其他社会问题相联系；培育合法机构和决策过程；社区主要参与者与其他成员间强烈持续的相互作用（不一定是非政府主体）；社区成员对 CBRM 效益的见证，这些都对 CBRM 在社区内的产生和扩散做出重要贡献，并协助克服变革障碍。

案例研究显示，持续制度化和社区积极支持取决于 CBRM 进程早期发生的事件类型。相对纯粹的生态清单，制定社会生态清单显然能够使 CBRM 更有效地满足社区需要（Schultz et al.，2007）。一系列维持积极支持的后续活动也很重要。这些获取社区内 CBRM 积极支持必需的活动，可以分为以下 3 种类型。

第一，采用社区成员认为合法的管理体制和决策程序极为重要。没有合法性很难获得或维持 CBRM 社区支持。CBRM 支持最为广泛的社区，都在原有管理体制的规则和机构层面的基础上进行强化、修正。

第二，通过促进社区参与、提高社区资源保护意识以及加强对话以获取社区 CBRM 理念支持，对推动 CBRM 转型、变革具有重要意义。观察 CBRM 是否直接或间接改善社区生活，是维持高度支持的强大机制。

第三，选择和调整适用现状的规则、尊重资源所有权、引导全社区参与规则执行，能够加强社区成员对规则的配合度和认可度。

在研究非政府组织作用时，我们揭示了一些有趣的发现。首先，社区需要在没有 NGO 直接参与的情况下成功获得成员对 CBRM 理念的有效、积极支持。而获取理念支持要求全社区的积极参与和社区内组织的大力推动，机构显得非常重要。在这种情况下，积极的青年团体与支持型领导似乎是一次成功组合。然而，非政府组织在 CBRM 共同建设中发挥着重要作用，尤其是提供支持和信息途径，以解决资源问题识别、海洋生态系统功能、管理选项以及 CBRM 与渔业的长期监测等问题。但是，需要注意的是信息传递、信息类型与潜在的权力不对称性。

培育 CBRM 管理体制的变革能力需要进行治理和管理上的创新看似很合理。这种创新是将原有理念结合特定环境进行调整、重组。所罗门群岛案例中的管理创新保留了原有管理体制的传统资源所有权、领导人和社区组织，同时结合新的管理方法，如寻求官方、法律认可；与政府和非政府保护组织建立合作关系；通过赋权青年启动社会政治变革。管理创新来源于资源管理规则创新，如传统禁忌与海洋空间规划相结合。然而，采取的禁令（例如珊瑚礁定期捕捞）仅仅针对社区所有渔业中的一部分。这些规则也许会产生短期效益，但渔业的长期效益无法保证。案例研究表明，绝大多数创新出现在治理层面而不是管理层面（除了社区 C 在捕捞前进行生态定性评价以决定捕捞什么、捕捞多少）。这或许是出于 CBRM 转型变革主要是为解决社会问题而不是生态问题这一潜在目的。因此，与其他社区相比，我们可以推测，在这些案例中 CBRM 强调的是解决渔业生态需要（Cohen et al.，2013），而社区还需要借鉴系列规则进行管理方法创新，尤其是保证新的管理方法在长期运行中富有弹性。

参考文献

崔旺来，等．海洋经济时代政府管理角色定位［J］．中国行政管理，2009，（12）：55－57.

臧杰斌，周文建．浅谈社区发展和社区建设［J］．社区，2001，（Z2）：33－34.

蔡昉．中国流动人口问题［M］．北京：社会科学文献出版社，2007.

Abernethy, KE. , Bodin, Ö. , Olsson, P. , Hilly, Z. , Schwarz, A. 2014, Two steps forward, two steps back：The role of innovation in transforming towards community－based marine resource management in Solomon Islands. Global Environmental Change, 28：309－321.

Allan, C. H. , 1957, Customary Land Tenure in the British Solomon Islands Protectorate. Western Pacific High Commission, Honiara.

Andrew, N. L. , Bene, C. , Hall, S. J. , Allison, E. H. , Heck, S. , Ratner, B. D. , 2007, Diagnosis and management of small－scale fisheries in developing countries, Fish Fisheries, 8：227－240.

ARDS, 2007, Solomon Islands Agricultural Rural Development Strategy. Solomon Islands Government, Ministry of Development Planning and Aid Coordination, pp. 73.

Armitage, D. , 2005, Adaptive capacity and community－based natural resource management, Environmental Management, 35：703－715.

Armitage, D. R. , Plummer, R. , Berkes, F. , Arthur, R. I. , Charles, A. T. , Davidson－Hunt, I. J. , Diduck, A. P. , Doubleday, N. C. , Johnson, D. S. , Marschke, M. , 2008, Adaptive co－management for social－ecological complexity. Front, Ecology and the Environment, 7：95－102.

Aswani, S. , 1998, Patterns of marine harvest effort in southwestern New Georgia, Solomon Islands：resource management or optimal foraging, Ocean &Coastal Management, 40：207－235.

Aswani, S. , 2002, Assessing the effects of changing demographic and consumption patterns on sea tenure regimes in the Roviana Lagoon, Solomon Islands, Ambio, 31：272－284.

Bell, J. , Kronen, M. , Vunisea, A. , Nash, W. J. , Keeble, G. , Demmke, A. , Pontifex, S. , Andréfouët, S. , 2009, Planning the use of fish for food security in the Pacific, Marine Policy, 33：64－76.

Béné, C. , 2009, Are fishers poor or vulnerable? Assessing economic vulnerability in small－scale fishing communities, The Journal of Development Studies, 45：911－933.

Berkes, F. , 2006, From community－based resource management to complex systems：the scale issue and marine commons, Ecology and Society, 11：45.

Blaikie, P. , 2006, Is small really beautiful? Community－based natural resource management in Malawi and Botswana, World Development, 34：1942－1957.

Brown, K. , 2002, Innovations for conservation and development, Geographical Journal, 168, 6－17.

Burke, L. , Reytar, K. , Spalding, M. , Perry, A. , 2012, Reefs at Risk Revisted in the Coral Triangle, World Resource Institute.

Chaigneau, T. , 2013, Understanding community support towards three marine protected areas in the Visayas Region of the Philippines, School of International Development, University of East Anglia, UK, 327.

Chambers, R. , Pacey, A. , Thrupp, I. A. , 1989, Farmer First：Farmer Innovation and Agricultural Research, Intermediate Technology Publications, London.

Christensen, A. E. , 2011, Marine GOLD and Atoll Livelihoods：The Rise and Fall of the Bche－de－mer trade on Ontong Java, Solomon Islands, Natural Resources FoRum, Wiley Online Library, 9－20.

Christensen, N. L. , Bartuska, A. M. , Brown, J. H. , Carpenter, S. , D'Antonio, C. , Francis, R. , Franklin,

J. F. , MacMahon, J. A. , Noss, R. F. , Parsons, D. J. , 1996, The report of the Ecological Society of America committee on the scientific basis for ecosystem management, Ecological Applications, 6: 665 – 691.

Christie, P. , McCay, B. J. , Miller, M. L. , Lowe, C. , White, A. T. , Stoffle, R. , Fluharty, D. L. , McManus, L. T. , Chuenpagdee, R. , Pomeroy, C. , 2003, Toward developing a complete understanding: a social science research agenda for marine protected areas, Fisheries, 28: 22 – 25.

Chuenpagdee, R. , Jentoft, S. , 2007, Step zero for fisheries co – management: what precedes implementation, Marine Policy, 31: 657 – 668.

Cohen, P. J. , Alexander, T. J. , 2013, Catch rates, composition and fish size from reefs managed with periodically – harvested closures, PLOS ONE 8, e73383.

Cohen, P. J. , Cinner, J. E. , Foale, S. , 2013, Fishing dynamics associated with periodically harvested marine closures, Global Environmental Change, 23: 1702 – 1713.

Cohen, P. J. , Foale, S. J. , 2013, Sustaining small – scale fisheries with periodically harvested marine reserves, Marine Policy, 37: 278 – 287.

Crona, B. , Bodin, O. , 2006, What you know is who you know? Communication patterns among resource users as a prerequisite for co – management, Ecology and Society, 11: 7 – 27.

Crona, B. I. , Bodin, Ö. , 2010, Power asymmetries in small – scale fisheries: a barrier to governance transformability, Ecology Society, 15: 32.

Dinnen, S. , 2002, Winners and losers: politics and disorder in the Solomon Islands 2000 – 2002, The Journal of Pacific History, 37: 285 – 298.

Douthwaite, B. , Ashby, J. , 2005, Innovation Histories: A Method for Learning from Experience, ILAC Brief 5, Institutional Learning and Change Initiative, Rome.

Evans, L. , Cherrett, N. , Pemsl, D. , 2011, Assessing the impact of fisheries co – management interventions in developing countries: a meta – analysis, Journal of Environmental Management, 92: 1938 – 1949.

Foale, S. , 1998, Assessment and management of the trochus fishery at West Nggela, Solomon Islands: an interdisciplinary approach, Ocean & Coast Management, 40: 187 – 205.

Foale, S. , MacIntyre, M. , 2000, Dynamic and flexible aspects of land and marine tenure at West Nggela: implications for marine resource management, Oceania, pp. 30 – 45.

Foale, S. , Manele, B. , 2004, Social and political barriers to the use of marine protected areas for conservation and fishery management in Melanesia. Asia Pacific Viewpoint, 45: 373 – 386.

Foale, S. , Cohen, P. , Januchowski – Hartley, S. , Wenger, A. , Macintyre, M. , 2011, Tenure and taboos: origins and implications for fisheries in the Pacific, Fish Fisheries, 12: 357 – 369.

Folke, C. , Carpenter, S. R. , Walker, B. , Scheffer, M. , Chapin, T. , Rockström, J. , 2010, Resilience thinking: integrating resilience, adaptability and transformability, Ecology and Society, 15: 20.

Folke, C. , Hahn, T. , Olsson, P. , Norberg, J. , 2005, Adaptive governance of social – ecological systems, Annual Review of Environment and Resources, 30: 441 – 473.

Govan, H. , 2009a, Achieving the potential of locally managed marine areas in the South Pacific, SPC Traditional Marine Resource Management and Knowledge Information Bulletin, 25: 16 – 25.

Govan, H. , 2009b, Status and Potential of Locally – Managed Marine Areas in the South Pacific: Meeting Nature Conservation and Sustainable Livelihood Targets Through Wide – Spread Implementation of LMMAs, REP/WWF/WorldFish – Reef – base/CRISP, Apia/Suva/Noumea.

Govan, H. , Schwarz, A. , Boso, D. , 2011, Towards integrated island management: lessons from Lau, Malaita, for the implementation of a national approach to resource management in Solomon Islands: Final report, WorldFish Center Report to SPREP.

GoSI (Government of Solomon Islands), 2006, Household Income and Expenditure Survey 2005/6 National Report (Part One). Solomon Islands Statistics Office, Department of Finance and Treasury, Honiara.

Hardin, G., 1968, The tragedy of the commons, Science, 162: 1243 – 1248.

Huitema, D., Meijerink, S., 2010, Realizing water transitions: the role of policy entrepreneurs in water policy change, Ecology and Society, 15: 26.

Hviding, E., 1998, Contextual flexibility: present status and future of customary marine tenure in Solomon Islands, Ocean & Coast Management, 40: 253 – 269.

Hviding, E., Bayliss Smith, T., 2000, Islands of Rainforest: Agroforestry, Logging and Eco – tourism in Solomon Islands, Ashgate, London.

Krishna, A., 2002, Active Social Capital: Tracing the Roots of Development and Democracy, Columbia University Press, New York.

Lauber, T. B., Decker, D. J., Knuth, B. A., 2008, Social networks and community – based natural resource management, Environmental Management, 42: 677 – 687.

Leach, M., Mearns, R., Scoones, I., 1999, Environmental entitlements: dynamics and institutions in community – based natural resource management, World Development, 27: 225 – 247.

Lubell, M., Henry, A. D., McCoy, M., 2010, Collaborative institutions in an ecology of games, American Journal of Political Science, 54: 287 – 300.

Lubell, M., Leach, W. D., Sabatier, P. A., 2009, Collaborative watershed partnerships in the epoch of sustainability. In: Mazmanian, D. A., Kraft, M. E. (Eds.), Toward sustainable communities: Transition and transformations in environmental policy, MIT Press, Cambridge, MA, 255 – 288.

Moore, M. L., Westley, F., 2011, Surmountable chasms: networks and social innovation for resilient systems, Ecology and Society, 16 (1): 5.

North, D. C., 1990, Institutions, Institutional Change and Economic Performance, Cambridge University Press, Cambridge.

Olsson, P., Folke, C., Berkes, F., 2004, Adaptive comanagement for building resilience in social – ecological systems, Environmental Management, 34: 75 – 90.

Olsson, P., Galaz, V., 2011, Social – ecological innovation and transformation, In: Nicholls, A., Murdock, A. (Eds.), Social Innovation: Blurring Boundaries to Reconfigure Markets, vol. 223. Palgrave Macmillan, London, 223 – 247.

Olsson, P., Gunderson, L. H., Carpenter, S. R., Ryan, P., Lebel, L., Folke, C., Holling, C. S., 2006, Shooting the rapids: navigating transitions to adaptive governance of social – ecological systems, Ecology and Society, 11: 18.

Ostrom, E., 1990, Governing the Commons: The Evolution of Institutions for Collective Action, Cambridge University Press, Cambridge.

Ostrom, E., 2005, Understanding Institutional Diversity, Princeton University Press, Princeton.

Ostrom, E., Janssen, M. A., Anderies, J. M., 2007, Going beyond panaceas, Proceedings of the National Academy of the United of America, 104: 15176 – 15178.

Prange, J. A., Schwarz, A., Tewfik, A., 2009, Assessing needs and management options for improved resilience of fisheries – dependent communities in the earthquake/tsunami impacted Western Solomon Islands, WorldFish Center Report.

Rogers, E., 1962, Diffusion of Innovations, Simon and Schuster, New York.

Roth, G. , Kleiner, A. , 1998, Developing organizational memory through learning histories, Organizational Dynamics, 27 (2): 43 – 60.

Ruddle, K. , Satria, A. , 2010, Managing Coastal and Inland Waters: Pre – existing Aquatic Management Systems in Southeast Asia, Springer, Heidelberg, Germany.

Sandström, A. , Crona, B. , Bodin, ö, 2014, Legitimacy in co – management: the impact of preexisting structures, social networks and governance strategies, Environmental Policy and Governance, 24: 60 – 76.

Scholz, J. T. , Wang, C. L. , 2006, Cooptation or transformation? Local policy networks and federal regulatory enforcement, American Journal of Political Science, 50: 81 – 97.

Schultz, L. , Folke, C. , Olsson, P. , 2007, Enhancing ecosystem management through social – ecological inventories: lessons from Kristianstads Vattenrike, Sweden, Environmental Conservation, 34: 140 – 152.

Shellenberger, M. , Nordhaus, T. , 2004, The Death of Environmentalism. Global Warming Politics in a Post – environmental World, Breakthrough Institute.

Smith, A. , Kern, F. , 2009, The transitions storyline in Dutch environmental policy, Environmental, Politics, 18: 78 – 98.

Smith, A. , Stirling, A. , 2010, The politics of social – ecological resilience and sustain – able socio – technical transitions, Ecology and Society, 15: 11.

UNDP [United Nations Development Program], 2008, Analysis of the 2005/06 Household Income and Expenditure Survey. Final report on the estimation of basic needs poverty lines, and the incidence and characteristics of poverty in Solomon Islands, SINSO and UNDP Pacific Center, Suva, Fiji.

Weeratunge, N. , Pemsl, D. , Rodriguez, P. , Chen, O. L. , Badjeck, M. C. , Schwarz, A. M. , Paul, C. , Prange, J. , Kelling, I. , 2011, Planning the use of fish for food security in Solomon Islands, Coral Triangle Support Partnership, pp 51.

Westley, F. R. , Tjornbo, O. , Schultz, L. , Olsson, P. , Folke, C. , Crona, B. , Bodin, ö, 2013, A theory of transformative agency in linked social – ecological systems, Ecology and Society, 18: 18.

Yin, R. K. , 2009, Case Study Research: Design and Methods, Sage, Thousand Oaks.

第9章 海洋资源区域合作管理

——以太平洋群岛地区为例

在当今世界经济发展中，经济全球化和区域一体化是两个重要的发展趋势和潮流。由经济全球化和区域集团化发展所引发的一系列资源与环境生态问题已经超越了国家和地区界限，这些问题所带来的影响在全球维护生物多样性和走向可持续发展的大趋势下，正逐渐演变成为地区性冲突的重要因素（刘艳红等，2008）。实现以良好海洋环境、海洋生态系统为基础的海洋经济可持续发展模式是政府海洋管理的基本职能（崔旺来，2009）。海洋的流动性，使得沿海各国对本国境内的海洋资源进行开发利用所产生的社会、生态和环境影响都将国际化，而国界对海洋整体性的分割，造成相关跨境问题的解决也较为困难，只有依靠沿海国间持续、有效的合作，方能解决问题。

20世纪60年代末，由于全球性渔业资源的衰退，沿海各国开始重视渔业资源的养护与管理，以谋求渔业资源的可持续开发与利用。1982年签署的《联合国海洋法公约》（以下简称《公约》）使世界海洋渔业管理体制发生了深刻变化，既赋予了各国开发利用海洋渔业资源的权利，也强调了各国养护和管理海洋渔业资源的责任与义务。之后，各国纷纷采取了一系列措施以加强渔业资源的养护与管理，其中各国间在渔业管理与养护中的合作不断增强，并成为当前国际渔业管理的发展趋势之一。这种合作主要是通过建立区域的、分区域的或全球性的合作管理机制来实现（郭文路等，2005）。太平洋群岛地区金枪鱼渔业的可持续管理与盈利性发展，是太平洋群岛地区海洋治理中短期内面临的最为关键的挑战。解决这些挑战是该地区解决所有资源保护问题，实施海洋治理，未来实现长期稳定发展的重要基础。本文列出了太平洋岛屿国家在国内层面所面临的主要海洋治理实施挑战，并探讨次区域资源合作管理法的进一步发展以显著提升太平洋岛屿国家的国家能力，使其能够有效履行沿海国的相关义务，同时实现海洋资源的可持续管理。

9.1 太平洋群岛地区：环境和主要特征

太平洋是地球上岛屿最多的大洋，共计有大小岛屿2万多个，面积达440万平方千米，约占世界岛屿总面积的45%。中部横亘在太平洋与印度洋之间的马来群岛东西长4 500多千米，它们把太平洋西部水域分隔成近20个边缘海、数十条海峡和水道。

太平洋岛屿是一个群岛套群岛的"万岛群岛"（图9-1）。陆地面积104万平方千米，占大洋洲陆地总面积的11.6%。太平洋岛屿中最大的岛屿为伊里安岛（新几内亚岛），其面积为78.5万平方千米，仅次于格陵兰岛，是世界第二大岛。太平洋岛屿人口共有 580 多万，占大洋洲总人口的 23.3%。按地理特点和当地原有居民的肤色、语言等特征，太平洋岛屿可划分为三大群岛，即美拉尼西亚群岛、密克罗尼西亚群岛和波利尼西亚群岛。它们位于北纬 28° 至南纬 47° 之间，总面积约为 129 万平方千米，占大洋洲陆地面积的 14.4% 左右，约占大洋洲的 37%。其中美拉尼西亚群岛位于 180° 经线以西，赤道和南回归线之间，西面与新几内亚岛相邻，东到斐济群岛，从西北向东南延伸 5 000 多千米，陆地面积约 98 万平方千米，人口约 500 万。居民以美拉尼西亚人为主，其外形特征是身材较矮，但很壮实，头发卷曲，皮肤呈黑色。由于这个原因，该群岛有"黑人群岛"之称，美拉尼西亚即为其希腊语音译。密克罗尼西亚，是希腊文，"小岛群岛"的意思。其绝大部分岛屿位于赤道以北，东经 130°—180° 之间。组成该群岛的岛屿一般都很小，共有 2 500 多个，其中只有 100 多个有人居住。陆地面积 3 540 平方千米，人口约 27.5 万。主要居民是密克罗尼西亚人，其外形特点是身材中等，头发黑色，呈波浪形或直线形。波利尼西亚，也是希腊文，意思是"多岛群岛"，大致分布于 180° 经线以东，南纬 28° 与北纬 47° 之间。陆地面积约 31 万平方千米，人口 438 万。居民主要是波利尼西亚人，其外形特点是身材高大，肤色浅，头发黑而直，与美拉尼西亚人明显不同。

太平洋群岛地区由一系列小岛屿国家组成，包括一些世界上最小的国家，陆域总面积约为 552 789 平方千米（其中 84% 的陆地面积属巴布亚新几内亚所有）。然而这些小岛屿拥有辽阔的海域面积，占到世界专属经济区（EEZ）总面积的 28%，海域面积约 3 0569 000 平方千米，其中还包括一些中西部太平洋（WCPO）最富饶的渔业产地。

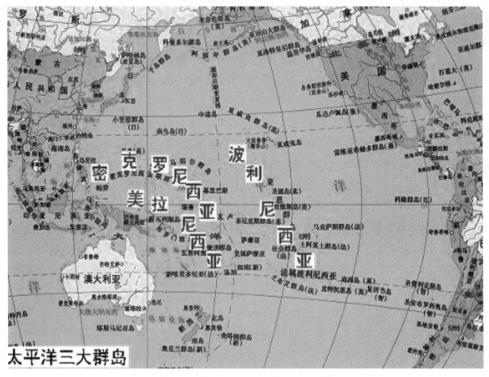

图 9-1 太平洋三大群岛地理位置

9.2 太平洋岛屿国家渔业资源概况

太平洋岛屿国家高度依赖中西部太平洋的海洋与沿海渔业。沿海渔业是渔业社区传统食物和经济收入的重要来源，其中金枪鱼渔业是决定太平洋岛屿国家经济活动和收入增长的最重要基础。中西部太平洋海域盛产的金枪鱼资源丰富、体型较大，拥有世界上最富饶的金枪鱼渔业，预计总产值达 39 亿澳元（Williams et al.，2008）。

金枪鱼渔业是多数太平洋岛屿国家唯一的重要渔业资源，长期以来被地区小岛屿发展中国家视为主要发展机遇。外国渔船缴纳的准入费为各小岛屿国家政府提供了急需的财政资金，而国内收入主要依赖捕鱼船队，资金收入主要用于将工业打造成为国民经济的主导产业。在一定程度上，渔业资源也推动一些远洋渔业国家（DWFNs）与整个地区内小岛屿国家建立和维护纽带关系，包括安排重大援助预算。

太平洋岛屿国家的国家能力较为孱弱，加上地区重要鱼类有洄游习性，因此开展地区合作、共同管理地区渔业资源，对于太平洋岛屿国家而言具有重要意义。为此，太平洋群岛地区出台了全球最为成熟领先的合作方案。太平洋岛国论坛渔业局（FFA）、太平洋共同体秘书处（SPC）等专门机构为各成员国提供了专业技术咨询、服务和支持，同时外国渔船入渔最低合作条件（HMTCs）、按日计费入渔模式（VDS）、FFA 渔船监测系统（VMS）以及纽埃协定为太平洋地区洄游性鱼类资源的合作管理和开发利用提供了有力支撑。此外，太平洋岛屿国家的渔业管理合作意愿是建立中西太平洋渔业委员会（WCPFC）的关键前提。太平洋岛屿国家作为中西太平洋渔业委员会的重要成员，是推动该组织高效运行的重要力量。

太平洋岛屿国家的国家能力极为羸弱，各国政府和国内经济长期处于急剧动荡环境，因此太平洋岛屿国家在地区渔业资源合作管理取得的成就尤为引人注目，具有重要借鉴意义。

金枪鱼的洄游习性决定了必须出台地区管理协议、成立合作管理机构对其进行合理管理，然而金枪鱼渔业资源的养护与管理成效最终取决于各国政府。此外，当前渔业管理面临的可持续发展与经济问题性质复杂，使得国家地区政策及监管措施的概念化、谈判和执行过程充满挑战。因此，太平洋岛屿国家亟须建立高效管理机构，提升海洋治理能力，增强政治意愿以强化决策执行力。

渔业资源作为太平洋群岛地区收入的主要来源以及粮食安全的重要保障，受到太平洋岛屿国家的高度依赖。因此，对于太平洋岛屿国家而言，完善管理体制与治理能力、强化决策执行力、实施必要管理策略，实现地区海洋资源高效管理具有极其重要的战略意义。

为突破这一管理瓶颈，本文对太平洋岛屿国家管理体制与治理能力建设、海洋资源有效管理以及管理决策实施的一些关键问题进行了梳理，探讨次区域资源合作管理的进一步发展，旨在推进提升太平洋地区各岛屿国家在海洋资源管理中的治理能力和决策执行力。

完善管理体制、提升治理能力是太平洋岛屿国家海洋治理中短期内面临的最为关键的挑战。从长远来看，完成这些挑战是推进海洋治理、全面解决资源保护问题的关键步骤，也是从目前优先实施地区金枪鱼渔业可持续管理走向应对未来气候变化与海底采矿引发潜在挑战的重要战略。

9.3 太平洋金枪鱼渔业资源

金枪鱼是最具经济价值的渔业资源，分为长鳍金枪鱼、鲣鱼、黄鳍金枪鱼和大眼金枪鱼 4 大品种，在中西部太平洋的专属经济区和公海口袋水域内四处迁移。这 4 种金枪鱼在全球范围内渔业规模最大、渔获量最高（2007 年达 2 396 815 吨），占全球金枪鱼总渔获量的 55%（2007 年达 440 万吨）。金枪鱼总渔获量中，绝大多数（73%）是由围网渔船捕获的鲣鱼和黄鳍金枪鱼。2007 年，围网渔船金枪鱼捕获量达 1 739 859 吨，预计总产值高达 23.73 亿美元。而更具经济价值的延绳钓渔业金枪鱼渔获量较少，约 214 935 吨，总产值约 11.6 亿美元。抛竿钓渔业的金枪鱼渔获量更低，约 214 395 吨，总产值约为 3.62 亿美元。其余金枪鱼渔获物主要来自印度尼西亚和菲律宾海域的手工捕捞业。

不同于大西洋、印度洋和东太平洋的金枪鱼渔业，中西部太平洋的金枪鱼捕捞作业主要集中在太平洋岛屿国家、印度尼西亚和菲律宾的专属经济区内。中西部太平洋的 4 大品种金枪鱼渔获量中，约 57% 捕捞自太平洋岛屿国家专属经济区。太平洋群岛地区内的金枪鱼捕捞主力为来自地区以外的外国船只。

这些外国船只可能在太平洋岛屿国家境内（前提为拥有入渔许可证书）或船籍港进行金枪鱼捕捞作业。这些船只几乎全部来自远洋渔业国家（DWFN），尤其是中国（包括台湾）、日本、韩国、美国，以及逐渐加入这一阵营的欧盟。这些国家地区主要在太平洋岛屿国家专属经济区以及公海水域进行金枪鱼捕捞作业。这些船只通过办理入渔许可或直接经沿海国许可在其专属经济区内进行金枪鱼捕捞。远洋渔业国家船只渔获的金枪鱼年总产值约为太平洋岛屿国家渔船的 4 倍。

太平洋岛屿国家渔船往往规模较小，且多数只在船旗国专属经济区内进行金枪鱼捕捞作业。这些国内渔船可能归国家所有并由其运营，也可能是租赁的外资渔船或合资渔船。外资租赁渔船或合资渔船进行捕捞作业的普遍前提是指定国家或地区参与合资，且只能在该国领土范围之内活动。太平洋岛屿国家渔船大多属于延绳钓渔船，近期以太平洋岛屿国家为船旗国或由其参与合资的围网渔船数量有所增加。

近年来，过度捕捞和产能过剩（即渔船数量过多）形势日趋严峻，并对太平洋群岛地区主要鱼类资源的长期持续健康发展构成现实威胁。WCPFC 科学委员会自 2005 年成立以来，曾多次表示对当前渔业捕捞水平的关注，并每年提出日益严苛的要求试图降低渔捞死亡率。此外，经济研究表明，当前捕捞强度显著高于最优水平，从而降低了渔业盈利能力，严重影响了太平洋岛屿国家渔业及其相关产业的发展机遇（Bertignac et al., 2001；Reid et al., 2003）。

过度捕捞和产能过剩导致太平洋群岛地区承受的压力持续加大，太平洋岛屿国家亟须完善管理体制、提升治理能力以提高相应监管治理策略的执行效率。基于渔业管理充斥着复杂、严峻的挑战，要提升治理能力、强化渔业资源管理，必须借助政府各部门配合的战略性合作管理方法以覆盖所有部门和监管领域。例如，如果海军、警察和法院无法有效地监测、调查和执行渔业资源管控措施，即便渔业部门从生态系统保护的角度出发，采取预防措施对渔业资源加以管理也是没有意义的。同样，如果渔业资源保护措施无法遏制过度捕捞，即便采用世界上最优质的监测、控制和监管方案也于事无补。

渔业资源衰退是沿海各国普遍存在的问题，可以说目前世界上还没有国家（即使有也是极少数）能够掌握海洋治理的全部关键要素，成功对涉及多品种、多利益主体、多设施的洄游鱼类加以可持续管理。金枪鱼等海洋鱼类的成功管理、保护和发展主要取决于海洋综合治理网络的实施成效。

9.4　太平洋群岛地区实施海洋治理面临的挑战

研究人员于 2007 年和 2008 年开展专项研究，对太平洋群岛地区渔业治理方法与机构进行回顾与分析。该项研究除进行全面文献回顾外，还对来自太平洋群岛地区内 100 多个机构、部门、组织、企业和协会的约 180 名工作人员开展了访谈工作。

之前的研究结果表明，太平洋群岛地区渔业管理和发展面临诸多限制，包括国家能力（人力和体制层面）、国家治理劣势和地区间治理差距（Clarke，2006）。一些太平洋岛屿国家处于剧烈动荡环境，经济增长率低、政治不稳定、管理体制和治理能力存在重大缺陷（Pacific Islands Forum Secretariat，2005）。在一些岛屿国家积极参与国际谈判的同时，许多岛屿国家甚至缺乏分析管理决策利弊、制定管理策略的能力。研究结果还表明，太平洋岛屿国家缺乏以强硬态度保护渔业资源的政治承诺，而国家能力羸弱也是太平洋群岛地区渔业可持续管理面临的主要威胁（UNDP & FFA，2003）。

大多数太平洋小岛屿发展中国家政府虽然许下控制管辖水域鱼类捕捞量的政治承诺，但其落实情况迄今未接受检验——对以渔业为主要经济部门的国家而言，渔业资源管理受到商业和外部因素的重大影响，要控制管辖水域鱼类捕捞量并不容易。

2008 年的研究结果表明，太平洋群岛地区存在的管理体制和治理能力问题之所以被认为日益严峻，是因为它们对太平洋岛屿国家造成直接、深刻的影响，也因为它们对太平洋岛屿国家参与和执行区域协定构成挑战，从而对整个太平洋地区造成间接而深远的影响。

研究结果指出，太平洋群岛地区面临的渔业资源管理挑战中，只有极少数适用于所有太平洋岛屿国家，大多只与个别国家直接相关。同样，该研究还指出太平洋岛屿国家在资源管理中面临的许多共同问题（尤其是在气候变化和渔业等问题上），同时也证实岛屿国家在发展水平、制度能力和治理效率等方面存在显著的文化、经济和体制差异。

即使各方面存在诸多差距，海洋资源长期可持续利用为太平洋岛屿国家带来的共同利益，足以激励各国致力于加强和完善每一个国家的管理体制和治理能力。此外，一些太平洋岛屿国家不仅有能力管理和发展本国渔业资源，同时已做好协助其他国家管理和发展其渔业资源的准备。在过去的 20 年中，一些太平洋岛屿国家的专门知识水平大幅提高，为成员国的区域合作能力建设提供了良好契机。

　　本文根据 2008 年研究成果，将太平洋群岛地区渔业资源管理面临的主要挑战进行了简要总结。并在 2008 年研究成果的基础上有所突破，探讨了太平洋岛屿国家进一步开展次区域合作、完善管理体制和治理能力、应对渔业资源管理挑战所面临的机遇。

9.4.1　渔业管理机构

　　国家渔业管理机构应具备有效管理、开发和保护国内渔业资源以及执行其国家目标和履行地区义务的能力。然而，2008 年的研究结果揭示，太平洋群岛地区内许多国家渔业管理机构执行国家目标、履行地区义务的能力极其有限，主要归咎于其在管理体制和治理能力层面的明显劣势。研究结果指出一些太平洋岛屿国家缺乏足够的人力和财政资源，难以进行渔业资源可持续管理，也无法有效执行国家或地区资源养护与管理措施。此外，一些太平洋岛屿国家虽不断尝试更新立法，但其相关法律体系仍不完善。

9.4.2　入渔许可

　　太平洋岛屿国家的渔业有效管理和盈利能力，主要取决于其能否以颁发许可证的形式管制渔业捕捞活动，以及是否拥有通过颁发许可证获取合理利润的能力。然而，2008 年的研究结果表明，一些太平洋岛屿国家并不具备必需的能力、程序、透明度和问责制，难以充分审查、发布、监测和执行入渔许可证颁发条件。研究结果还表明，近年来太平洋岛屿国家的入渔许可处理程序已得到显著改善。与此同时，部分国家因渔业许可制度和许可证颁发程序与系统等方面存在严重缺陷，仍面临严峻挑战。研究表明，部分岛屿国家对于违反入渔许可条件的捕捞行为处置过于轻微，导致许多太平洋岛屿国家将违反入渔许可条件（如违背报告义务）视为次要选项。太平洋岛屿国家将违背入渔许可条件视为次要选项，会对成员国的财政收入与入渔许可费用的商定产生直接而深远的影响。从长远来看，谎报数据将削弱成员国记录准确渔业捕捞数据的能力，从而影响到下一步各岛屿国家资源配置情况的评议。

9.4.3　数据收集

　　准确汇报捕捞强度和渔获量极其重要，不仅能够直接反映各岛屿国家渔业管理现状，同时也对太平洋岛屿国家记录渔业长期捕捞数据具有重要战略意义。渔获量数据的匮乏导致渔业管理和发展面临重大威胁。首先，渔获量数据匮乏将影响科学建议的质量、增加渔业管理固有的不确定性，从而影响管理层决策。其次，渔获量数据匮乏将削弱太平洋岛屿国家了解本国产业、把握经济发展机遇的能力。最后，一旦中西太平洋渔业委员会制定明确的资源配置方案，渔获量数据匮乏将在无形中破坏或限制太平洋岛屿国家协商本国资源配置份额的能力。

　　尽管如此，整个太平洋群岛地区内渔业捕捞数据的汇报和收集持续落后、问题重重。各种相关报告都指出该地区渔业捕捞数据收集的薄弱和空白（Lewis，2004；Secretariat of the Pacific Community，2003），太平洋岛屿国家论坛渔业局的研究结果进一步凸显了这个问题。此外，许多太平洋岛屿国家缺乏核实渔获量与捕捞强度数据的程序。研究还指出，只有极少数太平洋岛屿国家具备足够的分析、监测能力与实际数据，能够验证渔获量数据准确性，并确认是否存在渔民将太平洋岛国专属经济区内的渔获物宣称为公海捕捞成果的普遍谎报或隐瞒行为。研究列举了如何利用出口数据、VMS 监测数据和观测数据对捕捞日志进行交叉验证以消除数据误差，或交叉核对捕捞日志的数据来源。

9.4.4　监测、管控和监察（MCS）

金枪鱼捕捞作业大多在远海进行，因此容易脱离政府管控范围。有效的监测、管控和执法是渔业资源管理的关键组成部分。在过去数十年中，太平洋群岛地区运用地区合作方法开展金枪鱼渔业资源监测和监察，包括建立 FFA 渔船监测系统、制定外国渔船入渔最低合作条件、订立纽埃协定，多次开创全球先例。然而，政府执行力低下持续弱化太平洋岛屿国家对本国渔业资源加以有效监测与监察的能力，也成为各国实现收益最大化的壁垒。2004 年太平洋群岛海洋渔业管理项目需求评估结果指出，FFA 成员国亟须强化渔业资源监测、管控和监察的现实状况（FFA，2004）。近期，太平洋岛国论坛渔业局委托开展新研究以进一步明确 MCS 需求、帮助落实区域 MCS 发展战略。

研究指出，部分太平洋岛国论坛渔业局成员国已构建完善的 MCS 系统，且运行情况良好，但太平洋地区内多数岛屿国家的 MCS 措施执行仍存在严重不足。从太平洋群岛地区视角来看，监察、执法和巡逻缺失是实施渔业资源可持续管理的关键障碍。

该研究特别指出，一些太平洋岛屿国家存在渔业资源观察和渔船监测系统执行操作滞后情况。研究结果表明，在政府支持严重不足和招聘问题的双重影响下，太平洋群岛地区渔业观察员长期短缺，导致渔业资源观察项目实施面临较大困境。此外，太平洋岛屿国家对渔船监测系统运行情况监测不到位，对渔船私自关闭监测系统的行为处罚力度过轻。因此，真正的问题并不是出在渔船监测系统上，而是监测和执法的缺失。

9.4.5　治理、决策、协调与沟通

地区性机构的效力取决于各国政府采取行动、参与地区合作的效率与能力（部分取决于具体机构或项目的目标）。同样的，国家渔业部门的工作质量和效率受其他政府部门制约或优化。太平洋岛屿国家机构的平庸表现，被认为是制约渔业资源增长的重要障碍（AusAID，2006），各类研究结果表明，国家治理能力薄弱已经成为限制、制约各国家地区渔业管理和发展的关键因素（Clarke，2006）。研究结果显示，治理不力被广泛视为太平洋群岛地区实现渔业管理和盈利性发展的关键障碍。一些太平洋岛屿国家长期面临决策程序和系统滞后问题，且决策过程中问责制与透明度缺失。这一问题

的性质较为严重，主要体现在政策和决策只为特定政府官员所熟知时，极易导致渔业治理歪曲以及政策和决策的执行力低下。

渔业部门与其他政府部门协调与沟通不够，将进一步加剧上述问题。渔业部门内部以及与利益相关者之间的协商与沟通同样问题重重，存在缺失现象。协调、沟通环节与技能（无论是机构还是个人层面）的缺失限制了治理能力的提升，并对太平洋群岛地区内渔业管理和发展产生了消极影响。

鉴于渔业管理涉及多个学科，协调和沟通不充分往往容易导致各执行机构之间相互对立。若政府部门未进行全面协商沟通，在其他机构承诺执行国际论坛规则的同时，部分机构拒绝将其作为优先选择或拒绝执行相应措施，从而引起重大延误和阻碍。在此背景下，有研究指出，太平洋群岛地区内入渔许可机构和执法机构之间的关系普遍较为薄弱。

9.4.6 战略分析能力

这项研究表明，一些太平洋岛屿国家在战略分析与战略发展、国家目标设置和国家规划等方面仍存在较大不足。缺乏清晰的分析、愿景与战略，多数太平洋岛屿国家难以有效地满足自身诉求，也难以通过地区论坛谋求本国利益最大化。此外，缺乏清晰的国家利益目标，将对渔业部门和利益相关者推动和激励社区、政府采取行动的能力形成制约。

9.4.7 腐败

太平洋群岛地区亟须解决的问题，是如何消除腐败及其导致的治理缺陷对各岛屿国家渔业管理和发展能力产生的重大影响。腐败现象在太平洋群岛地区渔业部门中被认为广泛存在，但由于其极具隐秘性，很难衡量腐败的强度和广度（AusAID，2007）。根据目前情况来看，腐败行为挪用了大量本应纳入国民账户和用于社区发展的急需资金，破坏了太平洋岛屿国家谈判立场，削弱了太平洋岛屿国家通过渔业资源盈利的能力。这项研究指出，政策和执行层面的腐败现象仍是太平洋岛屿国家亟待解决的问题。

9.4.8 参与、拥护地区论坛并执行地区准则

部分太平洋岛屿国家分析测算本国利益、切实参与地区渔业管理情况评议的能力极为孱弱。研究指出，一些太平洋岛屿国家不仅缺乏分析测算本国利益的能力，同时还缺乏在最符合国家利益的国际会议上制定战略、明确立场的能力。研究进一步指出，一些太平洋岛屿国家缺乏在国际环境下进行谈判的能力和信心，并深受中西太平洋渔业委员会会议召开频次与渔业国代表团宣传的困扰。

由于缺乏经济或金融方面的专门知识，代表团成员通常只包括渔业部门官员，缺少来自其他相关部门的建议和人员输入。这些现象意味着一些太平洋岛屿国家缺乏参与或主导地区问题讨论的积极性，也因此缺乏执行地区决策的意识和动力。

9.5　太平洋地区渔业管理机构建设的原则

为应对上述挑战，在设计太平洋群岛地区渔业管理机构建设方案时，应把握以下两大原则。

第一，方案制定不应超出各太平洋岛屿国家管辖范围。由于各太平洋岛屿国家之间存在强烈的差异性，"自上而下"运行的地区项目或企图制定统一解决方案都面临极高失败概率。太平洋群岛地区渔业管理机构面临的许多挑战牵动"整个政府"，因此依靠地区内单个机构执行援助计划解决这些挑战的可能性极低。太平洋地区领导人已经意识到克服治理不力、实现全政府良治的重要性，并将此优先确立为太平洋计划的重大支柱（Pacific Islands Forum Secretariat，2006）。同样，英国国际发展部（DfID）声明，考虑到地理、文化、历史、资源和社会经济因素等均对政府与机构运行构成其独特的要求和环境，不存在"一式通用"的治理模式。

适合某一国家改善治理的措施在另一个国家未必有效，因此"良好"治理并非简单地将发达国家的体制模式和组织方案嫁接到发展中国家。各国需要依据本国形势来创建自己的机构（DfID，2007）。

第二，建设方案应明确太平洋岛屿国家推行国家、地区方案与能力建设项目的需求和目标。为保证项目执行效率，项目必须由各太平洋岛屿国家管理。这一原则经2007 年 6 月的伙伴会议批准，已成功纳入太平洋援助有效性原则（Pacific Islands Forum Secretariat，2007）。"所属权"和"参与"原则是双重的，旨在促进各国全面参与、引导本国发展，而非令地区机构服务太平洋岛屿国家的发展需求和要求。

根据其中一种定义，所属权包括控制和命令的执行，从想法到过程、从输入到输出、从能力到结果。尽管如此，有一点不容忽视，即所属权是政治承诺和能力发展的先决条件，因而实现真正转型还需要一个重要的附加因素：合格的领导班子。

国家一级的有效领导有利于确保能力建设和体制优化方案受到国家发展战略支持并处于优先发展地位，而单个项目能够获得国内官僚机构和政府的"倡导"。

9.6　次区域合作应对挑战

区域性管理手段例如中西太平洋渔业委员会、外国渔船入渔最低合作条件以及瑙鲁协定成员国按日计费入渔模式的成败取决于成员国的参与有效性及其在本国范围内执行决策的能力。然而，一些成员国无力参与和执行地区决策，直接损害到整个地区的海洋资源可持续管理和盈利能力。

区域合作战略的必要前提是尊重全部利益方的知情意愿。这需要所有太平洋岛屿国家从区域合作视角出发，并且拥有测算和追求本国利益的能力和信心。任何合作战略都存在一种妥协和平衡，这需要成员国在充分了解战略环境后作出相应的妥协和让步。否则，战略合作只能是"纸上谈兵"——毫无实质性内容。

在地区一级，高效、专业的太平洋岛屿国家论坛渔业局与太平洋共同体秘书处为各岛屿国家提供了优质的专业管理咨询和服务。然而，目前一些太平洋岛屿国家的管理缺陷意味着这些国家在地区海洋治理中参与度过低、无力履行日趋复杂的养护与管理义务。

较为脆弱的太平洋岛屿国家需要加强能力建设和战略参与，并提升政府管控能力，时刻准备参与国际渔业资源管理谈判和执行渔业保护措施。此类项目才是各国真正应该关注的重点。国家支持将为东道国提供便利，并促进本国国家利益的发展和实现。此外，这些项目应该进行于幕后，而不是面对面谈判。各岛屿国家的国家利益取决于自身——而谋求国家利益的能力则主要通过执行上述项目。

次区域合作有利于在中短期内建设海洋治理能力，并通过建立资源合作管理机构帮助解决太平洋群岛地区面临的长期挑战。次区域内目标相近的各岛屿国家先后将能力建设确立为优先发展选择，并以此支撑地区管理成效。

次区域合作可以分为两个阶段。第一阶段重点在于能力建设和改善政府渔业管理过程。在此基础上，第二阶段着重建立次区域合作管理机构，以此稳定第一阶段能力建设成效，并解决小岛屿国家管理机构持续面临的人口和经济挑战。

9.6.1　第一阶段的建设战略

制定次区域国家能力建设战略，主要通过安排经验丰富的业务负责人到次区域内各国渔业部门就职 1~3 年。这些业务负责人主要任务为推动各国战略分析能力的持续提升，并协助各国制定若干战略性分析、管理任务。业务负责人在协助完成这些任务时，必须特别注重指导和培养当地工作人员未来执行此类任务的能力。

这一方法有利于业务负责人根据次区域、区域和国际背景，针对渔业管理和发展面临的挑战和机遇进行战略回顾。这些回顾明确指向国家、次区域、区域和全球存在的问题，正是这些问题影响各岛屿国家质疑或支持加入太平洋岛国论坛渔业局、瑙鲁协定成员国或中西太平洋渔业委员会的战略决定，从而对其国家利益产生切实影响。战略回顾的主要成果之一将是推动整个政府的协作，提升国家地位，同时完成书面简报。国内评议同样具有重要意义，不但能够指导和支持当地员工学习管理、经济、法律和科学等方面的专门知识，同时能够推动各国建立战略机遇分析能力以及制定发展战略保障本国利益。

9.6.2　第二阶段的建设战略

瑙鲁协定成员国渔船按日计费入渔模式、第三方执行办法和近期中西太平洋渔业委员会资源养护与管理措施的实施，使太平洋岛屿国家承担昂贵的管理成本和重大义务。以支持太平洋岛屿国家社会经济发展目标为前提地有序应对挑战，意味着各国必须完善渔业管理体制、提升治理能力。

考虑到太平洋地区小岛屿发展中国家的人口状况，尤其是人口极为稀少的国家，很难设想它们如何在国家一级解决制度能力问题。人口规模小对制度复杂性和制度能力发展构成严重限制，公民承担的运营成本也更为高昂（World Bank, 2006）。例如，基里巴斯、马绍尔群岛、密克罗尼西亚联邦等小岛屿发展中国家，拥有广阔的专属经济区，面积达数百万平方千米，而人口仅在 5 万 ~ 10 万人之间（SPC，2009）。因此，这些国家只能凭借极少数渔业管理机构和极其有限的国家能力来管理广阔的海域。在这种情况下，即便忽略培训或操作预算，这些小岛屿发展中国家也因为人口基数太小，无法为渔业管理机构运行提供人才支撑。

在这种情况下，可以考虑建立次区域渔业合作管理机构，对数个太平洋小岛屿发展中国家专属经济区内的鱼类资源进行共同管理。例如，次区域内的相邻国家可以通过谈判达成协议，建立渔业合作管理机构来取代本国渔业机构。这类合作机构被赋予的明确任务，是管理和经营水域内的集体渔业，并达到一系列具体保护目标。合作管理机构的工作人员来自各成员国。各岛屿国家保留对其专属经济区内渔业资源的主权权利，只是授权次区域机构对这些鱼类资源加以管理和经营。

诸如此类的次区域合作管理模式能够有效减轻各国管理负担，同时资源存量大幅度增加。此外，合作管理机构往往拥有较大组织规模，能够满足招募策略，吸纳各成员国的优秀人才，从而建立地区人才库。合作管理机构的规模能够更好地满足个人职业发展，解决小型政府机构职业发展机会少、离职率高的问题。同样的，许多太平洋岛屿国家规模小、就业机会少，无法满足专业人员的就业需求。地区性招聘策略能够通过进一步推动和鼓励招聘工作，将地区内的优秀人才纳入人才库，而非局限于国内人才招聘，从而扩大现有专业人才库规模。

区域合作管理方案的目的不是将多个专属经济区合并为一个（具有政治和主权敏感性），而是将数个目标相似岛屿国家的机构和基础设施资源相整合，从而提高有效管理水平。更重要的一点是将建立合作管理机构和建立多边入渔体系两者加以区分。建立合作管理机构并不需要合并专属经济区，或实施多边入渔许可制度。合作管理机构主要根据主权国家制定的条款、代表主权国家施行入渔许可或捕捞准入（例如，主权国家可以指示管理机构只允许本国渔船在专属经济区内进行捕捞作业，从而避免国内渔业与邻国形成外来竞争）。

相比于现行合作管理体系，一个重要的区别是以往的合作管理侧重多边入渔许可。因此，尽管太平洋地区赤道附近区域的围网渔业已取得一些微小保护成果，但赤道南部的延绳钓渔业进展甚微，主要归咎于政治敏感性，即各岛屿国家担心多边入渔许可会削弱本国主权、促进外资船队入渔、推动大型岛屿国家的渔业产业发展。

2007 年，为完善南太平洋延绳钓渔业次区域管理体系，太平洋岛屿国家论坛渔业局委托开展研究，旨在为符合资格的延绳钓渔船发放入渔许可证，准许其进入多个专属经济区进行渔业捕捞（Philipson et al.，2007）。研究结果表明，当前延绳钓渔业多边准入协议带来的收益微乎甚微。此外，该研究指出，因国内产业问题和渔业管理部门态度保守，此提案遭到各岛屿国家强烈反对。

综合上述因素，完善各国管理体制、提升治理能力的需求日益高涨。因此，太平洋群岛地区应重点探讨合作管理和执行办法、解决关键的制度和治理问题，而不是将关注点放在充满争议的入渔许可和捕捞准入问题上，尤其是南太平洋地区。

9.7　结论

为进一步降低渔捞死亡率，中西太平洋渔业委员会和瑙鲁协定成员国将根据科学建议做出更为严苛的管理决策，因此太平洋群岛地区的渔业管理环境将日趋复杂、管理成本将日益高昂。

毫无疑问，太平洋岛屿国家专属经济区内的金枪鱼渔业为各国带来良好的经济效益和经济发展重要机遇。然而，太平洋地区金枪鱼渔业的未来发展前景取决于各国能否实施各种复杂、成本高昂的渔业资源养护与管理措施。在未来几年中，为确保渔业捕捞处于可持续发展范畴、避免非法捕捞导致产能过剩，各岛屿国家必须实施日益复杂的管理措施，其管理义务和负担成本也将显著加重。这些管理成本对于能力羸弱、财政脆弱的小政府而言，是极其沉重的负担。

本文提出的次区域合作管理方法能够显著提高太平洋岛屿国家的治理能力，推进各岛屿国家对本国海洋资源的有效管理。此外，次区域合作管理方法在最大限度减轻太平洋岛屿国家管理负担的同时，实现了各国经济发展机遇最大化。

参考文献

刘艳红，等. 澜沧江 – 湄公河流域鱼类资源区域合作管理与养护策略探讨［J］. 中国农业大学学报，2008，13（5）：55 – 62.

郭文路，黄硕琳. 东海区渔业资源区域合作管理研究［J］. 中国海洋法学评论，2005，（2）：64 – 72.

崔旺来，等. 海洋经济时代政府管理角色定位［J］. 中国行政管理，2009，（12）：55 – 57.

AusAID. , 2006, Pacific 2020. Challenges and opportunities for growth, Canberra, Australian Agency for International Development (AusAID).

AusAID, 2007, Tackling corruption for growth and development：a policy for Australian development assistance on anti – corruption, Canberra：Australian Agency for International Development (AusAID).

AusAID. , 2007, Valuing Pacific fish：a framework for fisheries – related development assistance in the Pacific, Canberra：Australian Agency for International Development (AusAID).

Bertignac M. , Campbell H. , Hampton J. , Hand A. , 2001, Maximising resource rent from the Western and Central Pacific tuna fisheries, Marine Resource Economics, 15：151 – 77.

Cartwright I. , Preston G. A. , 2006, Capacity building strategy for the commission for the conservation and management of highly migratory fish stocks in the Western and Central Pacific Ocean, Honiara：Pacific Islands Forum Fisheries Agency.

Clarke L. , 2006, Pacific 2020 background paper：fisheries, Canberra：Australian Agency for International Development (AusAID).

Commercial fishermen band together, Islands business, Suva：October 2004. Accessed online March 2007at：/ www. spc. int/mrd/pacifictuna/press/04 – se p – IB. htmS.

Crocombe R. , 2001, The South Pacific, Suva：Institute of Pacific studies of the University of the South Pacific.

DfID. , 2007, Governance, development and democratic politics. Department for International Development

（DiFD），London.

FFA，2004，Pacific Islands Oceanic Fisheries Management Project Needs Assessment，Pacific Is lands Forum Fisheries Agency. Honiara.

ForSEC. ，Fisheries，2005，Pacific plan regional analysis papers，Pacific Islands Forum Secretariat；2005. Accessed 18 December 2007.

Gillett R. ，2005，Pacific islands region. Review of the state of world marine fishery Resources，Rome，Food and Agriculture Organisation：No. 457，p. 144 – 157.

Hanich Q. ，Tsamenyi M. ，2009，Managing fisheries and corruption in the Pacific islands region，Marine Policy，33：386 –92.

Hanich Q. ，Tsamenyi M. ，2010，A collective approach to Pacific islands fisheries management：Moving beyond regional agreements. Marine Policy，34（1）：85 –91.

Lewis T. ，2004，Special requirements of FFA member countries with respect to science and data capabilities：evaluation and proposal for funding，Honiara：Pacific Islands Forum Fisheries Agency.

Lopes C. ，Theisohn T. ，2003，Ownership，leadership and transformation：can we do better for capacity development，London：Earthscan publications.

Mellor T. ，Jabes J. ，2004，Governance in the Pacific：focus for action 2005 –2009，Manila：Asian Development Bank.

Mullon C. ，Freon P. ，Cury P. ，2005，The dynamics of collapse in world fisheries，Fish and Fisheries ，6：111 –20.

Pacific Islands Forum Secretariat，2005，Enabling environment – good governance and security，Pacific plan regional analysis papers，Suva，Pacific Islands Forum Secretariat.

Pacific Islands Forum Secretariat，2005，The Pacific plan for strengthening regional co – operation and integration，Endorsed by the Pacific Islands Forum in October 2005 and revised in October 2006. Suva.

Pacific Islands Forum Secretariat，2007，Pacific island countries and donor partners Endorse aid principles，Press statement（76/07）. 18th July 2007.

Parris H. ，Grafton R. ，2006，Can tuna promote sustainable development in the Pacific，The Journal of Environment and Development，15：259 –96.

Pauly D. ，Villy C. ，Guenette S，Pitcher T，Sumaila R，Walters，C，etal，2002，Towards sustainability in World fisheries，Nature ，418：689 –95.

Petersen E. ，2003，The catch in trading fishing access for foreign aid，Marine Policy，27：219 –28.

Philipson，P. ，Evans，D. ，Brown，C. ，Geen，G. ，Barnabas，N，2007，A sub – regional management framework for South Pacific longline fisheries. FFA DevFish Report no. 21. Honiara，2007.

ReidC. ，Squires，D. ，etal，2003，An analysis of fishing capacity in the Western and Central Pacific Ocean tuna fishery and management implications，Marine Policy，27：449 –69.

Roberts C. ，2007，The unnatural history of the sea：the past and future of humanity and fishing，London：Octopus Publishing Group.

Saldanha C. ，2005，Pacific 2020 background paper：political governance，Canberra：Australian Agency for International Development（AusAID）.

Secretariat of the Pacific Community，2003，Capacity of Pacific island countries and Territories to meet the likely data requirements of the Western and Central Pacific Fisheries Commission. Oceanic Fisheries Programme of the Secretariat of the Pacific Community，In：Tabled to working group II of the preparatory conference fifth session，Rarotonga.

SPC., 2004, Pacific island populations, Secretariat of the Pacific Community Demography and Population Pro-gramme, 2004, Accessed online April16 2009.

UNDP and FFA, 2003, Pacific islands oceanic fisheries management project, Honiara. Pacific Islands Forum Fisheries Agency (FFA) and United Nations Development Programme (UNDP).

UNDP, 2007, Supporting capacity development: the UNDP approach, United Nations Development Programme (UNDP). New York.

WCPFC Secretariat, 2008, Scientific committee of the commission for the conservation and management of highly migratory fish stocks in the Western and Central Pacific Ocean, Fourth Regular Session Summary Re-port; 11 – 22 August 2008. Port Moresby.

Williams P., Terawasi P., 2008, Overview of tuna fisheries in the western and central Pacific ocean, inclu-ding economic conditions. Pape rpresented to the fourth regular session of the scientific committee of the Western and Central Pacific Fisheries Commission; 11 – 22 August 2008, Port Moresby.

World Bank, 2006, The Pacific infrastructure challenge: a review of obstacles and opportunities for improving performance in the Pacific islands, World Bank Pacific Islands Country Management Unit, January 2006.

第 10 章　海岛生物资源修复再生

——以复活节岛为例

　　海洋是地球生物多样性的宝库，海洋中生物资源种类繁多，对大多数动植物资源的捕捞，带有狩猎、采集性质（张耀光等，2009）。海洋中已发现的生物有 30 门类 50 万余种，陆地上的所有门类海洋中基本都有，而海洋中的许多物种却是陆地上所没有的门类。可是海洋生物资源的无主性、可再生性、分布的不确定性使其容易遭到人类掠夺性的开发。一方面海洋生物资源具有极易受环境与水质污染破坏、损害的弱点，一旦遭受污染，便失去资源的利用价值；另一方面，如果遭到过度开发和捕捞，可导致种群灭绝。由于多数海岛（主要是小岛屿）及滩涂地区淡水资源严重不足，加上大多数农区普遍推广栽培的大田作物类型及品种多数不耐海水（盐）胁迫，依赖海水灌溉的海岛种植业的发展受到了严重的限制，尤其是绿叶类蔬菜，耐盐性多数比较差，而且不耐储存，既无法长期从岛外进购（成本太高），又无法大量久储，加上目前还因缺乏耐海水（盐）的绿叶类蔬菜类型和品种，也缺乏成熟的、相配套的抗盐栽培技术，无法在岛上就地生产（唐建军等，1998）。在古时，人口稀薄，很多无人居住的岛屿，是流放、囚禁、屠杀犯人的天然监狱。圣赫勒拿岛成了安放拿破仑的眠床，海南岛是一代名士苏轼谪居三年之地，俄罗斯第一流放地萨哈林岛曾记录下作家契诃夫的足迹，崇明岛则是北宋时期著名的盐场，无数造盐工人均为朝廷的重刑犯。《史记·田儋列传》："臣恐惧，不敢奉诏，请为庶人，守海岛中"。

　　自 20 世纪 80 年代以来，生物多样性丧失问题日益受到国际组织、各国政府和科学界的重视。特别是海岛生物物种的流失，成为国际社会关注的重要问题。据生物多样性公约缔约国大会发布的消息称，岛屿生物多样性持续和不断丧失正在对岛屿人民和全世界造成不可逆转的影响，80% 的已知物种灭绝发生在岛屿，且目前濒临灭绝的40% 以上脊椎动物为岛屿物种。2014 年国际生物多样性日选择岛屿生物多样性作为主题，与联合国大会指定 2014 年为"小岛屿发展中国家国际年"不谋而合，也显示了海岛生物多样性保护的重要性（赵宁，2014）。随着海岛开发热潮的不断升温，海岛生态环境及生物多样性保护问题也越来越突出，如何维持海岛生态系统的良好状况，修复受损生态系统，促进海岛经济、社会和环境的可持续发展已经成为一个全球热点的问题（彭欣等，2012）。复活节岛（又称"拉帕努伊岛"）是世界上最偏僻的地方之一。本文以复活节岛生物资源的修复保护为研究实例，考查并探究海岛资源的管理与保护问题，提出相应的战略举措和制度体系。其实，复活节岛居民已经意识到其过度开发资源引起的海洋资源急剧衰退，但距离复活节岛远达 4 000 千米的中央渔业主管部门自上而下实施的法规（例如渔夫和船只注册、捕捉长度、捕捞季节与地点的限制）并不能维护当地居民的文化传统和利益。根据当地人提供的信息,他们保护海洋资源、管理鱼类捕捞的一个传统方法是禁忌(或拉帕努伊岛的禁忌)。本文针对当地关键人物开展访谈,了解其是否明确渔业禁忌,从而根据当地当前环境背景评价利用传统禁忌实施渔业资源管理的可行性。传统禁忌适用于开放水域资源的管理与规范,尤其是金枪鱼,缘于当地传统观念认为冬季食用开放水域的鱼会导致哮喘。根据受访者的回答,这一传统禁忌的真正动因是在鱼类繁殖期间对其实施保护,哮喘威胁只是加强执行限制措施的一种方式。目前,由于大量旅游相关经济活动对金枪鱼等鱼类的需求全年走高,传统禁忌的执行情况愈加劣化。因此,尽管多数复活节岛居民认同重新实施传统禁忌是恢复海洋资源的最佳选择,同时他们也认为这一措施在当前环境背景下很难实现。本文提议构建海洋资源治理制度体系,并在其发展过程中充分利用当地传统和信仰,包括传统禁忌,加强公民参与,以此支撑地方资源管理决策、恢复日益衰退的海洋资源。

10.1　复活节岛研究综述

研究者、管理者和社区开展的关于传统或地方性生态知识的研究(TEK 或 LEK),特别是关于惯例行为、海洋保有权和传统禁忌的研究与日俱增(Cinner and Aswani,2007;Foale et al.,2011),尤其是在人口迅速增长导致自然资源压力愈加增大的太平洋岛屿。复活节岛,或称之为拉帕努伊岛(当地土著语中,拉帕努伊指岛上土著居民及拉帕努伊语),情况同样如此。当地社区正积极寻求替代方案解决海洋资源衰退,即认可当地传统惯例以扭转渔获量下降趋势(Gaymer et al.,2013)。

10.1.1　复活节岛历史

复活节岛因诸多原因闻名于世:它是世界上最边远的地方,岛上的巨型石雕像和摩艾石像,岛上发生的社会危机和生态灾难以及奇特的文化和环境历史(Hunt and Lipo,2008),构成了复活节岛最初的生态环境。一些学者认为原住民大约发生于公元400 年,其他人则发生于公元 1200 年。原住民是从土阿莫土群岛或曼格雷哇岛 - 皮特克恩岛 - 亨德森地区漂流到复活节岛的波利尼西亚人(Martinsson - Wallin and Crockford,2002)。复活节岛经受了考古学界的深刻研究,但岛上的渔业以及拉帕努伊人与海洋资源之间的关系却很少受到关注,尽管这些资源早在土著居民第一次登岛时便已被开发利用。

第一批登上复活节岛的波利尼西亚人在极度封闭的条件下创造了独特的文化;然而,文化发展到鼎盛时期后迎来了不可避免的危机。第一批波利尼西亚人登上复活节岛时,岛上约70%的地区覆盖着以棕榈为主的茂密森林(Mieth and Bork,2010)。复活节岛人遭受的巨大灾难源于过度开发森林资源(Diamond,2007;Hunt and Lipo,2009)。因此,1722 年欧洲人第一次发现复活节岛时,岛上森林已被大量滥伐(Hunt,2006;Hunt and Lipo,2009),木材因此成为稀缺资源,拉帕努伊人无法建造独木舟和/或船只。1722 年,荷兰探险家罗杰文对岛上独木舟的描述为"简陋、脆弱",长仅 10 英尺

（de Haedo and Roggeveen，1908）。1784 年登岛的库克同样发现整个复活节岛只有三四条简陋的独木舟，小而狭窄、长度不超过 20 英尺，只能在岸边行驶，根本不具备远距离航行能力。1852 年，帕尔默（Palmer，1870）称，岛上现存的独木舟仅仅是将小木板简单地绑在一起。该作者还声称在岛上发现了废弃的大型铁钩。相比之下，渔网多用于捕捞沿海小型鱼类。复活节岛森林被砍伐后，当地居民无法找到木材建造船只，失去航行能力，无法前往开放水域进行捕捞作业。

10.1.2　复活节岛的渔业

随着近些年复活节岛对主要渔业资源的手工捕捞上市量调整，自 1977 年以来上市量急剧增加；但 2000 年之后上市量再度走低（Zylich et al.，2014）。与此同时，在参与由当地社区开展的一系列研讨会后，复活节岛人意识到当前面临的主要海洋问题是沿海和开放水域海洋资源的逐渐衰退。当地居民逐渐认识到复活节岛重要海洋资源的数量正在急剧下降。据当地居民介绍，龙虾（ura）、金枪鱼（kahi）和沿海鱼类的丰度均随着时间而下降。这一现象在过去 3 年中尤为显著。

衰退的海洋资源不仅包括沿海资源，例如太平洋追船鱼、三明治舵鱼、软体动物（如龙头宝螺）和甲壳动物（如龙虾、琵琶虾等），还包括开放水域的大型鱼类，如卡哈（金枪鱼、黄鳍金枪鱼、长鳍金枪鱼、大眼金枪鱼）、卡那卡那（刺鲅鱼、棘鲔）和托瑞莫（长背鰤、黄尾鰤）（Gaymer et al.，2013）。手工渔业渔获物中金枪鱼和其他大型远洋鱼类的匮乏，导致当地渔民将捕捞的活动重心转移至沿海水域，他们使用的刺网渔具导致沿海鱼类物种丰度大幅下降。上市量减少的现象同样发生在其他太平洋岛屿，诸如关岛、北马里亚纳群岛和美属萨摩亚群岛（Zeller et al.，2007）。

10.1.3　渔业相关地方性生态知识与传统禁忌

与复活节岛相反，许多太平洋岛屿中渔业持续发展数年，得益于当地渔业社区以地方性生态知识（LEK）为基础，利用传统管理惯例对渔业进行了严格规范。斐济以传统地方性知识、惯例和原住民习惯法为基础，建立地方海域管理（LMMA）网络以保护海洋资源，并取得良好的保护成效（Techera，2008）。

本文对大洋洲海洋资源保护的传统禁忌作了简单介绍。这些传统禁忌由社区领导人监管执行，包括关闭捕鱼区、产卵期禁渔、允许部分渔获物逃脱、禁止捕捞幼鱼以及执行海洋保有权体系等（Techera，2008）。复活节岛居民提出用于恢复衰退的海洋资源的解决方案之一就是重新执行传统限令或禁令（也称为禁忌，与波利尼西亚其他地区禁忌相类似）（Gaymer et al.，2013）。执行传统禁忌成本相对较低，被认为是一种可行方案。此外，禁忌是当地奉行的传统信仰，人们认为恢复（与渔业相关的）这一传统相对容易，执行成效也有所保障。

过去，传统禁忌在复活节岛由国王（酋长）强制执行，在波利尼西亚其他地区则由社区领导人监管执行。与渔业相关的主要禁忌是在冬季捕鱼期内禁止捕捞金枪鱼等深海或开放水域鱼类，因为当地居民认为这些鱼（特别是金枪鱼）是有毒的。根据当地传统，只有由资深渔民和渔船操作工掌舵的皇家独木舟或装饰有公鸡羽毛的瓦卡，才有资格下海捕捞作业。捕获的金枪鱼归酋长和祭司所有。据帕默尔（Palmer，1870）记载，当他于 1868 年登岛时，岛上仍在全面执行传统禁忌。

　　基于传统禁忌过去在复活节岛发挥着重要作用，拉帕努伊人认同执行禁忌将是恢复海洋资源的最佳解决方案。我们与当地居民共同探讨传统禁忌在现代渔业中的重要性，并根据当地现有条件评价重新实施禁忌的可行性。

10.2　研究方法

10.2.1　地点选取

　　研究地点选取复活节岛（拉帕努伊岛）。该岛是位于南太平洋、波利尼西亚三角地带最东端的一个小岛屿（面积 171 平方千米）（图 10－1A）。复活节岛（南纬 27°07′，西经 109°22′）是世界上最边远的岛屿，距离智利海岸 3 700 千米，距离最近的海洋岛屿群（皮特凯恩）也有 2 030 千米。与波利尼西亚的其他岛屿相反，复活节岛上只有两处珊瑚能够形成真正的珊瑚礁，海洋生产力极其有限（Friedlander et al.，2013）。

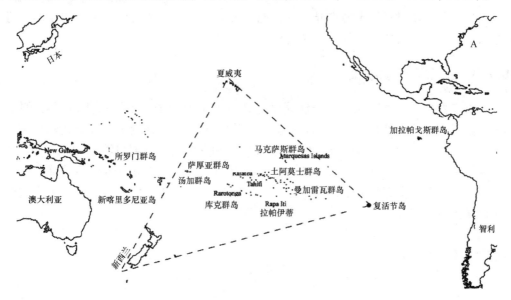

图 10－1　复活节岛（拉帕努伊）地理位置及波利尼西亚三角地带

　　1888 年，复活节岛由智利政府接管；但直至 1966 年，岛上居民才被承认为智利公民。根据 2002 年的人口普查，复活节岛上大约 60% 的人口为拉帕努伊族。关于复活节岛的社会组织，当地居民认为智利人是殖民者。政府接受当地社区的请求，推出了一项共和国宪法修正案，制定一些措施控制西方殖民者和智利人的居住权和过境通行权，以此维持岛上可持续发展能力，保护环境、文化和建筑等遗产；尤其考虑到其岛屿特征和作为世界文化遗产的重要价值。2007 年，复活节岛成为"特区"；然而，这一地位并不代表复活节岛政府拥有自治权，所有会对当地居民产生一定影响的决策都需依照国际劳工组织公约与当地社区协商。

1991 年，智利在《渔业和水产养殖总法》中引入了新的渔业法规，内容涵盖小规模渔业、手工渔业、底栖渔业的重要变革与中型手工渔业的转型，这涉及保护、海洋区划、手工和工业船队捕捞权及管理方案等层面的重大变革。然而，基于该法定位为国家级法律，它没有考虑到海洋岛屿的历史和生态特殊性也在智利政府管理范畴之中。这一情况，外加政府没有正确认识与当地渔业社区尤其是与拉帕努伊人合作的特殊意义，导致实施新管理策略面临极其严峻的挑战（Gaymer et al. , 2014）。基于复活节岛上 90% 的注册渔民属于拉帕努伊族，这一形势更为严峻。

10.2.2　利益相关者界定与访谈

本文对复活节岛关键知情人直接开展非结构化访谈。为明确关键知情人，我们邀请当地利益相关者来确定关键知情人，主要途径为询问利益相关者当地居民中最为熟悉、了解渔业传统以及渔业相关禁忌的拉帕努伊人。访谈主要进行于 2014 年 3—7 月的 3 次实地考察期间。19 名已确认的关键知情人中，接受访谈的共 14 名，包括 2 名妇女。其余 5 名关键知情人并未居住在复活节岛上。为进一步完善访谈信息，除 14 名关键知情人以外，我们还对其他 5 名充分了解当地传统的居民开展了访谈。接受访谈的关键知情人中，大部分为社区内备受尊重的老者。

10.2.3　上市量数据收集

上市量数据收集由国家渔业局所属渔业统计研究部完成。上岸渔获物的繁殖期、体型、重量等相关信息并不完善。金枪鱼上市量数据（黄鳍金枪鱼、长鳍金枪鱼和大眼金枪鱼）主要为 1997—2013 年期间，安加罗阿和安加皮科主要海湾（图 10 - 1）的上市量情况。金枪鱼一直是复活节岛最重要的鱼类，我们主要分析金枪鱼的渔获上岸情况，而剩余鱼类全部归类于其他鱼类。本文对 1997—2013 年期间每月渔获上市的金枪鱼数量进行了统计。

10.3　结论

10.3.1　复活节岛鱼类上市量

从上市量年际变化可以发现，2002 年和 2011 年分别出现大规模下降（图 10 - 2a）。1997—2002 年，金枪鱼（大眼金枪鱼和黄鳍金枪鱼）是复活节岛上岸渔获物中最重要的组成部分（图 10 - 2a）。然而，从 2002 年至今，金枪鱼上市量逐渐下降，而其他鱼类在上市量中比重逐渐上升。渔获上岸的金枪鱼种类中，数量最多的为黄鳍金枪鱼（图 10 - 2b）。复活节岛的居民全年捕捞金枪鱼，且全年中各月份的金枪鱼上市量没有显著差异。

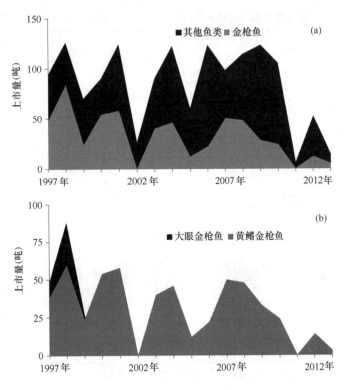

图 10 - 2　复活节岛主要海湾（安加罗阿和安加皮科海湾）鱼品上市量（吨）

（a）金枪鱼和其他鱼类；（b）大眼金枪鱼和黄鳍金枪鱼上市量

10.3.2　渔业禁忌是维护资源可持续性的传统方式

传统禁忌是限制或禁止捕捞的一种方式，但在受访者看来，禁忌还意味着遵从。在过去，禁忌主要由国王执行。目前由于国王（即酋长）不再是拉帕努伊族社会结构的主要组成部分，禁忌难以执行。因此，禁忌得以制定，必须基于当地居民遵从的意愿。大多数受访者强调，海洋资源禁忌主要是针对开放水域鱼类（拉帕努伊岛则指深海鱼），只在极少数情况下对沿海资源形成约束（图 10 - 3）。与其他太平洋岛屿的禁忌相比，受访者所提禁忌仅包含关闭捕鱼区、产卵期禁渔、允许部分渔获物逃脱（表 10 - 1）。

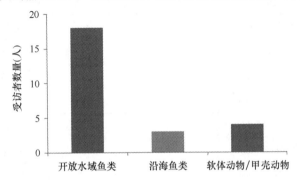

图 10 - 3　提及早期不同渔业资源禁忌的受访者数量

表 10 – 1　复活节岛主要禁忌与约翰内斯（1978）提出的其他太平洋岛屿传统保护措施比较

方法	受访者是否提及	沿海资源（C）或开放水域资源（OP）
关闭鱼类或蟹类捕捞地区	是	C – OP
设定禁渔期或禁止在产卵期捕捞	是	C – OP
放生部分渔获物或不捕捞全部成鱼或龟类	是	C
除特殊情况外不得过度捕捞	否	–
禁止捕捞幼体	否	–
在内陆泻湖进行捕捞或仅限少数受制于捕捞条件的鱼类种群的捕捞	N/A	–
禁止猎杀海鸟和采拾海鸟蛋	N/A	–
限制区域内鱼类陷阱数量	N/A	–
禁止采拾海龟蛋	N/A	–
禁止猎杀沙滩上的海龟	N/A	–
禁止用光照射海龟宜居的沙滩	N/A	–

注：C = 沿海资源，OP = 开放水域资源，N/A 指复活节岛未采用禁忌。

10.3.2.1　开放水域鱼类有关禁忌

开放水域鱼类有关禁忌包括禁制期内禁止捕捞、食用某些鱼类（表 10 – 2）。所有受访者均提及，这一禁令同样适用于冬季（即 7 月、8 月、9 月），但关于禁忌起始节点的具体时间，受访者们并未达成共识。部分受访者认为，禁忌从 3 月生效，并从 5 月持续至 9 月（即南半球的秋季至春季）。过去渔民在禁制期内将船只拖上岸进行修理，期间只在近岸进行绳钓。

表 10 – 2　复活节岛冬季捕捞禁忌涉及的开放水域鱼类资源

拉帕努伊名称	学名
卡阿维阿维（Kahi ave ave）	黄鳍金枪鱼
卡马塔马塔（Kahi mata tata）	大眼金枪鱼
卡那卡那（Kana kana）	鲟鱼
帕拉托提（Paratoti）	红钻笛鲷
儒汉（Ruhi）	阔步鲹
斯阿拉（Sierra）	杖蛇鲭
托瑞莫（Toremo）	黄尾鰤

当地传统观念中，禁制期内食用开放水域的鱼类会导致哮喘。当地居民认为这一期间，鱼类因患病而消瘦，且带有大量黏液，食用这种鱼后疾病会传染给人类。大多数受访者提到传统禁忌与哮喘之间的联系（图 10-4）。一些年长的岛民证实，的确存在因在禁制期内食用鱼类而患上哮喘的案例；但目前两者之间的联系受到诸多质疑。此外，一些受访者称，早期拉帕努伊人关于哮喘和鱼类消费量两者联系的解释只是故弄玄虚。他们认为，这一禁忌的真正目的是在鱼类繁殖期内对其加以保护（图 10-4），而将哮喘与禁制期食用鱼类相联系则是为加强保护成效与强制岛民遵守禁令所采取的方式。其他受访者则认为，禁制期内食用鱼类确实会导致哮喘，同时这也是保护这些鱼类繁殖周期的一种方式（图 10-4）。

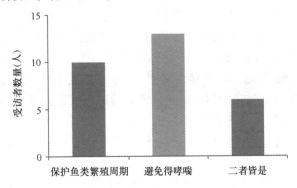

图 10-4 给出开放水域资源制定原因的受访者数量
（受访者可给出多个理由）

目前，渔业禁忌没有受到足够重视和尊重，当地居民全年都在捕捞开放水域鱼类资源，例如金枪鱼；但大多数家庭并未在禁制期内消费、食用这些鱼类。拉帕努伊人持续遵守这一禁忌直至 20 世纪 60 年代。

10.3.2.2 沿海资源有关禁忌

关于制定沿海资源有关禁忌的原因，受访者们未能达成共识。与沿海资源（鱼类或底栖动物）有关的禁忌只在与开放水域资源传统禁忌进行比较时被提及数次（图 10-3）。大多数受访者表示不记得有与沿海物种相关的禁忌；但部分年长受访者提到一项有关雌龙虾的禁忌，主要为禁止在龙虾产卵期内捕捞雌性龙虾，因为这一时期的龙虾极易受到伤害。关于贝类，3 位受访者提到一项关于珍珠宝螺的禁忌。之所以制定这项禁忌是因为珍珠宝螺的壳体过于单薄，不适合制作手工艺品，因此禁止对其进行捕捞。

部分受访者提及沿海鱼类有关禁忌（图 10-3）。这些鱼类包括紫额锦鱼和青斑阿南鱼（雌雄鱼类禁忌不同）。其中一个受访者声称，禁止捕捞这些鱼类是考虑到其主要存在价值为"维持海洋风貌"，必须确保每个人都有机会观赏到这些鱼。还有受访者提及关于三明治舵鱼（nanue）的禁忌。拉帕努伊人将三明治舵鱼分为 7 个发育阶段（Randall and Cea，2011），而当其处于黄色和白色发育阶段时，它们被认为能够引导三明治鲀鱼群，传统禁忌禁止帕拉努伊人对其进行捕捞。20 世纪 60 年代，复活节岛渔民在胡图特海湾潮间带搭建了岩石围壁。每逢满月前 7 日涨潮时，他们便封锁围拢岩壁，围困三明治鲀鱼群。清晨落潮时，他们捕捉部分鲀鱼供自己消费，将其余部分放生。如果渔获物中出现处于黄白色发育阶段的三明治鲀鱼，渔民也将之放生；但在放生之前，渔民们会在它的右胸鳍做上标记以表明其向导身份，若其他渔民下次捕捉到这些鱼同样必须放生。

10.3.2.3　现代禁忌

根据受访者的回答，目前禁忌普遍不受重视。根据受访者的意见，只有在极少数情况下，一些禁忌会受到重视，但也仅限于复活节岛的少数居民。尽管目前禁忌起不到制约作用，但一些当地居民称他们不会在禁制期内食用开放水域的鱼类；但是他们仍会捕捞这些鱼类并出售给当地餐馆和酒店。当前受到广泛认同的说法是，渔业禁忌在 20 世纪 60 年代便已失传。1967 年，从智利飞往复活节岛的民航客机开始通航（Gaymer et al.，2013）。拉帕努伊人认为，渔业禁忌之所以失传是因为旅游业发展导致鱼类需求量扩大，也导致越来越多不尊重当地传统的非本地人登上复活节岛。此外，受访者认为当地居民，尤其是年轻岛民越来越看重经济，导致当地对于传统以及禁忌的尊重逐步流失。

就至今仍发挥约束作用的禁忌而言，一些渔民称，自己在捕获正处于黄白色发育阶段的三明治鲀鱼时，仍会在其右胸鳍做好标记后放生，同早前他们祖先的做法一致。据当地渔民所说，另一个遗留至今的禁忌有关海鳝（裸胸鳝属）捕捞。拉帕努伊人只在冬季捕捞海鳝，因夏季为海鳝繁殖期（渔民根据其产卵判断得出）。类似的禁忌包括海鳗捕捞，在 11 月至翌年 1 月的繁殖期间，渔民会停止对海鳗的捕捞。关于贝类，不止一个受访者提及，珍珠宝螺捕捞禁忌流传至今并受到广泛遵从。

10.4　讨论

根据访谈结果可以得出的结论是，复活节岛现代渔业中残存的禁忌与第一批殖民者登岛时相比，显然只是过去的一小部分。如某些学者提出的，"当某些事实被遗忘或只被依稀记得时"，搜集与此相关的信息极其困难（Routledge and Routledge，1917）。作者搜集整理的资料很可能受到当前社会背景的影响，难以收集到当地与外来文化接触之前时期的信息。尽管只能了解到复活节岛的历史片段和受到侵蚀的传统文化，本文研究足以证实，复活节岛的渔业禁忌或忌讳与波利尼西亚群岛其他地区相类似。后者采用的一系列保护措施或限制属于热带岛屿的传统方式，包括关闭捕鱼区；特定季节或产卵期禁渔；允许部分渔获物逃脱或选择性捕捞；禁止捕捞幼鱼。通过本文研究结果可以发现，其中一些限制措施至今仍在复活节岛沿用。这是一个全新的发现，过去的研究结果认为，复活节岛的渔业禁忌或限制只针对开放水域鱼类（Pakarati，2010）。

复活节岛最为重要的禁忌（或最为当地居民所牢记的禁忌）是关于开放水域鱼类

捕捞的季节性限制。禁忌起始节点的具体时间及机制尚不明确。恩格勒特于 1948 年提出禁忌执行期为 5 月至 10 月，而米特劳（Métraux，1971）提出的禁忌有效期较短暂，仅 7 月至 9 月。艾尔斯（Ayres，1979）提出假设，禁忌或许与远洋鱼类的季节性洄游有关，因为传统捕鱼季与日历月并不相符；也因此，禁忌生效时间很难定论。劳特利奇（Leach，1997）提出，当地对神鸟"玛努塔拉"的膜拜与禁忌终止节点有一定的关联。每年 9 月神圣鸟类——玛努塔拉（灰背燕鸥）的到来，为开放水域鱼类捕捞季拉开了序幕。然而，从天文学的角度来说，开放水域鱼类捕捞季节的起始（或禁忌终止）以 11 月中旬昴宿星群（玛塔里基，"神之眼"）偕日升为标志（Belmonte and Edwards，2007；Edwards and Edwards，2010）。开放水域鱼类收获季节一直持续至 4 月中旬，玛塔里基消失在天际为止（Belmonte and Edwards，2007）。

10.4.1　渔业禁忌及繁殖季节

大多数岛民表示，深海鱼类捕捞禁忌主要是通过强调哮喘的痛苦确保渔民在这类鱼的繁殖季节实施禁渔并对其加以保护。桑等（Sun et al.，2005）在其文章中介绍到，热带水域中的黄鳍金枪鱼全年产卵，但在西部和中部太平洋的亚热带水域则为季节性产卵。不同种类金枪鱼的一个共同特点是，只有在海表层水温达到 24 摄氏度或者更高的情况下才会产卵（Schaefer，2001）。对于亚热带地区的金枪鱼而言，显然沿着 24 摄氏度等温线进行的季节性南北洄游正是其产卵的绝佳时期（Schaefer，2001）。成鱼（体长大于 100 厘米）会伺机在水温大于 26 摄氏度的水域产卵。在夏威夷，金枪鱼产卵多处于北方的夏季，即 6 月至 8 月，桑等（Sun et al.，1992）指出，在南纬 10°—25°/西经 150°—130°一带，金枪鱼产卵期多为 10 月至翌年 3 月。通过对复活节岛周边水域的黄鳍金枪鱼进行性腺分析，结果表明 11、12 月黄鳍金枪鱼进入性腺发育阶段（阶段 II 和阶段 III）（Bahamonde et al.，1993）。

由此可见，禁制期主要目的在于禁止在鱼类产卵前一阶段进行渔业捕捞，与当地渔民的认知并不相符。尽管收集到复活节岛周边海域 1 月至 3 月最高海表层水温（SST）约为 24 摄氏度至 26 摄氏度，但叶绿素 a 的最高纪录与之相反，出现在 4 月到 9 月（Testa，2014），与目前研究中禁制期相吻合。鱼类幼体成活率与食物生产直接或间接相关，鱼群促使幼体进入繁殖阶段以确保幼体成活率（Cury and Roy，1989）。1999 年 11 月，复活节岛周围曾发现金枪鱼幼体（黄鳍金枪鱼和大眼金枪鱼）。大眼金枪鱼幼体平均尺寸约为 4 毫米（Donoso et al.，2000），这些幼鱼的体型与孵出 5 天的幼体相一致（Kaji et al.，1999）。有趣的是，许多岛民宣称不在冬季食用深海鱼的原因是其周身黏液含量过高。事实上，鱼体黏液分泌量增加，是鱼类进入繁殖阶段时为自身提供营养和免疫物质的方式（Shephard，1994；Tort et al.，2003）。尽管科学研究已证明鱼体黏液分泌的益处，但传统信仰强调堆积在鱼体皮肤和腮部的黏液层是疾病的象征（Shephard，1994），这与复活节岛的传说相一致。

10.4.2　食物禁忌

食物禁忌，无论是否科学合理，往往出于保护人类的目的，且往往建立在一定的经验之上，即食用某些禁忌食物会导致特定的过敏、衰弱症状（Meyer – Rochow，2009）。此外，特定人群的饮食禁忌能够增进其凝聚力，有利于保持其特性，创造一种归属感（Meyer – Rochow，2009）。针对某些特定物种的饮食禁忌无意推动了其保护工作；因此，有时候仪式行为会产生具体的生态效应（Johannes，1978）。

之前在复活节岛开展的研究结果表明，禁制期内捕捞行为是被禁止的，且在此期间捕获的鱼类被认为是有毒的（Métraux，1971）。除金枪鱼中毒之外，"鲭鱼中毒"也被认为是食用鲭科鱼，尤其是茄克竹荚鱼（竹荚鱼）和金枪鱼的同一系列病症（Auerswald et al.，2006）。"鲭鱼中毒"是由摄入的每千克鱼肉中组胺含量超过 1 毫克所致（Auerswald et al.，2006）。鱼类死后体内组胺浓度升高的原因有三：① 游离组氨酸含量高；② 细菌组氨酸脱羧酶的产生；③ 环境条件所致，如高温（Morrow et al.，1991）。鲭鱼饮食中毒的症状多种多样，但在以往罕见的严重病例中，曾出现心脏和呼吸系统并发症（Hungerford，2010；Morrow et al.，1991）。复活节岛上哮喘的患病率是圣地亚哥和智利的 3 倍（Moreno，1995），这可能与鲭鱼中毒有关，但学者们并没有足够证据来证明这种说法。

针对开放水域鱼类，尤其是金枪鱼的禁忌并不适用于酋长。当地人认为，酋长和祭司食用这类鱼不会中毒。禁制期结束后，当地渔民捕捞所得的第一条金枪鱼归酋长和祭司所有。萨摩亚群岛居民只允许使用皮划艇捕捞鲣鱼，这充分反映金枪鱼作为酋长的特殊食物，具有重要的文化意义。

在波利尼西亚，酋长的权威根植于其对重要资源的管控上，对动物性食品的控制扩大了其影响政治体制（Dye and Steadman，1990）与地方治理发展的机会与可能性。因此，祖先们制定渔业禁忌可能更多的是出于维持社会秩序、为酋长提供特殊食物，而不是纯粹出于保护资源的目的。

金枪鱼是一种享有盛誉的鱼类，但对于过去的波利尼西亚中东部地区并非如此。一系列来自太平洋考古遗址的证据表明，当地鲜有史前渔民捕捞金枪鱼（Leach et al.，1997）。复活节岛的考古研究表明，近海捕捞对复活节岛人口数量做出的贡献极其有限（Hunt and Lipo，2009）。这可能与缺乏能够满足航行和近海捕捞需求的大型独木舟有关。鸡、老鼠和沿海鱼类是当地居民最重要的蛋白质来源（Ayres，1985；Hunt and Lipo，2009；Steadman et al.，1994）。最重要的鱼类是茄克竹荚鱼、大眼金枪鱼（鲹科）和濑鱼（隆头鱼科），而舵鱼和近海鱼类，如金枪鱼（鲭科）则不那么重要（Martinsson – Wallin and Crockford，2002）。

10.4.3　禁忌失传

1862 年，复活节岛的传统社会被完全摧毁，秘鲁奴隶贩子绑架了大量拉帕努伊人，包括酋长（即国王）、其家庭成员以及通晓古代传说的祭司与毛利人（Edwards and Edwards，2010）。这一次人口数量的严重下降，导致与复活节岛有关的传统文化与知识彻底消失（Mulrooney et al.，2009）。1864 年，传教士踏上复活节岛时，他们所面对的是对过去一无所知的岛民和松散的社会组织结构（Métraux，1937）。到 1877 年，复活节岛上幸存人口只剩下了 111 名。在这种情况下，也作为悲剧事件的结尾，没有人继续奉行当地的传统信仰（Métraux，1971）。

大多数的受访者声称，禁忌之所以失传是因为后代没有严格执行。同样，在波利尼西亚的其他地区，巴布亚新几内亚首都莫尔兹比港的发展，以及西方文化的入侵，破坏了金枪鱼的仪式性捕捞。约翰内斯（1978）指出，传统保护或管理体系被削弱的3个主要原因为：① 货币经济的引进；② 传统权威的崩溃；③ 殖民列强强制使用新的法律和惯例。受访者提及，货币经济的引进导致了传统生计渔业的改变以及传统权威的解体。

10.5　结论

在现代拉帕努伊人的共同观点中，禁忌是资源管理和保护的另一种选择；然而，现代社会缺乏酋长一类角色来强制实施这类禁忌。人们认为在现代社会背景下实施禁忌极其困难。此外，我们发现复活节岛地方治理机构缺失，无法基于地方性生态知识实施禁忌或实施任何其他资源保护管理措施。另一方面，拉帕努伊岛人拒绝执行任何由智利中央政府制定的举措，既因为抗拒其自上而下的管理手段，也因为大多数智利通用的管理策略并不完全符合拉帕努伊人的传统和目的（Gaymer et al.，2014）。这也是复活节岛执行《渔业和水产养殖总法》不足的实证说明。渔业管理愿景与当地文化、渔业传统信仰之间的冲突，使渔业管理着实面临严峻挑战。正如上文所述，集权治理体系信息反馈效率低，因此无法应对动态变化的系统（Aburto et al.，2014）。相比之下，社区能够快速适应传统法律和地方治理的外部变化。

目前，复活节岛当地社区开始讨论，采取什么措施进行海洋管理和保护。这种自下而上的管理过程可以构建必要的地方治理结构"重塑"禁忌，采取新的措施来扭转海洋资源衰退趋势。现代渔业禁忌必须以社会认同为基础，并建立在当地传统和生物标准的基础上作为管理替代方案加以实施。斐济 LMMA 建立在地方治理体系和当地规则地方制度的基础上，并未采用自上而下的国家法律框架来控制（Techera，2008）。库克群岛中的拉罗汤加也采用了类似的管理体系，在当地居民尊重传统与地方首领的前提下，重新启用传统渔业禁忌。传统法的优势在于当地独特文化与特定的自然条件。从这个意义上来说，复活节岛下一步的治理方向是借助当地的力量，加快建立与当地传统信仰相符合的治理体系，支持地方一级的管理决策。

参考文献

赵宁，马骁骏．加强我国海岛生物物种资源保护［N］．中国海洋报，2015 - 5 - 23.

张耀光，等．海岛海域生物资源利用与海洋农牧化生产布局新发展的研究——以长山群岛为例［J］．自然资源学报，2009，24（6）：945 - 955.

彭欣，等．基于海岛管理的南麂列岛生物多样性保护实践与经验［J］．海洋开发与管理，2012，（5）：93 - 100.

唐建军，陈欣．海岛生活支持系统的生物资源基础及其遗传改良策略研究［J］．海洋科学，1998，6）：48 - 49.

Aburto, J. A., Gaymer, C. F., Haoa, S., González, L., 2015, Management of marine resources through a local governance perspective: Re – implementation of traditions for marine resource recovery on Easter Island. Ocean & Coastal Management, 116 (1): 108 – 115.

Aburto, J. A. , Stotz, W. B. , Cundill, G. , 2014, Social – ecological Collapse: TURF governance in the context of highly variable resources in Chile, Ecology and Society, 19.

Auerswald, L. , Morren, C. , Lopata, A. L. , 2006, Histamine levels in seventeen species of fresh and processed South African seafood, Food Chemistry, 98: 231 – 239.

Ayres, W. S. , 1979, Easter Island fishing, Asian Perspect, 22: 61 – 92.

Ayres, W. S. , 1985, Easter Island subsistence, J. de la Société des océanistes, 103 – 124.

Bahamonde, R. , Santillan, L. , Carvajal, V. , 1993, Pesca exploratoria de atunes en Islade Pascua, Instituto de Fomento Pesquero, Santiago, 183.

Belmonte, J. A. , Edwards, E. , 2007, Astronomy and landscape on Easter Island new hints in the light of ethnographical sources. BAR Int, Social & Environmental Responsibility, 1647: 79.

Castilla, J. C. , 2010, Fisheries in Chile: small pelagics, management, rights, and sea zoning, Bulletin of Marine Science, 86: 221 – 234.

Chevalier, J. , Buckles, D. , 2008, SAS2 A Guide to Collaborative Inquiry and Social Engagement, Sage. International Development Research Centre, New Delhi, P, 316.

Cinner, J. E. , Aswani, S. , 2007, Integrating customary management into marine Conservation, Biological Conservation, 140: 201 – 216.

Cook, J. , 1784, A voyage towards the south pole, and round the world; performed in his majesty's ships the resolution and adventure, in the years 1772, 3, 4, and 5. Written by james cook, commander of the resolution. In: In Which Is Included Captain Furneaux's Narrative of His Proceedings in the Adventure during the Separation of the Ships. In Two Volumes. Illustrated with Maps and Charts, and a Variety of Portraits of Persons and Views and Places, Drawn during the Voyage by Mr. Hodges, and Engraved by the Most Eminent Masters. Printed for W Strahan and T Cadell in the Strand, London.

Cury, P. , Roy, C. , 1989, Optimal environmental window and pelagic fish recruitment success in upwelling areas, Canadian Journal of Fisheries and Aquatic Sciences , 46: 670 – 680.

de Haedo, F. G. , Roggeveen, J. , 1908, The Voyage of Captain Don Felipe González: in the Ship of the Line San Lorenzo, with the Frigate Santa Rosalia in Company, to Easter Island in 1770 – 1, Hakluyt Society, 176.

Diamond, J. , 2007, Easter Island Revisited, Science, 317: 1692 – 1694.

Donoso, M. , Barría, P. , Braun, M. , Valenzuela, V. , 2000, Determinaci ón de la dis – tribución geogr áfica y abundancia relativa de huevos y larvas de túnidos y peces espada en las Islas Oceánicas. Libro de Resúmenes, In: Taller sobre los resultados del Crucero Cimar – Fiordo, 5: 95 – 99 (Valparaíso).

Dye, T. , Steadman, D. W. , 1990, Polynesian ancestors and their animal world, American Scientist, 78: 207 – 215.

Edwards, E. , Edwards, A. , 2010, Rapa Nui Archeoastronomy & Ethnoastronomy, p. 25. Flag #83 Expedition Report. Februarye – June, 2010.

Englert, S. , 1948, La Tierra de Hotu Matua, Editorial Rapa Nui press, 361.

Foale, S. , Cohen, P. , Januchowski – Hartley, S. , Wenger, A. , Macintyre, M. , 2011, Tenure and taboos: origins and implications for fisheries in the Pacific, Fish Fisheries, 12: 357 – 369.

Friedlander, A. M. , Ballesteros, E. , Beets, J. , Berkenpas, E. , Gaymer, C. F. , et al, 2013. Effects of isolation and fishing on the marine ecosystems of Easter Island and Salas y Gómez, Chile, Aquatic Conservation

Marine and Freshwater Ecosystems, 23: 515 – 531.

Gaymer, C. , Aburto, J. , Acuña, E. , Bodini, A. , Carcamo, F. , et al. , 2013, Base de con – ocimiento y construcción de capacidades para el uso sustentable de los ecosistemasy recursos marinos de la ecorregión de Isla de Pascua, Licitación , 4728 – 33 – le12, p. 191.

Gaymer, C. F. , Stadel, A. V. , Ban, N. C. , Cárcamo, P. , Ierna, J. , et al. , 2014, Merging topdown and bottom – up approaches in marine protected areas planning: experiences from around the globe, Aquatic Conservation Marine and Freshwater Ecosystems, 24: 128 – 144.

Gelcich, S. , Hughes, T. P. , Olsson, P. , Folke, C. , Defeo, O. , et al. , 2010, Navigating transformations in governance of Chilean marine coastal resources, Proceedings of the National Academy of Sciences of the United States America, 107: 16794 – 16799.

Gona, O. , 1979, Mucous glycoproteins of teleostean fish: a comparative histochemical study, The Histochemical Journal , 11: 709 – 718.

Govan, H. , 2009, Achieving the potential of locally managed marine areas in the South Pacific, SPC Traditional Marine Resource Management and Knowledge Information Bulletin, 25: 16 – 25.

Hubbard, D. K. , Garcia, M. , 2003, The corals and coral reefs of Easter Island: a preliminary look. In: Loret, J. , Tanacredi, J. T. (Eds.), Easter Island: Scientific Exploration Into the World's Environmental Problems in a Microcosm, Springer Science and Business Media, New York, pp. 53 – 77.

Hough, W. , 1889, Notes on the Archeology and Ethnology of Easter Island, American Naturalist, 23: 877 – 888.

Hungerford, J. M. , 2010, Scombroid poisoning: a review, Toxicon, 56: 231 – 243.

Hunt, T. L. , 2006, Rethinking the fall of Easter Island, American Scientist, 94: 412 – 419.

Hunt, T. L. , Lipo, C. P. , 2008, Evidence for a shorter chronology on Rapa Nui (Easter Island), The Journal of Island and Coastal Archaeology, 3: 140 – 148.

Hunt, T. L. , Lipo, C. P. , 2009, Revisiting Rapa Nui (Easter Island) "Ecocide" 1, Pacific Science, 63: 601 – 616.

Hviding, E. , 1998, Contextual flexibility: present status and future of customary marine tenure in Solomon Islands, Ocean & Coast Management, 40: 253 – 269.

Itano, D. , 2000, The Reproductive Biology of Yellowfin Tuna (Thunnus albacares) in Hawaiian Waters and the Western Tropical Pacific Ocean: project Summary, Joint Institute for Marine and Atmospheric Research – JIMAR, p. 14.

Jennings, S. , Polunin, N. V. C. , 1996, Fishing strategies, fishery development and socioeconomics in traditionally managed Fijian fishing grounds, Forest Ecology and Management, 3: 335 – 347.

Johannes, R. E. , 1978, Traditional marine conservation methods in Oceania and their demise, Annual Reviews Ecology and Systematics, 9: 349 – 364.

Johannes, R. E. , 2002, The Renaissance of community – based Marine resource management in Oceania, Annual Reviews Ecology and Systematics, 33: 317 – 340.

Kaji, T. , Tanaka, M. , Oka, M. , Takeuchi, H. , Ohsumi, S. , et al. , 1999, Growth and morphological development of laboratory – reared yellowfin tuna Thunnus albacares larvae and early juveniles, with special emphasis on the digestive system, Fisheries and Ecology, 65: 700 – 707.

Leach, F. , Davidson, J. , Horwood, M. , Ottino, P. , 1997, The fishermen of Anapua Rock Shelter, Ua Pou, Marquesas islands, Asian Perspect, 36: 61 – 66.

Martinsson – Wallin, H. , Crockford, S. J. , 2002, Early settlement of Rapa Nui (Easter Island), Asian Perspect, 40: 244 – 278.

Métraux, A. , 1937, The kings of Easter Island: kingship, The Journal of the Polynesian Society, 41 – 62.

Métraux, A. , 1971, Ethnology of Easter Island, Bishop Museum, p. 439.

Meyer – Rochow, V. B. , 2009, Food taboos: their origins and purposes, Journal of Ethnobiology and Ethno-medicine, 5: 18.

Mieth, A. , Bork, H. – R. , 2010, Humans, climate or introduced rats e which is to blame for the woodland destruction on prehistoric Rapa Nui (Easter Island), Journal of Archaeological Science, 37: 417 – 426.

Moreno, R. , 1995, Hperreactividad bronquial. Boletín Esc. de Medicina, 24. P. Universidad Cat ólica de Chile, pp. 59 – 63.

Morrow, J. D. , Margolies, G. R. , Rowland, J. , Roberts, L. J. , 1991, Evidence that histamine is the causa-tive toxin of scombroid – fish poisoning, The New England Journal of Medicine, 324: 716 – 720.

Mulrooney, M. A. , Ladefoged, T. N. , Stevenson, C. M. , Haoa, S. , 2009, The myth of AD 1680: new evi-dence from Hanga Ho'onu, Rapa Nui (Easter Island), Rapa Nui Journal, 23: 94 – 105.

Pakarati, F. , 2010, Papa Tu'u T Hanga Kao – Kao, Ministerio de Planificación, CONADI, p. 191.

Palmer, J. L. , 1870, A Visit to Easter Island, or Rapa Nui, in 1868, The Journal of the Royal Geographical Society of London, 40: 167 – 181.

Pulsford, R. L. , 1975, Ceremonial fishing for Tuna by the Motu of Pari, Oceania, 107 – 113.

Ramirez, J. M. , 2008, Rapa Nui el omblligo del mundo, Museo Chileno de Arte PreColombino, p. 120.

Randall, J. E. , Cea, A. , 2011, Shore Fishes of Easter Island, University of Hawai'i Press, p. 164.

Routledge, S. , Routledge, K. , 1917, The bird cult of Easter Island, Folklore, 28: 337 – 355.

Schaefer, K. M. , 2001, Reproductive biology of tunas. In: Barbara, B. , Stevens, E. (Eds.), Fish Physiol-ogy, Academic Press, pp. 225 – 270.

Shephard, K. , 1994, Functions for fish mucus, Reviews in Fish Biology and Fisheries, 4: 401 – 429.

Steadman, D. W. , Casanova, P. V. , Ferrando, C. C. , 1994, Stratigraphy, chronology, and cultural context of an early faunal assemblage from Easter Island, Asian Perspect, 33: 79 – 96.

Sun, C. – L. , Yah, S. – Z. , 1992, A review of reproductive biology of yellowfin tuna in the central and western Pacific Ocean, In: Second Meeting of the Western Pacific Yellowfin Tuna Research Group, pp. 17 – 24.

Sun, C. L. , Wang, W. – R. , Yeh, S. , 2005, Reproductive biology of yellowfin tuna in the central and west-ern Pacific Ocean, In: 1st Meeting of the Scientific Committee of the Western and Central Pacific Fisheries Commission. Wp – 1, Noumea, New Caledonia, p. 15.

Techera, E. , 2008, Customary Law and Community Based Conservation of Marine Areas in Fiji, Interdiscipli-nary Press, Oxford, UK, p. 107.

Testa, G. , 2014, Variabilidad espacio – temporal de clorofila – a superficial e influencia de los montes subma-rinos en la Eastern Seamount Chain, Universidad Católica de Valencia San Vivente Mártir, p. 51.

Tiraa, A. , 2006, Ra'ui in the Cook Islands – today's context in Rarotonga, Traditional Marine Resource Man-agement and Knowledge Information Bulletin, 11 – 15.

Tort, L. , Balasch, J. C. , Mackenzie, S. , 2003, Fish immune system. A crossroads between innate and a-daptive responses, Inmunología, 22: 277 – 286.

Zeller, D. , Booth, S. , Davis, G. , Pauly, D. , 2007, Re – estimation of small – scale fishery catches for US flag – associated island areas in the western Pacific: the last 50years, Fishery Bulletin, 105: 266 – 277.

Zylich, K. , Harper, S. , Licanceo, R. , Vega, R. , Zeller, D. , et al. , 2014, Fishing in Easter Island, a Re-cent History (1950e2010). Sea Around Us Project. Fisheries Centre, University of British Columbia, p. 18.

第11章　公民海洋环保意识的重要性

——以科尔武岛为例

　　自然环境与社会环境是人类赖以生存的基础，随着科学技术的发展和人类活动能力的增强，占据地球大部分表面积的海洋既构成了自然环境的主要部分，也日益成为社会环境的重要内容。环境意识是人类对自身生存空间和生存条件的自我觉知。人类的环境意识具有多层次的结构特征。其构成要素大体包括环境认识观、环境价值观、环境伦理观、环境法制观和环境保护行为等方面（杨莉等，2001）。这里，我们分别考察环境存在、环境价值、人地关系、社会秩序和环境实践等问题。海洋意识是个体、公众和各类社会组织对海洋的自然规律、战略价值和作用的反映和认识，是特定历史时期人海关系观念的综合表现（赵宗金，2011）。事实上，海洋意识不仅仅包括海洋权益观念，还包括海洋环境意识和海洋资源意识等。① 海洋环境意识是环境意识在海洋空间领域的表征，是人类涉海行为的自我认知，是人类对海洋空间的自然属性和社会属性的意识，既包括人类对海洋自然环境的认识和态度，也包括人类对海洋社会环境的自我觉知状态。海洋环境本身是海洋环境意识的对象，海洋环境的特征会影响到海洋环境意识的形成过程和意识结果（赵宗金，2011）。从观念变迁的角度看，海洋环境意识作为主导的环境意识类别，远远落后于陆地环境意识，这与人类认知和改造自然的历史进程是相匹配的。大部分沿海国家及其公众与社会组织对环境问题的关注都是从陆地环境问题起步的。从整个海洋文明发展的历史阶段看，海洋文明的发展也滞后于陆地文明的发展。从生理过程上看，个体的感觉系统、神经传导过程、皮层加工系统等因素都会影响到信息加工的过程，影响到个体对内外部环境刺激的反应，从而影响到海洋环境意识的加工过程。在上述生理基础上，个体的表象过程、知觉加工、注意水平、认知评价等心理过程也会影响到个体对海洋环境现象和事件的反应。应该说，海洋环境意识受意识主体生理和心理的个体差异因素、文化和地域的差异因素以及意识主体社会特征的影响。良好的海洋环境对海洋自身作用的充分发挥起着优化作用，从而使海洋能持续给人类创造一个良好的生存环境。目前，世界海洋国家不同程度地把海洋开发与保护问题提到了政府重要工作议程之中，同时也充分认识到提高人们的海洋意识水平是提高海洋竞争力的重要手段。所以，加强国民海洋意识教育已经成为全球各国的普遍口号，但是把口号落实到具体实践层面，需要良好的理论支撑，需要

---

　　① 有学者对公众的海洋意识体系进行了体系划分，认为海洋意识体系应该包括5个层面的主观意识和4个宏观层面的意识构建领域。认为海洋资源与环境保护意识指的是相对于陆地和空中资源，针对海洋环境中的资源意识和环境生态保护意识。参见李珊等. 中国公众海洋意识体系初探——基于大连7·16油管爆炸事件网民意见的分析［J］. 大连海事大学学报（社会科学版），2010（6）：91-94.

考察影响海洋环境意识形成和发展的各种因素。

开发海洋、拓展生存和发展的空间已经成为当今世界的潮流（崔旺来，2011）。随着海洋开发的深度、广度的不断扩展，全球的海洋环境质量每况愈下，海洋环境保护问题日益成为国际社会普遍关注的热点（谢素美、徐敏，2006）。海洋社会概念的提出（庞玉珍，2004），以及海洋社会学研究的兴起（崔凤，2006）表明人们在海洋空间日益成为人类活动领域的自我认知，客观上也表明了海洋环境与人类社会的密切关系。从这个意义上讲，海洋环境意识就是指人类对海洋自然环境的认识和态度，以及人类对自身与海洋关系的认识和态度；也就是人类对自然海洋和海洋社会的自我觉知状态。将当地利益相关者的价值观、意见和预期目标加以整合，对于加强海洋保护区（MPAs）管理具有极其重要的意义，尤其是对于将海洋保护区作为经济和社会核心资产的小岛屿而言。本文通过定量和定性相结合的研究方法，探索是什么驱动人类对海洋和沿海地区的开发利用，探讨当地居民和专业人员对海洋环境及其保护的看法，最终采取最符合当地居民需求和愿景的海洋保护区管理方法。本文主要以科尔武岛作为案例进行研究，该岛拥有亚速尔群岛地区最大规模的沿海自然保护区，且至今缺乏完善的海洋保护区管理计划。研究结果表明，海洋和沿海地区利用模式存在显著的海洋文化特性，以及明确的二分法特点。利益相关者认识到海洋环境对于科尔武岛经济发展具有重要战略意义，因而在充分考虑当地居民观点的基础之上提出了海洋资源可持续利用战略。学者们普遍认为物种丰度降低、生物多样性丧失引起生态失衡等现象，主要由海洋环境剧烈变化导致。这些现象反映出海洋生态系统的脆弱性，但当地社区和利益相关者对海洋环境面临的主要威胁持有不同意见。在多数情况下，我们可以发现科尔武岛社区居民对海洋保护措施，尤其是海洋保护区的高度支持。然而，利益相关者对于海洋保护区保护目标和成功的不同意见，间接反映出亚速尔政府对科尔武岛海洋保护区管理能力较为薄弱的消极一面。在这一现实基础上，本文对海洋保护区的实施成效，尤其是全部利益相关者认可的海洋保护区具体目标实现过程所产生的影响进行了详细探讨。

11.1　海洋保护区管理研究综述

对于全世界的沿海国家而言，海洋保护区（MPAs）正在迅速成为海洋保护的重要工具，同时也是基于生态系统的渔业管理和海洋空间规划的关键组成部分（McCay and Jones，2011）。海洋保护区在设计、管理模式和保护范围等层面的差异，主要取决于选址的生物、物理和社会经济特征，以及这些海洋保护区所要实现的保护目标。保护目标通常围绕海洋保护以及海洋资源管理（Allison et al.，2003；Halpern et al.，2010）。

海洋保护目标包含一系列特定目标，如保护稀有、脆弱的栖息地和物种；恢复生态功能；保护生物多样性；推动研究和教育；维持审美价值和传统用途（Halpern and Warner，2003）。致力于海洋资源管理的海洋保护区被强烈建议作为传统渔业管理的替代或补充方案（McCay and Jones，2011；Pauly et al.，2002）。海洋保护区被公认为有利于实现具体的渔业管理目标，例如恢复健康的营养水平；提高物种丰度；增加资源存量；控制产卵量和年龄以及体型组合（Lester et al.，2009；Pitcher and Lam，2010）。

自 20 世纪 80 年代初以来，海洋保护区覆盖面积以每年 4.6% 的速度稳定增长（Wood et al.，2008）。2010 年的最新研究报告指出，全球共有 5 878 个海洋保护区，覆盖面积达 420 万平方千米（Spalding et al.，2010）。然而，这些数字仅仅代表全球海洋的一小部分，不足以保证有效的海洋管理和保护。此外，大量的海洋保护区缺乏完善管理，更倾向于"纸上保护区"，由此海洋保护区的设立和管理受到越来越广泛的关注（Wood et al.，2008）。

海洋保护区规划和管理中最大的不足之处，是没能在海洋保护区设立的各个阶段将利益相关者和当地社区进行相互结合（Lundquist and Granek，2005）。社区和利益相关者参与海洋保护区设立的优势体现在提高其认识水平、对海洋保护的支持和程序合法性（Hardet al.，2012）。从另一个角度来看，以上几点能够进一步提高利益相关者的支持度及其对捕捞、准入条例的配合度，最终降低相应海洋保护区执行成本（Ferse et al.，2010；Kessler，2004）。公众参与的优势还包括减少潜在的冲突，增加应用本地生态知识的机会，这对于构建海洋保护区设计和管理的多元化理论基础具有重要意义。

鉴于海洋保护区被广泛认可为与社会 - 生态系统息息相关，进一步提高认识海洋保护规划中人文因素复杂性的紧迫性。然而，海洋保护区影响当地社区或受当地社区影响的过程鲜有记录。跨学科信息包括社会考虑因素等在海洋保护政策制定中较为缺乏，且未被充分利用（Christie，2011）。由于潜在的社会和生态后果，海洋保护区实施往往具有高度的不确定性。在过去的 10 年中，越来越多的研究集中于海洋保护区的社会背景调查，以填补这一研究领域的空白，并揭示引导海洋保护取得成效的诸多影响因素（Christie，2004）。

越来越多的证据表明，如何将广泛的社会价值与海洋保护区的潜在利益相结合是海洋保护区管理面临的核心问题（Ban et al.，2011；Jones，2008）。海洋保护区通常会对不同社区产生影响，并涉及各种持有不同甚至对立立场的利益相关者。目前充满争议的一个观点是，人类的价值观及其对海洋环境与海洋保护的观点将决定他们与海洋保护区之间的交互作用，并最终决定海洋保护区的社会可接受性（Vodouhe et al.，2010）。明确认识海洋和沿海地区开发利用的驱动因素、当地资源使用者发现海洋资源的途径、资源价值及面临的主要威胁，将对制定最符合当地需求和愿景的海洋保护区管理方法具有一定参考价值。

海洋保护区管理获得成功的另一个关键点在于全部利益相关者，包括社区和管理部门，商定共同的目标和期望（Himes，2007；Mangi and Austen，2008）。定位明确的共同目标对于规范预期保护成果、避免利益相关者群体期望过高具有极其重要的意义（Lundquist and Granek，2005）。杰托福等（Jentoft et al.，2012）认为，由于各利益相关者对海洋保护区成立目的持有不同意见，应该将明确的目标作为海洋保护区社会背景研究的核心，以免利益相关者将海洋保护区视为实现个人目标的难得机遇。因此，不同利益相关者关于海洋保护区成立目标、存在问题、关注点的多重矛盾，往往成为海洋保护区设立过程产生冲突的主要原因。为了最大限度地提高海洋保护区成功实施的可能性，应尽早识别并规避潜在的矛盾、冲突。

　　对于小岛屿而言，海洋保护区具有极其特殊的重要意义，不仅仅因为海洋保护区能够为当地经济和生计发展所必需的脆弱海洋生境和资源提供保护，还因为它们能够为地理隔绝、与外界市场鲜有联系的小岛屿提供可持续发展的重要机遇（Badalamenti et al.，2000）。然而尽管海洋保护区对于小岛屿而言具有重要存在价值，其建立过程仍面临重重挑战，因为上级政府遥不可及，而当地社区并未被授予对其海洋资源进行管理决策的权利。诸多学者也曾反馈类似情况，并提出海洋资源共同管理等方案以强化社区参与和公共教育（Davis，2005；Forster et al.，2011）。这一现实基础进一步凸显进行全面的海洋保护区选址研究的必要性，明确小岛屿背景下海洋保护区取得成功的影响因素，以促进海洋保护区的建立和发展同样能够在其他小岛屿取得成功（Lundquist and Granek，2005）。

11.2　科尔武岛环境和主要特征

　　科尔武岛是亚速群岛 9 个岛屿中最小的一个（图 11 - 1），为葡萄牙探险家迪奥戈·特维于 1452 年前后发现，在北大西洋中东部亚速群岛的最北端，南距弗洛里斯岛（Flores）仅 16 千米（10 英里）。位于北纬 39°42′6.75″，西经 31°6′6″，长 6.3 千米（3.9 英里），宽 4 千米（2.5 英里），面积 17.13 平方千米（6.74 平方英里），最高点戈多峰（Mount Gordo），海拔 718 米（2 360 英尺）。科尔武岛行政上属奥尔塔（Horta）区，是举世闻名的观鸟天堂，是燕鸥、海鸥和斑鸠等众多鸟类的家园，也被联合国教科文组织认定为世界生物圈保护区。从北美而来的候鸟在长途跋涉的途中也会在这座大洋正中的小岛上休息觅食。

　　正如大部分小岛屿，科尔武岛高度依赖海洋资源，岛上的大量文化遗产与海洋息息相关。亚速尔群岛位于北大西洋中部，科尔武岛是亚速尔群岛中规模最小、人口最少的岛屿，面积仅 17.13 平方千米，常住居民仅 430 人。岛上唯一的定居点是科尔武新城，位于岛屿主要平坦面的一处熔岩平原。但科尔武岛拥有目前亚速尔群岛范围内规模最大的沿海保护区，总占地面积约 257.4 平方千米（图 11 - 1）。这一沿海保护区是依法成立于 2008 年的科尔武海岛自然公园的一部分，凝聚了 20 多年来海洋保护措施、科学研究和不同级别参与进程取得的系列成果。此外，自从 1999 年以来，为利用大石斑鱼发展旅游活动，科尔武岛划定了一片标志性海域并严格实施禁捕（Abecasis et al.，2013）。

　　科尔武海岛自然公园是当地为进行海洋环境全面、综合保护所建立的自然保护区网络的组成部分（Calado et al.，2009）。尽管相关部门为运营自然保护区网络付出诸多努力，例如分配资源和建设基础设施，但网络内的大多数海洋保护区，包括科尔武岛的海洋保护区目前仍缺乏具体、完善的管理计划。利益相关者关于科尔武岛海洋保护区设立过程的意见，凸显了设计并实施海洋保护区管理计划的迫切需求，保护区管理计划应包含当地社区认可、重视的保护目标和预期成果（Abecasis et al.，2013）。在这项研究中，作者通过总结、归纳当地居民的意见，认识到社区和利益相关者如何看待科尔武岛的海洋环境，设定海洋保护区保护目标时又该如何借鉴参考他们的观点。本

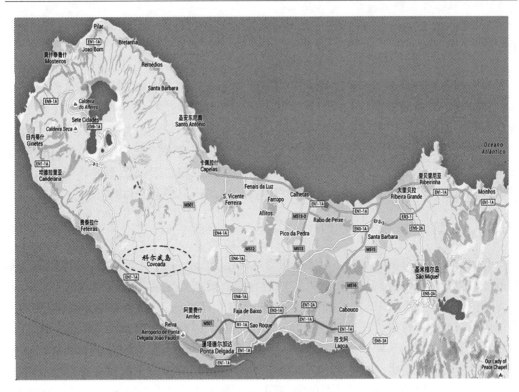

图 11 - 1　科尔武岛地理位置

研究还分析了社区和当地利益相关者关于海洋保护，尤其是海洋保护区的态度和预期，并将之与参与海洋保护区设立的学术研究人员与政府官员的观点加以比较。

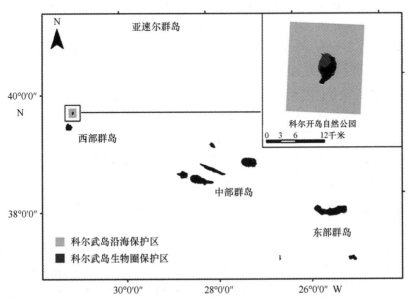

图 11 - 2　科尔武海岛自然公园的陆地和海洋边界

11.3   方法

社会调查是衡量海洋保护区相关社会态度和公众情绪的有效工具，但在面对极少数持反对意见或未做定论的个体时，它的作用极其有限，这时候往往需要利用更为定性的方法。因此，我们根据不同目标人群（当地社区和不同利益相关者）的特征及其期望水平，利用互补方法处理其意见和观点。然而，不管采用什么方法，我们研究的变量始终围绕：① 海洋环境的价值、对海洋环境的认识和利用；② 海洋环境的变化及其面临的威胁；③ 对海洋保护，尤其是海洋保护区的认识、态度和期望。

11.3.1   社区

我们设计了一份调查问卷，用于收集当地成年居民（年龄大于 18 岁）的看法。科尔武岛的教育水平偏低，其中，总人口中的 54%，尤其是老年人只受过（4 年）基础教育甚至更少（INE，2013）。这源于当地推行的教育措施，一直到 20 世纪 80 年代，岛上居民需要离开科尔武岛以接受更高水平的教育。因此，我们采用最简单的语言来组织调查，其中包括 8 种李克特式项目、两个多项选择题和一小部分个人信息。调查开始前，我们预先安排一组外行人（N 等于 11）进行问卷调查，测试和评判调查的清晰度和可及性。这项调查进行于 2010 年夏天，主要调查形式为长达 30 分钟的面对面访谈。事实证明，这是一个较为合适的方法。因为许多受访者存在阅读困难的现象，无法回应调查或是较难理解调查说明。受访者大多分布在街道上，或聚集在公共场所，也有部分由调查人员挨家挨户进行上门访谈。

本文利用卡方检验（χ^2）比较样本和总人口的性别比例，利用方差分析明确不同性别和教育水平下的年龄差异，并将分析结果与科尔武岛人口特征进行比较。本文运用多种分析检验方法来确定年龄、性别和教育水平差异对每一个调查问题造成的影响。卡方检验用于测试性别和教育水平差异。当教育水平差异显著时，当数据符合参数假设时，采用皮尔森相关系数来测试变量之间相关性，若数据不符合参数假设，则采用斯皮尔曼秩相关系数。对于极性问题，调查人员根据数据是否满足参数假设，采用 T 检验或曼－惠特尼 U 检验分析调查对象的年龄差异。对于李克特式项目，调查人员设定 χ^2 分析性别差异，利用肯德尔检验（t_B）分析教育水平和年龄的相关性。本文只针对差异性或相关性显著的调查结果进行统计分析。

11.3.2   利益相关者

研究人员在界定利益涉及海洋和沿海环境的居民时，为了便于调查，将利益相关者定义为生计活动直接受益于海洋环境及其与保护有关的人。为确保本研究采访到的利益相关者数量达到最大值，研究人员采用了滚雪球抽样。2010 年和 2011 年夏天，母语为葡萄牙语的 Rita Costa Abecasis 开展了以开放式问题为主的半结构化深度访谈。利益相关者中的居民访谈多进行于科尔武岛，但由于大多数政府官员和研究人员并未定居科尔武岛，因此他们的访谈进行于法亚尔和里斯本。根据受访利益相关者在海洋事务中的参与水平，访谈时间在 18～126 分钟不等。所有与利益相关者的访谈被记录和转录下来。研究人员利用开放式编码技术对访谈内容进行定性内容以确定海洋保护区主要问题和主题。被分为同一类别的类似反应、意见或观点，反映出访谈中形成的共同主题。

11.4　结果和讨论

11.4.1　样本特征和方法适用性

近年来关于亚速尔群岛的社会经济研究表明，海洋生物多样性及其保护的社会价值高度依赖于特定的社会－生态环境，因此有必要更深入地认识利益相关者和海洋环境之间的相互作用（Ressurreição et al.，2011，2012b）。认识利益相关者和海洋环境之间相互作用的前提，是采用社会方法研究除经济因素之外的文化、历史、传统和"地方感"等要素在海洋使用者心目中的重要程度。这项研究采用定量和定性相结合的方法，通过案例研究，深入探讨影响海洋保护，尤其是海洋保护区建设的影响因素复杂性。

调查问卷为解读海洋环境和海洋保护区相关社会态度和公众情绪提供了有效途径。社区调查共涉及 84 名利益相关者，相当于科尔武岛成年居民中的 23%。该样本的性别比例与科尔武岛人口统计数据相似（$\chi^2 = 0.001$；$P = 0.98$），男性比例（56%）略高于女性（44%）。女性受访者平均年龄显著低于男性（♀ = 37.6 岁；♂ = 45.8 岁；$F_{(1.82)} = 7.134$，$P < 0.01$）。这或许反映出科尔武岛的社会习俗，即年长女性参与社交聚会的频率低于年长男性，因此受访几率也更低。本研究抽取的样本同样反映出科尔武岛居民的教育水平，32% 的受访者仅受过初级教育。正如研究人员所预期的结果，年龄与教育程度呈负相关（$r = -0.62$，$P < 0.01$），意味着更年长的受访者受教育水平更低。

通过定量调查分析发现，社区态度与海洋保护区能否取得成功息息相关，因为当地社区对海洋保护措施的支持或反对在很大程度上将直接决定遵守资源管理法规的使用者数量（Voyer et al.，2012）。然而，这种方法并不能完全体现海洋资源使用者和海洋保护参与者的观点，他们的观点或许与普通公众截然不同（Thomassin et al.，2010）。为克服这一不足，研究人员采用定性方法对下述利益相关者的观点加以分析整合，包括商业渔民（$n = 15$）、旅行经营者（$n = 5$）、不同政府部门（$n = 11$）和海洋保护研究参与者（$n = 10$）。这些样本包含了科尔武岛商业渔民中的 95%，当地旅游经营者的 100%，而样本选择的研究人员和政府官员均为在过去 15 年中积极参与科尔武岛海洋保护和管理的对象。人口总数仅为 430 人（INE，2013）的科尔武岛作为独特的研究案例，能够满足调查人员利用有限资源和较为耗时的调查方法获取到极具代表性的样本。

11.4.2 海洋价值分析和海洋利用

11.4.2.1 海洋利用

分析海洋和沿海地区利用的地方模式,有利于将海洋利用活动整合到海洋管理之中,也有利于更精准地界定社区内海洋保护措施所适用的目标群体。科尔武岛居民利用海洋和沿海地区开展多种活动(如图 11 - 3 所示)。除了海岛上广泛适用于旅行、工作、放松、娱乐的传统活动——划船,其他利用模式识别相对更为容易。社区居民,尤其是年轻的受访者大多利用海洋和沿海地区进行休闲娱乐(年龄与散步:$U = 402.5$,$P < 0.01$;年龄与海滩:$T = 4.6$,$P < 0.01$)和受教育程度更高的居民(受教育程度与海滩:$R = 0.35$,$P < 0.01$)。

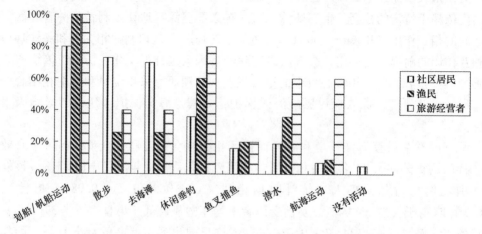

图 11 - 3   海洋环境利用:科尔武岛社区和利益相关者中在海洋和沿海地区
活动的参与者比例(%)

相比男性受访者,女性受访者更倾向于利用这些区域进行休闲娱乐(性别与散步:$\chi^2 = 9.5$,$P < 0.01$),而男性更倾向于参加海上娱乐活动(性别与鱼叉捕鱼:$\chi^2 = 7.3$,$P < 0.05$;性别与休闲垂钓:$\chi^2 = 27.6$,$P < 0.01$;性别与潜水:$\chi^2 = 4.3$,$P < 0.05$)。相比之下,当地利益相关者,尤其是旅游经营者,更倾向于利用这些区域从事休闲娱乐活动,而不仅仅出于放松目的。其中,休闲垂钓是当地居民最喜欢和最频繁进行的活动,进行其他活动的人则较少,频率也更低。科尔武岛居民较少进行航海运动,可能由于缺乏运动设施,外加气候条件不利于航海活动。

总体而言,从海洋和沿海地区利用情况来看,这些开发利用海洋活动存在显著的性别差异,由男性受访者主导的活动更有可能对海洋保护区产生影响。这一现象同样存在于科尔武岛的社会 - 经济领域,政府、经济和政治活动通常由男性主导,因此他们被视为海洋保护措施的目标受众。研究结果还揭示了休闲垂钓的广泛流行对其他休闲活动的发展产生不利影响。尽管科尔武岛休闲垂钓产生的影响尚未得到评估,但有科学研究证明这项对其他岛屿的沿海资源造成了巨大压力(Pham et al. , 2013)。为降低沿海资源受到的压力，休闲活动的未来发展方向将以非采捕类休闲活动为主。

11.4.2.2 价值认识

旨在促进当地资源可持续利用的海洋管理需要形成合适的方法，符合将居民生计与海洋环境相联系的价值观和愿景（Cinner and Pollnac，2004；Jentoft et al.，2012）。对科尔武岛的研究结果表明，当地居民对海洋环境价值的认识并未因代际、性别或教育水平而产生显著差异，体现了海洋文化的同一性。美学价值、生活方式、文化认同等方面揭示了当地居民与海洋环境的深刻联系（表 11 – 1）。受访者特别强调了海景，海景不仅是亚速尔群岛文化不可分割的一部分，也是岛民生活在沿海地区的主要动机。一位研究人员将海洋环境的重要文化意义描述为：科尔武岛"因海而通、因海而隐、因海而生、因海而亡"。这为瑞雪雷等人（Ressurreição et al.，2012b）的研究结果提供了有力支持，即海洋环境的文化与道德价值，是激励亚速尔群岛居民为海洋生物多样性保护支付经费的重要因素。

表 11 – 1 地方参与者对海洋和沿海地区不同部分价值的认识

项目		当地社区		当地利益相关者			
				渔民		旅游经营者	
		平均值	偏差	平均值	偏差	平均值	偏差
海洋和沿海地区的价值体现	景点（观赏）	1.2	0.5	1.2	0.4	1.2	0.5
	海洋文化	1.6	0.8	1.3	0.5	1.4	0.9
	居住区域	1.5	0.8	1.1	0.3	1.2	0.5
非消耗性利用价值	交通	1.6	0.9	1.8	0.9	1.8	1.3
	游玩空间	1.7	1.0	2.9	1.3	1.6	0.9
消耗性利用价值	开展休闲娱乐活动	1.8	0.9	2.4	1.2	1.4	0.9
	生计的主要来源	3.1	1.2	1.2	0.6	2.4	1.5
	收入/食物的次要来源	2.7	1.2	1.7	0.9	2.0	1.0

注：打分从 1（非常重要）至 4（完全不重要）不等。

海洋运输对科尔武经济和生计发展的重要贡献也受到全部利益相关者群体的广泛认可。与上文（图 11 – 2）描述的利用模式一致，海洋和沿海地区的休闲特征对年轻人（$R = 0.35$，$P < 0.01$）、高等学历群体（$R = 0.42$，$P < 0.01$）、女性（$\chi^2 = 8.5$，$P < 0.05$）和旅游经营者而言更有吸引力（见图 11 – 1）。相比之下，当地渔民更倾向于将海洋视为工作场所，而非休闲、娱乐去处。这表明这一利益相关者群体更看重海洋的消费价值。

从个别情况来看，海洋环境的价值与文化和生活方式等因素之间拥有强烈、紧密的联系，而它在岛屿经济发展中的重要战略价值受到社区居民（表 11 – 2）和利益相关者的一致认可。受访的利益相关者中，69%认为海洋的重要性体现在作为物资和材料的运输路线，85%认为海洋是商业渔民及其家庭的重要收入来源，48%的受访者提到海洋是当地生计的重要补充。商业渔民更赞成后者，因为频繁的恶劣天气条件对港口作业和获取海洋资源形成重重阻碍，无法充分满足当地人的生计需求。因此，许多渔民认为商业捕鱼应辅以其他可替代活动，诸如农业，在年轻渔民看来，还可以发展旅游活动。一位年轻渔民解释说："生活不同以往！年轻一代需要更多的收益。当代需要的不是种植土豆，而是钱。"

表11-2　科尔武岛当地社区居民对海洋环境保护的认可程度

认可程度		中值	占总回答人数（n=84）比例（%）			
			认可	中立	反对	不知道
海洋对当地经济发展的有形价值	海洋环境对社区具有重要价值	1	96	1	2	–
	海滨生活能够吸引游客	1	99	–	1	–
	潜水业发展有利于本地旅游业发展	1	93	4	1	2
对海洋资源变化及脆弱性认识	我已注意到海洋环境的变化	2	85	1	4	10
	目前鱼类数量仍如同往常一样可观	5	1	–	93	6
	海洋足够强大，能够抵御人类活动影响	5	19	–	74	7
	如果过度开发海洋和沿海资源，未来将面临资源短缺情况	1	89	1	4	6
	担心未来代后无法拥有现在的海洋环境质量	2	74	6	14	6
对海洋保护的认识与态度	大多数科尔武居民认为没有海洋保护的必要	4	13	4	74	10
	我能为海洋保护做的工作很多	2	88	4	1	7
	我支持科尔武建立海洋保护区	1	93	1	2	4
	海洋保护区旨在确保海洋、沿海地区健康发展	2	88	5	–	7
	海洋保护区旨在确保海洋活动有序开展	2	87	–	5	9
	自然公园海洋保护区有利于商业渔业发展	2	68	6	11	15
	自然公园海洋保护区能够抵御外部威胁	2	81	5	4	11
	本地经济不会受益于海洋保护区	4	11	7	68	14
	自然公园海洋保护区为科尔武岛增添价值	1	86	2	6	6

注：得分依据其认可程度 1 = 强烈认可；2 = 认可；3 = 不认可也不反对；4 = 反对；5 = 强烈反对。

有趣的是，如同其他沿海地区一样，当地利益相关者并没有提及商业渔业和旅游业之间的冲突（Jentoft et al.，2012）。旅游业多进行于沿海浅水区，商业渔业的主要目标鱼种多生活于远离岸边的深海栖息地。此外，科尔武岛政府于1999年设立了一个自主海洋保护区为旅游经营者保护重要的潜水景点。科尔武岛在海洋旅游活动，尤其是潜水活动方面的发展潜力受到绝大多数社区的认可（如表11-2所示），60%的商业渔民提及："对科尔武岛而言，旅游业占据重要地位，但目前来看发展还很不充分"。尽管目前旅游业发展欠发达，但其为当地经济发展带来的潜在收益是渔民支持科尔武岛自主海洋保护区的共同原因，即便是在当地潜水中心因个人原因而临时关闭之后。

广为推崇的海洋管理方法如基于生态系统的管理或是综合管理，都是充分认识到海洋生态系统不同层面之间的相互联系，包括人文因素。根据这些海洋管理方法，科尔武岛未来的发展政策和海洋保护区管理计划应围绕促进海洋资源可持续利用的发展策略。利用上文描述的居民价值观和愿景，改善条件以创造与当地生活方式相一致的经济领域，或许能够实现发展政策和保护区管理计划的制订。例如，考虑到当地渔业的互补性，可以通过推动商业渔民输出价格上涨或推进生态标签认证计划，增加渔业收入、减少资源压力（Launio et al.，2010）。如果海洋保护区能够为补充性采捕活动创造发展机会，其价值将受到更广泛的认可，也可能被认为是一种资产。旅游业将成为日益重要的替代性生计活动的这一观点，受到当地居民和利益相关者的明确支持。然而，与其他众多小岛屿一样，应确保在科尔武岛发展旅游活动不会对岛上资源基准产生负面影响（Bunce et al.，2008）。因此，在政府鼓励旅游业发展的同时，海洋保护区能够确保岛屿的生态旅游实现可持续发展。

11.4.3　海洋环境的显著变化及其面临威胁

11.4.3.1　海洋环境的变化

与亚速尔群岛的其余海岛相比，科尔武岛的海洋环境通常被认为保护妥善，但当地社区（表 11 - 2）和利益相关者（表 11 - 3）仍发现了科尔武岛海洋环境的显著变化。这些结果与瑞雪雷等（Ressurreição et al.，2012a）的研究结果——亚速尔群岛的居民并未发现长久以来海洋环境发生的显著变化，形成截然不同的对比，这表明科尔武岛居民的观点完全不同于群岛其他居民的观点。

利益相关者提及的负面变化通常比正面变化多（表 11 - 3）。利益相关者高度一致提及的一个现象是生物量显著减少，尤其是商业鱼类物种数量如黑点鲷的严重下滑（Pagellus bogaraveo）。受访的利益相关者提到，商业鱼类物种数量的减少发生于近年，时间跨度为 2～10 年不等。其他数量不断下降的海洋资源包括龙虾、帽贝和沿海鱼类。当地利益相关者描述了一个相对较近时期（15～20 年前）的情况，该时期科尔武岛的海洋资源极为丰富，仅需极小捕捞努力量便可捕获大量体型较大的商业物种。此外，部分受访利益相关者提及侵蚀与建设施工导致海洋垃圾不断增加，海岸线不断发生变化。

表 11 - 3　利益相关者群体中对科尔武岛海洋环境变化与面临威胁持相同意见人数占比

主要论点	利益相关者（持相同意见占比）			
	学术研究者（%）	政府官员（%）	商业渔民（%）	旅游经营者（%）
科尔武岛是保护区	44	27	7	27
脆弱性源于科尔武岛及邻近岛屿规模小	11	18	27	20
海洋资源利用方式有形变化	11	27	60	20

续表

主要论点		利益相关者（持相同意见占比%）			
		学术研究者（%）	政府官员（%）	商业渔民（%）	旅游经营者（%）
消极变化	生物量下降	44	78	87	80
	垃圾/污染	22	44	13	20
	海岸变化	33	–	20	–
积极变化	科尔武岛自主海洋保护区	44	27	7	40
	资源管理措施	11	18	13	20
	对海洋问题认识增强	–	18		20
有形威胁	商业捕捞 过度捕捞	89	64	87	100
	来自其他群岛和大陆的渔船	89	73	80	20
	来自弗洛勒斯岛的渔船	56	64	53	80
	来自科尔武岛的渔船	56	18	33	40
	非法捕捞	11	–	53	40
	渔船设备翻新	22	36	47	–
	其他岛屿资源减少	22	55	33	–
	高强度/非法捕捞（帽贝、琵琶虾）	11	9	13	20
	休闲渔业/鱼叉捕鱼	22	18	13	20
	环境原因导致鱼类资源急剧衰退	–	18	67	20

利益相关者提及的正面变化与科尔武岛实施的保护与管理措以及当地社区对环境问题的认识提高不无关系（表 11 – 3）。一个研究人员解释道，最常见的认识变化是社区自主海洋保护区的建立"为鱼类物种提供了一个庇护所，或许有利于促进其体型和数量的增长"。受访利益相关者还提及了一些资源管理措施，如采用配额制度限制商业性捕捞，以及禁止在各岛屿离岸 6 英里范围内进行捕捞，这一措施实施后受到了科尔武岛和弗洛里斯岛渔民的抗议。年长的受访利益相关者还提到了由自 20 世纪 60 年代和 70 年代以来停止捕捞藻类引起的正面变化，他们认为捕捞藻类会造成生态系统失衡，从而导致沿海鱼类物种减少。当地政府官员回忆说，"过度捕捞藻类导致以藻类为食的鹦嘴鱼曾经一度从科尔武海域消失。但从近年的捕捞情况来看，鹦嘴鱼又回来了。大自然会纠正我们所犯下的错误。"

当地居民观点的高度一致反映出在过去的 20 年中物种丰度呈下降趋势，生物多样性损失引起生态失衡以及整体环境的显著变化。社区或群体之间认可、共享的这类定性数据，构成了地方性生态知识（local ecological knowledge，LEK）。研究表明，地方性生态知识对于宣传、利用基于生态系统的方法进行海洋管理具有重要意义，前提是在管理过程中为利益相关者提供一个正确的"声音"。地方性生态知识在环境变化的长期调查中也具有重要价值，尤其是在缺乏海洋资源利用长期记录的情况下。这似乎正是科尔武岛案例的真实写照。由于科学记录存在知识缺口，受访利益相关者的观点并未经科学数据充分证实。尽管有关于 20 世纪 80 年代以来帽贝种群数量下降（Santos et al.，1990，2010）以及 20 世纪中期至访谈研究期间黑点鲷数量减少的科学记录，但研究人员仍未发现能够证实地方性生态知识中关于其他海洋资源信息准确性的科学数据。

许多利益相关者也发现了与海洋经济活动相关的重大变化。尤其是建立于 20 世纪 90 年代末的潜水中心，标志着科尔武岛海洋旅游活动的开始。正如一位研究人员最近所说，"如果我们将海鸟作为海洋环境的组成部分，那么随之而来的是一项能够促进经济增长的旅游活动：鸟类观赏"。其他显著变化与商业性捕鱼相关，商业捕鱼经多年演变，从自给自足为主逐步走向以销售为目标、需更大捕捞努力量的捕捞作业。年长的渔民回忆道"曾经科尔武岛上只有极少数的渔民和渔船"，"过去捕捞垂钓只用少量鱼钩，而现在用到的鱼钩数量显著增加"。在科尔武居民还只有内部消费观念时，"过去人们会在高地上种植玉米和小麦之后，乘着他们的小船去为家人钓一些鱼"。然而在过去的 30 年间，商业捕鱼成了科尔武岛上重要的经济活动，主导科尔武岛的出口产业，雇佣人口也占据总人口的重要比例。

若干政府补贴项目催生了商业渔业在群岛范围内的全面发展（Pham et al.，2013）。20 世纪 80 年代付诸行动的第一个政府补贴项目，旨在促进地区捕鱼船队的工业化发展，以及为冷藏设施和航空运输发展提供市场环境。于 20 世纪中期开展的一个新计划，旨在推动地区船队的更新与现代化。当地的渔民指出，随着渔船运载能力增加，来自附近弗洛里斯岛的商业渔民开始进入科尔武水域进行捕捞作业。由于市场条件的发展和成熟，除宝贵的美洲多锯鲈之外，出口黑点鲷之类的优势种逐渐成为可能，商业捕鱼的目标种类随之发生改变。在此之前，"黑点鲷不具商业价值，因此多用作捕捞多锯鲈的诱饵；渔船上缺乏冰块冷藏，只有多锯鲈这类拥有坚硬皮肤的物种才可以忍受长时间的日晒"。

11.4.3.2 海洋环境面临的威胁

社区内的大多数参与者认识到海洋环境易受人类活动影响，并对后世的资源利用表示担忧（表 11-2）。参与者的受教育程度越高，对后世的担心更甚。一些利益相关者认可这些观点并指出科尔武岛因面积狭小、邻近陆架而尤为脆弱（表 11-3）。利益相关者对海洋生态系统脆弱性高、恢复能力低的认识具有重要意义，与其表现出的环境友好行为和对海洋保护区设立的高度支持息息相关（Jentoft et al.，2012；Trenouth et al.，2012）。

当地社区和利益相关者对于海洋环境面临的主要威胁持有不同观点。如表 11-4 所示，社区居民尤其是女性居民（$t = -2.9$，$P < 0.01$）和年轻的参与者（$\rho = 0.31$，$P < 0.01$）认为最严重的威胁是垃圾和污染。瑞雪雷等（Ressurreição et al.，2012a）在其他海岛的研究得出类似结论，即政府过去开展的地区性宣传活动颇有成效，尤其是对于海洋污染产生的影响。此外，大多数参与者提到垃圾只是个人观察得出的结论，而对海洋环境面临的污染威胁则往往与英国石油公司在墨西哥湾深水地平线发生的石油泄漏相联系。这一事件在调查期间由新闻进行报道，充分证明媒体对当地居民观点具有强大的影响力。当地社区指出气候变化和落后的资源管理也是海洋环境面临的严

重威胁，尽管大约20%的参与者并不熟悉这两个概念。

表 11 - 4 当地社区对海洋环境面临威胁的认识

海洋环境面临威胁	平均	标准差	不知道（%）
海洋垃圾	1.5	0.8	-
气候变化	1.7	0.9	21.4
海洋资源管理缺失	1.8	0.8	22.6
污染	2.0	1.1	4.8
采捕活动	2.1	1.0	2.4
商业捕鱼	2.3	1.1	9.5
海岸侵蚀	2.6	1.0	22.6
鱼叉捕鱼	2.8	1.0	10.7
侵入性海洋物种	2.8	1.1	46.4
休闲渔业	3.0	1.0	6.0

注：$n = 84$。打分从1（受严重威胁）至4（不受威胁）。

相比之下，所有受访的利益相关者中只有少数渔民（13%）将垃圾和污染视为威胁。总的来说，当地和外部利益相关者都将垂钓、捕捞等采捕活动视为科尔武岛面临的最严重威胁（表 11 - 3），然而社区居民认为自身的采捕活动性质温和，而在其他岛屿渔民前来科尔武岛采捕时将其视为威胁："当地人不会对海洋环境构成威胁，而那些来自外界的人会！"这是调查中时常遇到的观点。不同群体往往对海洋资源面临威胁的认识不同，收集、整合他们的观点是从海洋保护区管理设计走向实践的重要步骤（Himes，2007）。与亚速尔群岛的其他岛屿一样，科尔武岛的公众大多没有意识到过度开发的真正影响，尽管这早已得到科学团体（OSPAR，2010）和积极参与海洋活动的利益相关者的广泛认同。在不引起渔业部门异化的前提下，通过公开辩论提升渔业可持续发展意识，对于发展更具包容性的治理具有不可替代的作用（Ressurreição et al.，2012a）。

利益相关者认为商业捕鱼是引起鱼类物种减少的主要原因（见表 11 - 3）。一个渔民强调"商业渔民捕捞了太多的鱼，且捕捞过多时也没有放归。"导致捕捞过度的高捕捞量主要归咎于来自群岛其他地区以及大陆（葡萄牙和西班牙）的大型渔船，这些渔船往往使用更密集的捕鱼方式，例如海底延绳钓。这些延绳已被立法禁止在科尔武岛沿岸6英里内进行捕捞作业，但许多参与者提到仍存在延绳钓非法捕鱼现象。来自邻近的弗洛里斯岛的小型渔船也被视为主要威胁，它们组成的大型船队对科尔武岛海洋资源施加的压力远远高于科尔武岛的本地船队。在一定程度上，一些利益相关者还将科尔武岛近期日益壮大的捕鱼船队视为威胁。

过度捕捞被认为是上文所述的渔业补贴计划的后果之一。一位政府官员解释道

"亚速尔政府推动了从以小木船为主的传统渔业到工业渔业的转型。这意味着，我们乘船出海到回来耗费的时间更短，捕捞的鱼更多，海上作业的时间更久。而且政府花费数百万美元在每个岛上购买了许多新的渔船"。随着捕捞能力的增加，亚速尔地区其他海岛的海洋资源逐渐减少，使得"科尔武岛健康的海洋环境形成主要吸引力"。然而大量的数据分析表明，削减这些补贴会导致社会和政治问题，尤其会造成教育水平低下的渔业社区的失业问题（Carvalho et al., 2011）。科尔武岛上的许多渔民（40%）认可来自其他岛的渔民主要受经济需求驱使，大多数渔民（53%）对当地渔业未来发展受到的影响表示担忧："情况变得很糟糕，我不知道接下来会发生什么……我不太担心，因为我老了。但对我的儿子和孙子来说，形势将变得非常严峻！"此外，40%的当地渔民对日渐增加的幼鱼捕捞量表示担忧，"如果我们在它们还未成熟的时候便进行捕捞，又怎么能捕到大鱼呢？"

关于休闲垂钓、矛枪捕鱼和捕捞等其他采捕活动所构成威胁的言论更是多样。来自各利益相关群体的参与者将这些活动视为主要威胁（见表 11 - 3），同时将其视为当地帽贝和龙虾数量减少的主要原因，包括其非法作业情况，以及未遵守禁渔期、捕捞限制、准用渔具等相关法规。事实上，近期研究表明，休闲渔业的真正影响远比之前设想得更大（Pham et al., 2013）。然而，当地的参与者，包括社区和利益相关群体，反复强调只有在弗洛里斯岛渔民前来科尔武岛进行作业时这些采捕活动才构成主要威胁。他们认为弗洛里斯岛渔民前来科尔武岛水域采捕的意图是在弗洛里斯的繁荣市场出售其渔获物，而科尔武岛当地居民进行采捕多用于自我消费，不会对资源构成威胁。

之前的研究结果表明当地的价值体系和当地资源利用方式迅速变化之间互相冲突。在科尔武岛居民的可持续发展愿景之中，传统的海洋资源利用方式与岛屿微妙的生态平衡二者可以兼容。历史上的传统资源利用以满足科尔武岛内部消费需求为主，受外部市场影响极少，同时受到资源获取途径及频繁恶劣天气的限制。然而现在海洋采捕活动在科尔武岛和整个亚速尔群岛迅速发展，拥有更高的经济和社会意义。此外，科尔武岛海洋资源受到的外部影响大大增强，在一定程度上削弱了科尔武岛居民对当地资源的利用。

除采捕活动之外，一些当地利益相关者还提出解释商业鱼类数量急剧下降的另一个原因：环境因素。这些参与者认为鱼类洄游、洋流变化、水温变化和厄尔尼诺事件都可能是导致黑点鲷数量减少的原因，而不仅仅是由过度捕捞引起。但这些参与者并没有真实证据表明这些因素确有发生："并非我真的发现了水温的变化，而是我找不到其他原因来解释为何鱼类数量如此稀少"。研究人员并不认同这种观点，但人们普遍认为还应该开展更多的研究来揭示地区尺度下海洋生态系统和渔业之间的联系，这一点尤其重要，因为健全的科学知识被公认为是海洋保护区取得成功的重要因素。

11.4.4　有关海洋保护的认识、态度和期望

对海洋保护必要性的认识在社区内广泛传播，同时社区内个体积极参与环境保护的有效性也被广泛认可（见表 11 - 2）。访谈结果表明只存在与教育水平有关的显著相关性，即参与者受教育程度越高，越不认可"科尔武岛居民认为有海洋保护必要"的

观点（$t_B = 0.26$，$P < 0.01$）。海洋保护区被视为是实现海洋资源可持续利用和海洋保护目标的工具。建立科尔武岛自然公园海洋保护区的优势包括推广科尔武岛及当地产品、规避外部威胁、为商业渔民提供收益。其他案例研究结果表明（Jentoft et al.，2012；Trenouth et al.，2012），科尔武岛居民对海洋保护区设立的支持程度较高，尽管很多人并不确定它是否有利于当地经济发展。

管理计划和利益相关者投入缺失时，由于不同利益相关者对海洋保护区成立原因和保护目标的看法往往不同（Jentoft et al.，2011，2012），最重要的是理解各利益相关者群体更倾向于哪种管理模式。利益相关者最认可的海洋保护区成立原因为渔业管理（表11-5），他们还描述了具体目标如保护和恢复商业鱼类种群，主要途径是通过商业鱼类的生长繁殖和溢出效应增加生物量、实现渔业可持续发展和确保商业渔业发展前景。尽管每一个利益相关者群体中都有许多参与者认可这些目标，但显然商业渔民更为看重这些目标，他们中的大多数人将海洋保护区视为专有渔业管理工具。相比之下，其他的利益相关者，尤其是政府官员对海洋保护区成立原因拥有更为全面的认识。最常被提及的原因为海洋保护，包括为子孙后代保护和恢复物种、生境和生物多样性，防止海洋环境退化，以及维护高质量的海洋环境。次要原因包括海洋空间管理和旅游活动推广。

表 11-5　利益相关者关于科尔武岛自然公园海洋保护区的认识

基本认识		利益相关者			
		学术研究人员（%）	政府官员（%）	商业渔民（%）	旅游经营者（%）
海洋保护区主要目标	渔业管理	83	67	79	40
	海洋保护	83	89	29	60
	海洋空间管理	33	22	–	40
	推广旅游业	17	11	7	–
科尔武岛海洋保护区建立实施预期目标	促进旅游业和地区可持续发展	33	44	33	40
	保护和恢复渔业资源	–	56	33	20
	保护海洋环境不受外界威胁	33	22	33	20
	规范海洋活动、增强公众海洋意识	17	33	–	20
海洋保护区实施存在问题	执法不足	50	22	67	20
	作为"纸上公园"不会产生任何效益	33	–	20	60
	向利益相关者和社区传达保护区目标需提供更多信息、增强其保护意识	50	33	7	20
	应进一步开展研究确认禁止采捕区能否促进鱼类资源恢复	17	11	7	20

续表

基本认识		利益相关者			
		学术研究人员 （%）	政府官员 （%）	商业渔民 （%）	旅游经营者 （%）
海洋资源 利用规范 存在问题	禁止捕捞将对当地渔民产生负面影响	17	22	60	20
	外界威胁不利于海洋保护区取得成功	–	33	40	40

人们对海洋保护区的满意程度在很大程度上取决于其最初的预期（Jentoft et al.，2012）。在早期阶段探索利益相关者的期望，有利于管理者将其预期整合于海洋保护区具体目标、策略与绩效指标的制定过程（Dearden and Heck，2012）。利益相关者被问及他们关于列入最近成立的科尔武海岛自然公园的海洋保护区的看法和期望。截至访谈期间，海洋保护区的外部限制由法律决定，但其执行成效取决于保护区管理计划能否界定其具体保护目标和规则（如分区或资源获取途径限制）。在这种情况下，相比其他利益相关者群体，政府官员往往对未来海洋保护区将带来的收益拥有更高的期望，其他利益相关者对政府是否有能力有效执行海洋保护区及其具体规则的看法过于悲观（见表 11 - 5）。

利益相关者的期望与其对海洋保护区成立原因的看法形成强烈对比。总体而言，科尔武居民对海洋保护区的期望中最常见的为旅游活动推广，尽管只有少数利益相关者将其视为海洋保护区的目标（见表 11 - 5）。科尔武岛的海洋保护区大多被视为塑造兼具健康生态系统和可持续活动的地方形象、增强科尔武岛吸引力的方式。事实上，研究结果表明海洋保护区有助于旅游活动和收入的增加，尤其是在人们对未受污染的自然区域的需求持续走高的背景之下（Badalamenti et al.，2000）。反过来，旅游业发展也能够推动经济的可持续发展。

相反地，科尔武岛居民对海洋保护区未来成果的预期中，作为主要目标的渔业管理和海洋保护被提及频率并不高。尽管部分参与者相信海洋保护区通过保护或恢复海洋资源惠及当地渔业发展的潜力，绝大多数参与者对其改善渔业发展现状的实际能力提出质疑。不同利益相关者群体对于当前执法强度不足以确保限制捕鱼活动的看法具有高度一致性。当地利益相关者面对这种情况尤其气馁，他们认为若无有效执法，外部渔民将通过违背规则或非法捕捞，仍对当地海洋资源构成威胁。正如一位渔民所说："如果其他人来这里捕捞的话，我们的资源保护不可能取得成效。"法规执行是世界各地海洋保护区管理者面临的当务之急（Trenouth et al.，2012）。

其他问题主要围绕渔场捕捞准入，具体包括规范谁应该拥有捕捞资格、应设置多少禁捕区域等。首先，渔民担心若渔场拒绝其进行捕捞作业，海洋保护区会对当地商业渔业的经济可持续性产生负面影响（见表 11 - 5）。大多数渔民提议，海洋保护区内应"在岛屿周围专为当地渔民设立海洋保护区，因为他们需要养家糊口、维持生计"，与此同时，拒绝外部渔民进入海洋保护区捕捞作业。因此海洋保护区被视为实行"领地用户权利渔业"的方式，即实行渔业管理产权法，将空间单位分配给渔民或合作社（Basurto et al.，2012）。但这一提议并未得到广泛认可，部分渔民（20%）认为这是"偏私"，认为"规则应该对所有人一视同仁"。然而，鉴于商业鱼类数量下降的严重程度，一些参与者认为最终有必要减少当地捕捞努力量，并建立禁捕区域。此外，应进一步开展研究确保禁捕区域取得了有效的海洋保护和渔业管理成果。

除了政府官员，所有的利益相关者群体均对自然公园保护区持消极观点。持消极观点的参与者不期望海洋保护区带来任何好处或成果，由于海洋保护区的实施和执行一直延期，他们认为它只是一个"纸上公园"。杰托福等（Jentoft et al.，2012）表明，驱使利益相关者行动的是他们自身对保护区性质和目标的设想，而不是海洋保护区的概念及其所许下的承诺。在科尔武案例中，对海洋保护区及其优点的积极认识，与海洋保护区可能形成的负面形象不相一致。然而，两者共性的缺乏使利益相关者对海洋保护区的现实意义产生质疑（Jentoft et al.，2012）。更进一步说，在海洋保护区于初期阶段消耗大量时间获取有形成果的过程中，人们逐渐失望并失去兴趣，这也正是科尔武岛海洋保护区情况的真实写照（Abecasis et al.，2013）。此外，一些专业利益相关者强调道，未落实或缺乏成效的法规会导致社区和利益相关者之间的互不信任。

11.4.5　海洋保护区执行和目标设定

为强化各社区的信任、支持和意识，一些参与者强调了界定和解释当前科尔武岛海洋保护区现状及其主要目标的需要。此外，一些当地利益相关者表示有兴趣接受鱼类数量减少的科学解释和其他海洋保护区传递的信息。海洋生态系统及其保护相关知识的交流，是推广海洋文化和亚速尔群岛（Ressurreição et al.，2012b）及更大尺度下岛屿环境（Trenouth et al.，2012）有效管理的重要基础。

加强不同利益相关者之间的沟通、推动他们的积极参与和公开辩论，对于海洋保护区的实施和管理具有重要作用。在科尔武岛，这也是消除不同利益相关者的期望和认识二者之间差距、建立对政府机构的信任和授权与当地居民的重要步骤。这可以通过咨询委员会——一个由科尔武海岛自然公园的不同利益相关者的代表组成的委员会来实现。然而，旨在确保利益相关者参与事务的咨询委员会没有任何的决策权，且目前发展并不完善。科尔武岛海洋保护区治理的未来发展方向包括咨询委员会的发展和授权，以便其成为社区之间的桥梁，确保利益相关者在海洋保护区管理过程中，尤其是保护目标和具体保护对象界定时的有效参与。

11.4.5.1　渔业管理目标

当地利益相关者、外部专家和普通公众一致认同利用科尔武岛海洋保护区实现商业渔业的可持续管理。这也延续了当地对海洋环境变化及其面临威胁的认识。然而，由于对政府行为的严重担忧和完全不信任，导致当地居民对海洋保护区保护目标的期望极为低下。

与亚速尔地区其他海岛一样，由于人力和财政资源稀缺，海洋保护区覆盖领域又极为广阔，科尔武岛海洋保护区的执行成效极为有限。基于这一现实基础，推动利益相关者遵守法规有助于海洋保护区取得成功。然而，行为理论表明，若利益相关者发现他人欺骗，他们不会继续顺从。这似乎正是科尔武岛商业渔业面临的情况，落后的执法水平和外部渔民的行为影响到当地渔民对限制法规的遵守。本研究以实际案例结果说明了海洋资源所有权与捕捞准入等问题会削弱利益相关者的支持、降低海洋保护区获得成功的可能性，即便是在相同文化、对海洋保护持积极看法的社区内部。

过去的区域性渔业政策大都基于允许亚速尔群岛和其他葡萄牙地区带有正式许可文件的渔民进入渔场作业。2009 年出台的新法规只允许弗洛里斯岛和科尔武岛的渔民在离岸 6 英里范围内的渔场作业（Anonymous, 2009）。此外，船只监测系统的应用保证了高水平的执法，有效禁止大型外部渔船的进入。由于高端执法技术的不适用，所以科尔武岛和弗洛里斯岛之间小型渔船的产权仍相互独立。海洋保护区管理者因此面临两难境地，科尔武岛的海洋保护区是只对当地渔民开放还是也允许弗洛里斯岛的渔民作业，需要有关方面确定。

研究表明，产权薄弱会催生资源的过度开发，而较强的产权会促使资源的可持续管理以满足后续收益需求（Basurto et al., 2012）。基于这项研究结果，我们似乎有理由认为强化科尔武岛的产权所属能够导致当地居民对海洋保护区法规的配合程度更高。但也不能保证海洋保护区和领地用户权利渔业的结合能够提高渔民收益和鱼类物种丰度，包括分布在管理区域外的种类。此外，当地方执法水平需求降低时，弗洛里斯岛渔民的冲突可能会强化，从而形成对加强执法的需求。

事实上，对弗洛里斯岛商业渔民的初步探索性研究，揭示了他们对被禁止进入科尔武岛渔场作业的抗议、对政府执法能力的不信任和对海洋保护的消极态度，正如他们所说"我们会坚持捕捞直至鱼类资源耗尽，反正到了那一天，耗尽的是每一个人的资源"。这一探索性的研究主要包括对 6 名参与者的两组访谈，他们的意见与弗洛里斯岛商业渔民的集体意见相差甚远。但这一研究证实了弗洛里斯岛居民对海洋保护的认识和态度与科尔武岛居民截然不同。这一发现暗示着有必要与弗洛里斯岛渔民建立对话，探讨他们的观点，并将其融入海洋保护区管理的综合方法之中。尽管意见的两极分化是实现双赢局面的障碍，它们不应成为海洋保护区管理开放式对话的阻碍（Mangi and Austen, 2008）。无论解决方案是什么，这项研究的结果表明强化和提高海洋保护区执法在所难免。

11.4.5.2 海洋保护目标

我们发现对科尔武岛海洋环境保护的强烈支持，被社区认定为是社会、经济、文化相关的重大资产。对海洋环境保护需求的认识与当地环境的退化、环境面临威胁和生态系统脆弱性的不断增强不无联系。然而，这些认识与科尔武岛居民所设想的"当地人进行的海洋资源开发总是可持续的，就像过去一样"的普遍认识形成鲜明对比。这一概念的主要蕴意是限制性保护措施可能被认为与社区并不相关。在这种情况下，此类措施获得的支持和保护成效极为有限，违例者不会被视为是在从事社会不认可的行为。这类情况的典型例子是帽贝捕捞规范，自 20 世纪 90 年代中期以来便已限定禁捕区域、收获期和最小捕捞尺寸。尽管当地居民普遍认识到过去几年中帽贝种群数量在不断下降，但在其捕捞过程中，违背限制性保护措施的行为时有发生，且这类行为始终被认为是可接受的。海洋保护区管理者在科尔武岛实施保护措施时，必须确保提议措施和社区认知之间不存在冲突。这一点可以通过让社区参与保护区管理早期阶段，尤其是发现问题和制定解决方案的过程来实现。此外，健全的科学数据有助于揭示地区行为对海洋环境的真正影响，促使利益相关者之间达成共识。

11.5　结论

科尔武岛社区和其他利益相关者的共同愿景揭示了其强烈的文化认同感，包括对海洋价值与利用的正面看法和对海洋环境面临威胁的负面看法。尽管将共同愿景融入海洋保护区的规划和管理有助于保护区获得成功，但这项研究表明，要使海洋保护区治理更具包容性还需制定具体管理措施。第一，有必要加强当地和专业利益相关者之间的交流，以此消除二者对海洋保护区性质和保护目标的认识差距。第二，不仅要加强海洋生态系统和保护相关知识的宣传，还应加强其在社区利益相关者之间的交流、共享。第三，在利用共享愿景、利益相关者认同感以及年轻人看法（他们更看重海洋环境的旅游和休闲潜力）的基础上，开发工具促进利益相关者的有效参与和授权，以此作为统一或改变其观念的驱动要素。以上几个因素对于构建利益相关者与海洋保护区管理机构的信任关系，促进本区海洋保护区的持久、适应性发展具有重要的推动作用。

参考文献

杨莉，等. 论环境意识的组成、结构和发展［J］. 中国环境科学，2001，(6)：545 – 548.

赵宗金. 人海关系与现代海洋意识建构［J］. 中国海洋大学学报（社会科学版），2011，(1)：25 – 30.

赵宗金. 海洋环境意识研究纲要［J］. 中国海洋大学学报（社会科学版），2011，(6)：1 – 5.

崔旺来，等. 浙江省海洋产业就业效应的实证分析［J］. 经济地理，2011，31 (8)：1258 – 1263.

谢素美，徐敏. 海洋环境保护价值探析［J］. 海洋开发与管理，2006，(4)：79 – 83.

庞玉珍. 海洋社会学：海洋问题的社会学阐释［J］. 中国海洋大学学报（社会科学版），2004，(6)：133 – 136.

崔凤. 海洋社会学：社会学应用研究的一项新探索［J］. 自然辩证法研究，2006，(8)：1 – 3.

Abecasis, R. C. , Longnecker, N. , Schmidt, L. , Clifton, J. , 2013, Marine conservation in remote small island settings: factors influencing marine protected area establishment in the Azores. Marine Policy, 40: 1 – 9.

Abecasis, R. C. , Schmidt, L. , Longnecker, N. , Clifton, J. , 2013, Implications of community and stakeholder perceptions of the marine environment and its conservation for MPA management in a small Azorean island. Ocean & Coastal Management, 84 (6): 208 – 219.

Agardy, T. , Bridgewater, P. , Crosby, M. P. , Day, J. , Dayton, P. K. , Kenchington, R. , Laffoley, D. , McConney, P. , Murray, P. A. , Parks, J. E. , Peau, L. , 2003, Dangerous targets? Unresolved issues and ideological clashes around marine protected areas. Aquatic Conservation Marine Freshwater Ecosystems, 13: 353 – 367.

Agardy, T. , di Sciara, G. N. , Christie, P. , 2011, Mind the gap: addressing the shortcomings of marine protected areas through large scale marine spatial planning. Marine Policy, 35: 226 – 232.

Alessa, L. , Bennett, S. M. , Kliskey, A. D. , 2003, Effects of knowledge, personal attribution and perception of ecosystem health on depreciative behaviors in the intertidal zone of Pacific Rim National Park and Reserve. Journal of Environmental Management, 68: 207 – 218.

Allison, G. W. , Gaines, S. D. , Lubchenco, J. , Possingham, H. P. , 2003, Ensuring persistence of marine reserves: catastrophes require adopting an insurance factor. Ecological Applications, 13: S8 – S24.

Anonymous, 2009, Portaria n. °43/2009 de 27 de Maio de 2009, Jornal Oficial, Secretaria Regional do Ambiente e do Mar.

Badalamenti, F. , Ramos, A. A. , Voultsiadou, E. , Sánchez Lizaso, J. L. , D'Anna, G. , Pipitone, C. , Mas, J. , Ruiz Fernandez, J. A. , Whitmarsh, D. , Riggio, S. , 2000, Cultural and socio – economic impacts of Mediterranean marine protected areas. Environment Conservation, 27: 110 – 125.

Ban, N. C. , Adams, V. M. , Almany, G. R. , Ban, S. , Cinner, J. E. , McCook, L. J. , Mills, M. , Pressey, R. L. , White, A. , 2011, Designing, implementing and managing marine protected areas: emerging trends and opportunities for coral reef nations. Journal of Experimental Marine Biology and Ecology, 408: 21 – 31.

Basurto, X. , Cinti, A. , Bourillón, L. , Rojo, M. , Torre, J. , Weaver, A. H. , 2012, The emergence of access controls in small – scale fishing commons: a comparative analysis of individual Licenses and common property – rights in two Mexican communities. Human Ecology, 40: 597 – 609.

Botsford, L. , Brumbaugh, D. , Grimes, C. , Kellner, J. , Largier, J. , O'Farrell, M. , Ralston, S. , Soulanille, E. , Wespestad, V. , 2009, Connectivity, sustainability, and yield: bridging the gap between conventional fisheries management and marine protected areas. Review in Fish Biology and Fisheries, 19: 69 – 95.

Brown, K. , Adger, W. N. , Tompkins, E. , Bacon, P. , Shim, D. , Young, K. , 2001, Trade – off analysis for marine protected area management. Ecological Economics, 37: 417 – 434.

Bunce, M. , Rodwell, L. D. , Gibb, R. , Mee, L. , 2008, Shifting baselines in fishers' perceptions of island reef fishery degradation. Ocean & Coastal Management, 51: 285 – 302.

Bundy, A. , Davis, A. Knowing in context: an exploration of the interface of marine harvesters' local ecological knowledge with ecosystem approaches to management. Marine Policy, in press.

Burke, B. E. , 2001. Hardin revisited: a critical look at perception and the logic of the commons. Human Ecology, 29: 449 – 475.

Calado, H. , Lopes, C. , Porteiro, J. , Paramio, L. , Monteiro, P. , 2009, Legal and technical framework of Azorean protected areas. Journal of Coastal Research, 56: 1179 – 1183.

Calado, H. , Borges, P. , Phillips, M. , Ng, K. , Alves, F. , 2011, The Azores archipelago, Portugal: improved understanding of small island coastal hazards and mitigation measures. Natural Hazards 58: 427 – 444.

Carvalho, N. , Rege, S. , Fortuna, M. , Isidro, E. , Edwards – Jones, G. , 2011. Estimating the impacts of eliminating fisheries subsidies on the small island economy of the Azores. Ecological Economics, 70: 1822 – 1830.

Chae, D. R. , Wattage, P. , Pascoe, S. , 2012, Recreational benefits from a marine protected area: a travel cost analysis of Lundy. Tourism Management, 33: 971 – 977.

Christie, P. , 2004. Marine protected areas as biological Successes and social failures in Southeast Asia. American Fisheries Society Symposium, 42: 155 – 164.

Christie, P. , 2011. Creating space for interdisciplinary marine and coastal research: five dilemmas and suggested resolutions. Environment Conservation, 38: 172 – 186.

Cinner, J. E. , Pollnac, R. B. , 2004, Poverty, perceptions and planning: why socioeconomics matter in the management of Mexican reefs. Ocean & Coastal Management, 47: 479 – 493.

Clifton, J. , Etienne, M. , Barnes, D. K. A. , Barnes, R. S. K. , Suggett, D. J. , Smith, D. J. , 2012, Marine conservation policy in Seychelles: current constraints and prospects for improvement. Marine Policy, 36: 823 – 831.

Costello, C. , Kaffine, D. T. , 2010, Marine protected areas in spatial property – rights fisheries, Australian Journal of Agricultural and Resource Economics, 54: 321 – 341.

Crain, C. M. , Halpern, B. S. , Beck, M. W. , Kappel, C. V. , 2009, Understanding and managing human threats to the coastal marine environment, In: Ostfeld, R. S. , Schlesinger, W. H. (Eds.), Year in Ecology and Conservation Biology 2009. Wiley – Blackwell, Malden, pp. 39 – 62.

Cruz, A. , Benedicto, J. , Gil, A. , 2011, Socio – economic benefits of Natura 2000 in Azores Islands – a case study approach on ecosystem services provided by a Special Protected Area, Journal of Coastal Research, 64: 1955 – 1959.

Curtin, R. , Prellezo, R. , 2010, Understanding marine ecosystem based management: a literature review, Marine Policy, 34: 821 – 830.

Davis, G. E. , 2005, Science and society: marine reserve design for the California Channel Islands, Conservation Biology, 19: 1745 – 1751.

Dearden, P. , Heck, N. , 2012, Local expectations for future marine protected area performance: a case study of the proposed National Marine Conservation Area in the Southern Strait of Georgia, Canada, Coastal Management, 40: 577 – 593.

Dimech, M. , Darmanin, M. , Philip Smith, I. , Kaiser, M. J. , Schembri, P. J. , 2009, Fishers' perception of a 35 – year old exclusive Fisheries Management Zone, Biology Conservation, 142: 2691 – 2702.

Ferse, S. C. A. , Mánêz Costa, M. , Mánêz, K. S. , Adhuri, D. S. , Glaser, M. , 2010, Allies, not aliens: increasing the role of local communities in marine protected area implementation, Environment Conservation, 37: 23 – 34.

Forster, J. , Lake, I. R. , Watkinson, A. R. , Gill, J. A. , 2011, Marine biodiversity in the Caribbean UK overseas territories: perceived threats and constraints to environmental management, Marine Policy, 35: 647 – 657.

Gerhardinger, L. C. , Godoy, E. A. S. , Jones, P. J. S. , 2009, Local ecological knowledge and the management of marine protected areas in Brazil, Ocean & Coastal Management, 52: 154 – 165.

Halpern, B. S. , Warner, R. R. , 2003, Review paper. Matching marine reserve design to reserve objectives, Proceedings of the royal society B: Biology Science, 270: 1871 – 1878.

Halpern, B. S. , Lester, S. E. , McLeod, K. L. , 2010, Placing marine protected areas onto the ecosystem – based management seascape, Proceedings of the National Academy of Science of the United States of America, 107: 18312 – 18317.

Hard, C. H. , Hoelting, K. R. , Christie, P. , Pollnac, R. B. , 2012, Collaboration, legitimacy, and awareness in Puget sound MPAs, Coastal Management. 40: 312 – 326.

Himes, A. H. , 2007, Performance indicators in MPA management: using questionnaires to analyze stakeholder preferences, Ocean & Coastal Management, 50: 329 – 351.

Hind, E. J. , Hiponia, M. C. , Gray, T. S. , 2010, From community – based to centralized national managementea wrong turning for the governance of the marine protected area in Apo Island, Philippines? Marine

Policy, 34: 54 – 62.

Hoehn, S., Thapa, B., 2009, Attitudes and perceptions of indigenous fishermen towards marine resource management in Kuna Yala, Panama. International Journal of Sustainable Development & World Ecology, 16: 427 – 437.

INE, 2013. Instituto Nacional de Estatística e Censos 2011.

Jentoft, S., Chuenpagdee, R., Pascual – Fernandez, J. J., 2011, What are MPAs for: on goal formation and displacement, Ocean & Coastal Management, 54: 75 – 83.

Jentoft, S., Pascual – Fernandez, J., De la Cruz Modino, R., Gonzalez – Ramallal, M., Chuenpagdee, R., 2012, What stakeholders think about marine protected areas: case studies from Spain, Human Ecology, 40: 185 – 197.

Jones, P. J. S., 2001, Marine protected area strategies: issues, divergences and the search for middle ground. Review in Fish Biology and Fisheries, 11: 197 – 216.

Jones, P. J. S., 2008, Fishing industry and related perspectives on the issues raised by no – take marine protected area proposals. Marine Policy, 32: 749 – 758.

Jung, C. A., Dwyer, P. D., Minnegal, M., Swearer, S. E., 2011, Perceptions of environmental change over more than six decades in two groups of people interacting with the environment of Port Phillip Bay, Australia. Ocean & Coastal Management, 54: 93 – 99.

Katsanevakis, S., Stelzenmüller, V., South, A., Sørensen, T. K., Jones, P. J. S., Kerr, S., adalamenti, F., Anagnostou, C., Breen, P., Chust, G., D'Anna, G., Duijn, M., ilatova, T., Fiorentino, F., Hulsman, H., Johnson, K., Karageorgis, A. P., Kröncke, I., irto, S., Pipitone, C., Portelli, S., Qiu, W., Reiss, H., Sakellariou, D., Salomidi, M., an Hoof, L., Vassilopoulou, V., Vega Fernández, T., Vöge, S., Weber, A., enetos, A., Hofstede, R. T., 2011, Ecosystem – based marine spatial management: review of concepts, policies, tools, and critical issues. Ocean & Coastal Management, 54: 807 – 820.

Kessler, B. L., 2004, In: The National Marine Protected Areas Center in Cooperation with the National Oceanic and Atmospheric Administration Coastal Services Center (Ed.), Stakeholder Participation: A Synthesis of Current Literature.

Launio, C. C., Morooka, Y., Aizaki, H., Iiguni, Y., 2010, Perceptions of small – scale fishermen on the value of marine resources and protected areas: case of Claveria, Northern Philippines. International Journal of Sustainable Development & World Ecology, 17: 401 – 409.

Leisher, C., Mangubhai, S., Hess, S., Widodo, H., Soekirman, T., Tjoe, S., Wawiyai, S., Neil Larsen, S., Rumetna, L., Halim, A., Sanjayan, M., 2012, Measuring the benefits and costs of community education and outreach in marine protected areas. Marine Policy, 36: 1005 – 1011.

Lester, S. E., Halpern, B. S., Grorud – Colvert, K., Lubchenco, J., Ruttenberg, B. I., Gaines, S. D., Airamé, S., Warner, R. R., 2009, Biological effects within no – take marine reserves: a global synthesis. Marine Ecology Progress Series, 384: 33 – 46.

Lundquist, C. J., Granek, E. F., 2005, Strategies for successful marine conservation: integrating socioeconomic, political, and scientific factors. Conservation Biology, 19: 1771 – 1778.

Mangi, S. C., Austen, M. C., 2008, Perceptions of stakeholders towards objectives and zoning of marine – protected areas in southern Europe. Journal of Nature Conservation, 16: 271 – 280.

Marinesque, S., Kaplan, D. M., Rodwell, L. D., 2012, Global implementation of marine protected areas: is the developing world being left behind? Marine Policy, 36: 727 – 737.

Marshall, N. A. , 2007, Can policy perception influence social resilience to policy change? Fisheries Research, 86: 216 – 227.

McCay, B. J. , Jones, P. J. S. , 2011, Marine protected areas and the governance of marine ecosystems and fisheries. Conservation Biology, 25: 1130 – 1133.

Mora, C. , Andrefouet, S. , Costello, M. J. , Kranenburg, C. , Rollo, A. , Veron, J. , Gaston, K. J. , Myers, R. A. , 2006, Coral reefs and the global network of marine protected areas. Science, 312: 1750 – 1751.

Oikonomou, Z. S. , Dikou, A. , 2008, Integrating conservation and development at the National Marine Park of Alonissos, Northern Sporades, Greece: perception and practice. Environmental Management, 42: 847 – 866.

OSPAR, 2010. Quality Status Report 2010. OSPAR Commission, London, p. 176.

Pauly, D. , Christensen, V. , Guenette, S. , Pitcher, T. , Sumaila, R. U. , Walters, C. , Dirk, J. , Watson, R. , 2002, Towards sustainability in world fisheries. Nature, 418: 689 – 695.

Pauly, D. , Watson, R. , Alder, J. , 2005, Global trends in world fisheries: impacts on marine ecosystems and food security. Philosophical Transactions of the Royal Society B: Biological Science, 360: 5 – 12.

Pham, C. K. , Canha, A. , Diogo, H. , Pereira, J. G. , Prieto, R. , Morato, T. , 2013, Total marine fisheries catch for the Azores (1950 – 2010). ICES Journal of Marine Science, 70: 564 – 577.

Pitcher, T. J. , Lam, M. E. , 2010, Fishful thinking: rhetoric, reality, and the sea before us. Ecology and Society, p. 15 – 25.

Pollnac, R. P. R. , Seara, T. , 2011, Factors influencing success of marine protected areas in the Visayas, Philippines as related to increasing protected area coverage. Environmental Management, 47: 584 – 592.

Reed, M. S. , 2008, Stakeholder participation for environmental management: a literature review. Biology Conservation. , 141: 2417 – 2431.

Ressurreição, A. , Gibbons, J. , Dentinho, T. P. , Kaiser, M. , Santos, R. S. , Edwards – Jones, G. , 2011, Economic valuation of species loss in the open sea. Ecological Economy, 70: 729 – 739.

Ressurreição, A. , Simas, A. , Santos, R. S. , Porteiro, F. , 2012a, Resident and expert opinions on marine related issues: implications for the ecosystem approach. Ocean & Coastal Management, 69: 243 – 254.

Ressurreição, A. , Zarzycki, T. , Kaiser, M. , Edwards – Jones, G. , Ponce Dentinho, T. , Santos, R. S. , Gibbons, J. , 2012b, Towards an ecosystem approach for understanding public values concerning marine biodiversity loss. Marine Ecology Progress Series, 467: 15 – 28.

Santos, R. S. , Martins, H. R. , Hawkings, S. J. , 1990, Relatório de estudos sobre o estado das populacões de lapas do Arquipelago dos Açores e da ilha da Madeira. Relatório da X Semana das Pescas dos Açores. Universidade dos Açores, Horta.

Santos, R. S. , Delgado, R. , Ferraz, R. , 2010, Background Document for Azorean limpet Patella aspera. In: Biodiversity Series. OSPAR Commission, pp. 1 – 13.

Spalding, M. , Wood, L. , Fitzgerald, C. , Gjerde, K. , 2010, The 10% target: where do we stand? In: Toropova, C. , Meliane, L. , Laffoley, D. , Matthews, E. , Spalding, M. (Eds.), Global Ocean Protection: Present Status and Future Possibilities. Agence des aires marines protégées, Brest, France, p. 96. Gland, Switzerland, Washington, DC and New York, USA: IUCNWCPA, Cambridge, UK: UNEP – WCMC, Arlington, USA: TNC, Tokyo, Japan: UNU, NewYork, USA: WCS.

Symes, D. , 2005, Fishing, the environment and the media. Fisheries Research, 73: 13 – 19.

Taylor, R. B. , Morrison, M. A. , Shears, N. T. , 2011, Establishing baselines for recovery in a marine reserve

（Poor Knights Islands, New Zealand）using local ecological knowledge. Biology Conservation, 144: 3038 – 3046.

Thomassin, A. , White, C. S. , Stead, S. S. , David, G. , 2010, Social acceptability of a marine protected area: the case of Reunion Island. Ocean & Coastal Management, 53: 169 – 179.

Trenouth, A. L. , Harte, C. , Paterson de Heer, C. , Dewan, K. , Grage, A. , Primo, C. , Campbell, M. L. , 2012, Public perception of marine and coastal protected areas in Tasmania, Australia: importance, management and hazards. Ocean& Coastal Management, 67: 19 – 29.

Vodouhe, F. G. , Coulibaly, O. , Adegbidi, A. , Sinsin, B. , 2010, Community perception of biodiversity conservation within protected areas in Benin. Forest Policy and Economics, 12: 505 – 512.

Voyer, M. , Gladstone, W. , Goodall, H. , 2012, Methods of social assessment in Marine Protected Area planning: is public participation enough? Marine Policy, 36: 432 – 439.

Wood, L. , Fish, L. , Laughren, J. , Pauly, D. , 2008, Assessing progress towards global marine protection targets: shortfalls in information and action. Oryx 42: 1 – 12.

后　记

　　海岛开发与保护是一个复杂的系统工程，涉及多个学科门类，其知识体系呈现多样性、复杂性、综合性等特点，必须通过学科交叉融合，发展出具有海岛特色的新兴学科，为海岛开发与保护提供知识体系的支撑，并利用这一知识体系，进行海岛开发与管理相关人才的培养和科研创新。

　　海岛开发与保护目前尚无明确的学科支撑，但是作为一个具有特殊属性同时极其重要的研究对象，需要在学科层面构建其知识体系以便为海岛的保护与管理提供科学依据，为此，浙江海洋大学于2015年在海洋科学一级学科内设置海岛开发与保护二级学科，成为我国唯一的一所培养海岛开发与保护硕士研究生人才的高等学校。

　　应晓丽、刘超、俞仙炯、邵晨、吴婧慈五位同学有幸成为我校首批招生的海岛开发与保护硕士研究生，也将成为我国由高等学校专门培养的首批海岛开发与管理方面的高层次人才。应晓丽同学从大四开始就参与我校"海域海岛使用权储备交易科研创新团队"的各项调研活动，应该说具有很好的英语基础和科研能力。本书中涉及到的中外文文献、数据和图件等全部由应晓丽同学搜集和梳理完成，充分展现了其扎实的英语语言知识功底和语言运用能力，这也是本书能够顺利出版的基础，在此对所有原文献作者和参考文献作者再次加以致谢。书中的图、数学模型的量化等，也是由应晓丽、刘超、俞仙炯、梅依然四位同学协助完成的，在此谨对他们以及所有给我以帮助的人们表示衷心的感谢！

　　本书能在较短的时间内在海洋出版社出版，这应该感谢海洋出版社的领导和有关同志的大力支持，特别要感谢本书的责任编辑白燕老师和程净净编辑为本书做了大量艰辛的编辑工作，倾注了大量的心血。当然，书中若有错误之处，责任完全由我承担。

　　我衷心希望本书出版后，使广大读者能够从不同的角度了解海岛生成，海岛生息、海岛生存，以及国外海岛空间布局管控、海岛保护规划、海岛资源开发、海岛生态环境治理等，从而为我国的海岛开发与保护的研究和学科发展起到积极的作用。

　　由于本书研究国外的海岛规划和综合管理，加之本人学识浅陋、能力有限，疏漏和错误之处在所难免，凡能阅读本书者皆为良师益友，心有相通之处也，但请勿惜笔墨，不啬赐教，以推进我国海岛保护与管理新思维的不断发展，不亦乐乎！

崔旺来

2016 年 3 月 6 日于舟山